阿德勒论灵魂与情感

[奥地利] 阿尔弗雷德·阿德勒 著

石磊 编译

中国商业出版社

图书在版编目（CIP）数据

阿德勒论灵魂与情感／（奥）阿德勒著；石磊编译.
—北京：中国商业出版社，2016.2（2021.6重印）
ISBN 978-7-5044-9253-1

Ⅰ.①阿… Ⅱ.①阿…②石… Ⅲ.①阿德勒，F.（1879—1960）—人格心理学Ⅳ.①B848

中国版本图书馆 CIP 数据核字（2016）第 019912 号

责任编辑　姜丽君

中国商业出版社出版发行
010-63180647　www.c-cbook.com
（100053　北京广安门内报国寺 1 号）
新华书店经销
三河市悦鑫印务有限公司

* * *

890 毫米×1260 毫米　16 开　16 印张　210 千字
2016 年 4 月第 1 版　2021 年 6 月第 3 次印刷
定价：48.00 元

* * *

（如有印装质量问题可更换）

序

阿尔费雷德·阿德勒（1870—1937），现代著名的精神分析学者，个体心理学的创始人，人本主义心理学的先驱，现代自我心理学之父，和弗洛伊德、荣格一起被人们称作现代心理学的三大奠基人。

他出生在维也纳郊区的一个富裕家庭，从小身患先天性残疾，后来又得了一场几乎致命的重病。上学后，又因数学成绩差，受到学校老师的歧视。这些遭遇使阿德勒在童年时期，无论是身体上还是精神上都遭受了莫大的创伤甚至是摧残。

虽然他遭受了很多苦难，但他对生活没有产生消沉和自卑情绪，反而以超人的毅力，成为生活的强者。顽强的意志和刻苦的努力，改变了他的人生。他在1918年出版了《理解人类本性》一书。1932年在受聘长岛医学院教授期间又出版了一部《生活对你应有的意义》，被译成十几种文字出版。之后他又出版了《自卑与超越》《人性的研究》《个人心理学的理论与实践》《生活的科学》等著作。由于他对人类个体心理的出色研究和取得的卓著成就，吸引了很多个体心理学研究者的热切关注，他的影响也日益扩大。

阿德勒曾当过军医、医学院教授，也担任过心理医师，在维也纳设立了多所儿童心理辅导诊所，经常到美国和欧洲各国发表演说和医治病人。他所倡导的个性发展与社会精神，对现代心理学产生了深刻影响。阿德勒的个体心理学理论，让我们了解了人生的许多问题，让我们常常思考"什么是生命的意义"。这是一个社会问题，是一个跟全体人类相联结的感觉，他告诉我们："生命遭遇的最大的困难，以及造成他人最大的伤害的，是那些对人类没有兴趣的个体，而就是这类个体导致了人类所有的失败。"

今天，我们翻译的这本《阿德勒论灵魂与情感》的中文版，相信会使读者从阿德勒的思想体系中体会到个体心理学的独特魅力，从而帮助我们省察自己的生活风格，寻求适合自我的超越，为您正确面对挫折和解决各种矛盾起到引导、启示作用。

目录

一、自卑与超越 …………………… 001
 （一）生活的意义 …………… 001
 （二）心灵与肉体 …………… 007
 （三）自卑感与优越感 ……… 015
 （四）人的记忆 ……………… 025

二、战胜自卑 ……………………… 037
 （一）塑造个性 ……………… 037
 （二）早期的回忆 …………… 042
 （三）爱情、婚姻 …………… 048
 （四）神话与现实 …………… 072

三、超越自卑从孩子抓起 ………… 094
 （一）家庭对孩子的影响 …… 094
 （二）孩子在学校的教育 …… 108
 （三）青春期教育 …………… 122
 （四）犯罪与预防 …………… 132

（五）职业责任 …………… **146**

四、对人生的挑战 …………… **157**
　　（一）人性的本质 …………… **157**
　　（二）人的心理现象 …………… **166**
　　（三）性格的行为模式 …………… **173**
　　（四）行动与情感 …………… **182**
　　（五）挑战人生 …………… **189**

五、生命的科学 …………… **201**
　　（一）生命的发展 …………… **201**
　　（二）个体的目标 …………… **206**
　　（三）人格的统一性 …………… **209**
　　（四）象征的整体性 …………… **227**

一、自卑与超越

人类生活在"意义"的领域之中,在看待"自卑与超越"的问题时,人们能够战胜自卑心理,超越其狭猾思维,便能体悟到生活意义之所在。我们能体验到的并不是单纯的生活环境,而是环境对于人类的重要性。即使是环境中最单纯的事物,人类的经验也是以其目的来加以衡量的。

我们一直是以赋予现实的自卑与超越来感受生活之意义的,我们所感受到的,不是现实本身,而是它们生活过解释后的事物。因此,我们可以顺理成章地说:这些自卑与超越的意义总还是不完全的,或者也是不完全正确的,其本身之中也充满了错误。所谓的错误并不是绝对的,它只存在于正确之间的各种变化之中。

(一)生活的意义

人类的生活必须要有意义。也就是说,生活与"意义"是相随相伴的。

到底什么是生活的意义?对于这个问题,人人都能说得清楚,但未必人人都能回答得准确。尤其是处在矛盾状态中的人,不是因此而使自己困扰,就是用老生常谈式的回答来搪塞。但是自有人类历史起,这个问题就已经存在了。如今,青年人(老年人也不例外)也常会发出这样的疑问:"我们是为什么而活?生活的意义又是什么?"

我们可以断言：他们只有在遭遇失败的时候，才会发出这种疑问。假使每件事情都平平淡淡，在他们面前没有阻碍，那么这个问题就不会诉诸笔端。如果我们对每个人的话语都充耳不闻，而只观察他的行为，我们将会发现：每个人都有其"生活意义"。他的姿势、态度、动作、表情、礼貌、野心、习惯，乃至性格特征等，都以遵循这个"生活意义"而行。他的作风，他的一举一动，都蕴涵着他对这个世界和他自己的看法，好像在说："我就是这个样子，而宇宙就是那种形态。"这便是他赋予自己的意义以及他赋予生命的意义。

生活的意义因人而异。我们说过，每一种意义多少都含有些错误的成分，都在正确和错误之间变化。没有人拥有绝对正确或绝对错误的生命意义。然而在此我们却可以将意义分出高下：有的美好，有的糟糕；有的错得多，有的错得少。我们还能发现：较好的意义具有哪些共同特征，而较拙的意义都缺少哪些东西。这样，我们就可以得到一种科学的"生命意义"，它是真正的意义的共同尺度，也是能使我们应付与人类有关的现实"意义"的。在此，我们必须牢牢记住：真实指的是对人类的真实，即对人类目标和计划的真实。除此之外，别无真实可言。

生命的联系

每个人的生命线都有三个重要的联系，这些联系是每个人必须铭记于心的。他们的现实由这些联系构成，而面临的问题也都是这些联系造成的。由于这些问题总是不停地缠绕着人类，人类就必须不断地回答这些问题，并表现出每个人对生命意义的个人概念。

首先我们居住于地球这个贫瘠星球的表面，并借其所提供的资源而得以成长。因此，我们如何发展我们的身体和心灵以保证人类的未来得以延续？这是每个人都必须面对的问题，至今没有人能逃避它的挑战。无论我们做什么事，我们的行为都是对人类生活情境的解答：它们显现出我们心目中认为哪些事情是必要的、合适的、可能的、有价值的。而所有解答又都被"我们属于人类"以及"人类居住于地球"等事实限制。

当我们虑及人类肉体的脆弱性以及居住环境的不安全性时,为了我们身心的生命和全人类的幸福,我们必须拿出毅力来确定出答案,这就像对一个数学问题而必须努力解答一样。我们不能单凭猜测,也不能希图侥幸,而必须用尽各种方法,坚定地从事此事。我们虽然不能发现绝对完美的永恒答案,但是却能竭尽所能来找出近似的答案,并通过不停的奋斗,以求得更为完善的解答。这个解答能针对"我们被束缚于地球这个贫瘠星球的表面上"这个事实,以及环境所带来的种种利害关系。

其次,我们并非人类种族的唯一成员,故必然要和他人发生关系。为自己的幸福,为人类的福利,每个人都要和别人发生关联。个人的脆弱性和种种限制,使得他无法单独达到自己的目标。单凭个人的力量来应付自己的问题,必然无法保持自己的生命,也无法将人类的生命延续下去。因此,对生活问题的每一种答案都必须把这种联系考虑在内,即必须顾及"我们生活于和他人的联系之中,假使我们变得孤独,我们也必将灭亡"这个事实。我们的最大目标就是——在我们居住的地球上,和我们的同类合作,以延续我们的生命。

再次,我们还被另一种联系所束缚。人类有两种性别,故爱情和婚姻即属于这种关系。个人和团体共同生命的保存都必须顾及这个事实,第一个男人或女人都不能对此问题避而不答。人类面临这问题的所作所为,就可算作答案。

前面阐述的三种联系,构成了三个问题:①如何谋求一种职业,使我们在地球的天然限制之下得以生存;②如何在我们的同类之中获取地位,以便我们能互相合作并分享合作的利益;③如何调整我们的自卑,以适应"人类存在有两种性别"和"人类的延续扩展,有赖于我们的爱情生活"等事实。

个体心理学发现,生活中的每一个问题几乎都可以归纳在职业、社会和性这三个主要问题之下。每个人对这三个问题的反应，都能明白地表现出他对生活意义的最深层的感受。举个例来说，假如有一个人。他的爱情生活很不完美，对职业也不尽心竭力，朋友也很少，他又发现和同伴接触是件痛苦的事，那么凭他生活中的这些拘束和限制，我们可以断定：他一定会感到"活下去"是件艰苦而危险的事。他拥有的机会太少，而承受的挫折太多。他的活动范围狭窄，可以用他的判断来加以解释，即"生活的意义是保护我自己以免受到伤害，把自己圈围起来，避免和人接触"。反过来说，假如有一个人，他的爱情生活的各方面都非常甜蜜而融洽，其工作亦获得可喜的成就，他的朋友很多，他的交游广阔而且成果丰硕，那么我们能断定：这个人必然感到生活是属于创造性的历程，他抓住了许多机会，并克服各种困难。凭他应付生活的多种问题的勇气，即可作出如下断言：生活的意义是对同伴发生兴趣，而作为团体的一分子，便要对人类幸福贡献出自己的力量。

奉献的实在意义

综上所述，我们可以分别得出多种错误生活意义和多种正确生活意义的共同尺度。所有失败者（如神经病患者、精神病患者、罪犯、酗酒者、问题少年、自杀者、堕落者、娼妓）之所以失败，皆是因为他们缺乏从属感和社会兴趣。他们决不相信可以用合作的方式来处理职业、友谊和性等问题。他们赋予生活的意义，是一种属于个人的意义。他们以为，没有哪个人能从完成其目标中获得利益，他们的兴趣也只停留在自己身上。他们争取的目标是一种虚假的个人优越。谋杀者在手中握有一瓶毒药时，可能会体会到一种权力之感，但是对别人而言，拥有一瓶毒药却并不能抬高他的身价。事实上，属于私人的意义是完全没有作用的。意义只有在与他人的交往时，才会有存在的价值。我们的目标和动作也是一样。每个人都努力地想使自己变得重要，但是如果他不能领会人类的重要性是依照对别人生活所做的贡献而定的话，那么他必定会踏上错误之途。

我曾听过一则关于一个小宗教团体的领袖的逸事。

有一天这位领袖召集了她的教友，然后告诉他们：世界末日在下星期三就要来临了。教友们在她的蛊惑下，大为震惊，纷纷变卖了自己的财产，放弃了俗世的杂念，紧张地等待着灾难的到来。结果，星期三毫无异象地过去了。星期四，教友们聚在一起向她兴师问罪："瞧瞧我们的处境，是多么的困难！我们放弃了所有的保障，并把消息告诉我们遇到的每一个人。他们讥笑我们的时候，我们还充满信心地说：我们的消息是从拥有绝对权威的人那里听来的。现在星期三已经过去了，世界怎么仍然完整无恙呢？"可是这位女"预言家"说："我的星期三并不是你们的星期三呀！"她就这样用属于她私人的意义来逃避别人的攻击，属于私人的意义，实在是经不起考验的。

所有真正生活意义的标志是：它们是别人能够分享的且被别人认定为有效的东西。能够具备用方法解决生活问题的人，必然也能为别人解决类似的问题。因此这种生活的意义必然表现在："生活意义——对团体贡献力量。"在此，我们谈的不是职业动机。我们不管职业，而只注重成就，能够成功地应付人类生活的人，他所做的每件事情似乎都被其同类的喜好所指引，而当他遇到困难时，他会用不与别人利益发生冲突的方法来加以克服。

另外，还有一点足以证实：奉献乃生活的真正意义。正视现实，我们便发现祖先留下的东西——他们对人类生活的贡献——公路、建筑物、开发过的土地以及在处理人类问题技术方面的种种生活经验。而那些不合作分子，那些赋予生活另一种意义的人又会怎么样呢？他仍只会问："我该怎样逃避生活？"他们身后一点痕迹也没有留下，整个生命也疲惫不堪。我们的地球似乎曾说过："我们不需要你，你根本不配活下去。你的目标，你的奋斗，你所探讨的价值观念一直都没有未来可言。滚开吧，一无可取的人！快快消逝吧！"对于不是以合作作为生活意义的人，我们所下的断语是："你是没有用的，没有人需要你,走开!"在现代文化中,仍存在许多不完善之处。一旦我们发现其弊端,就应该改变它。

许多人都知道生活的意义是对人类、地球发生兴趣,并努力地培养爱情和社会兴趣。在各种宗教当中,我们能看到这种济世救人的心情。世界上所有伟大的运动,都是人们想要增加社会利益的结果,宗教便是朝此方向努力的最大力量之一。然而宗教的本来面目却经常遭遇曲解,在其现有的表现之上,我们很难再看出它们能做更多的事,除非它能更直接地致力于这项工作。

个体心理学采用科学的方法和技术,使人们对其同类的兴趣大为增加,所以它或许比政治或宗教等其他运动更能接近"为人类谋取福利"这一目标。

因为这种赋予生活的意义,其性质如同我们事业的守护神或随形魔王,所以我们如何形成这些意义,了解彼此间的不同点以及如何纠正错误,就显得非常重要。这些属于心理学的研究范畴。心理学有别于生理学或生物学之处,就是它能利用"意义"以及它们对人类行为和人类未来的影响等,来增进人类的幸福。

一旦我们发现并了解到生活的意义,我们即已拥有了把握整个人格的钥匙。有人说:人类的特征是无法改变的。事实上,只有对那些未曾把握住解开此种困境之钥匙的人需待改变,这种说法才是正确的。

合作精神

我们说过,假使无法找出最初的错误,那么讨论或治疗也都没有效果。而改进的唯一方法,便在于训练他们更进一步的合作及更有勇气地面对生活。合作也是我们拥有的防止神经病倾向发展的一种重要保障。因此,儿童应该被以合作精神鼓励及训练,在日常工作及正常游戏中,他们也应该被允许在同龄儿童之间,自己找出自己的行为方式。任何妨碍合作的现象都会导致严重的后果。只学会对自己有兴趣的被宠坏的孩子,很可能会把对别人缺乏兴趣的态度带到学校。他对功课有兴趣,只是因为他认为这样做能换来老师的宠爱;而当他接近成年时,缺乏社会感觉对他的不利会变得越来越明显。当他的毛病再次发生时,他已经不再为责任感和独立性而训练自己,而他本身的特性也已经不足以来应付任何生活的考验了。

我们不能因为他的短处而责备他。当他尝到苦果时,我们只能帮助他设法加以补救。不能期待一个没有上过地理课的孩子在这门课的考卷上会答出好成绩,也不能期待一个未经过合作之道训练的孩子,在面临一个需要合作的工作之前,能有良好的表现。但是任何生活问题的解决都有合作的精神和能力,而每种工作也都必须在人类社会的架构下,以能够增进人类福利的方式来予以执行。其实只有了解生活的意义在于奉献的人,才能够以勇气及较大的成功机会来应付所面临的所有困难。

如果老师们、父母们及心理学家们都能了解赋予生活以某种意义时可能犯的错误,我们就能相信:缺乏社会兴趣的儿童对他们自己的能力、对生活的机会,就会有较乐观的看法。在他们遇到问题时,他们就不会停止努力、寻找捷径、设法逃避,把肩上的重担推给别人,口出怨言以博取关怀或同情,或觉得非常丢脸而自暴自弃,或问:"这种生活有什么用处?它使我们得到什么东西?"他们将会说:"我们必须开拓我们新的生活。这就是我们的责任,我们也能够对付它。我们是自己行为的主宰。"假使每个人都能独立自主,而且都能以这种合作的方式来应付其生活,那么人类社会的进步必然是无止境的。

(二) 心灵与肉体

是心灵支配肉体,还是肉体控制心灵?唯物论哲学家与唯心论哲学家对这个问题进行了旷日持久的争论,尽管双方都提出了数以千计的论述及相应的证据,但仍然未能争论出个所以然来,且于事无补。

亟待治疗的病人都具有肉体及心灵,如果我们治疗的理论基础是错误的,我们便无法帮助他们。我们的理论必须能经得起实践的考验。

身心动态关系

个体心理学所造成的紧张情势,不再把这个问题看成是水火不相容的。我们研究的是肉体和心灵的动态关系。我们认为肉体和心灵二者都是生活的表现,也都是整体生活的一部分,并且也开始以整体的概念来了解其相互关系。动物与植物有着本质的不同,动物能预见未来,植物不能预见未来。植物是生了根的,只能停留在固定的地方,即使植物能想:"有人来了,他马上就要踩到我,我将死在他脚下了。"可是这能有什么用呢?它仍然在劫难逃。然而所有的动物都能预见并计划它们所要动的方向,因此只发展肉体对人而言显然也是不够的。人都具有心灵或灵魂:"当然你有思虑,否则你就不会有动作。"

预见运动的方向是心灵最重要的功用。认清了这一点,我们就能了解:心灵如何支配着肉体且确定动作的目标,如果没有努力的目标,即使做此动作,也是没什么作用的。因为心灵的功能决定动作的方向,所以它在生活中占据主宰的地位,同时肉体也影响着心灵,做出动作的是肉体。心灵只能在肉体所拥有的及它可能被训练发展出来的能力之内指使肉体。比方说,假使心灵想要使肉体奔向月球,那除非是它先发明一种可以克服身体限制的技术,否则它便注定要失败。

人类比其他动物更善于活动。他们不仅活动的方式较多(这一点可从他们手的复杂动作中看出),而且也较能利用活动来改变环境。因此,我们可以预料:在人类心灵中,预见未来的能力必将会高速发展,而且人类也必会有目的地奋斗,以改进他们在整个环境中所处的地位。

在每个人身上,我们还能发现:在朝向目标的各种动作之中,还有一个可包含一切的单一动作。我们所有的努力都是为了达到一种能使我们获得安全感的地位。所有的动作和表现都必须互相协调而结合成一个整体，而肉体和心灵也努力要成为整体。例如，当皮肤擦破时，整个身体都忙着要使它自己再复原为一个整体。然而肉体并不只是单独地挖掘其潜能，在其发展过程当中，心灵也会给予帮助。运动训练及一般卫生学的价值都已经被证实，这些都是肉体努力争取其最后目标时，心灵所提供的帮助。

从人类生命第五天开始，肉体和心灵就像是不可分割的整体的两部分，彼此互相合作。心灵犹如一辆汽车，它利用在肉体中能够发现的所有潜能，将肉体带入一种安全而优越的地位。在肉体的每种活动当中，在每种表情和病症当中，我们都能看到心灵目标的铭记。人活动，即有意义存在。他动自己的眼、自己的舌及脸部的肌肉，而他的脸有一种表情、一种意义，而在此给予意义的，则为心灵。总之，心理学的领域是：探讨个人各种表情中的意义，而后找寻了解其目标的方法，并以之和别人的目标互相比较。

在争取安全的最后目标时，心灵必须使其目标变得具体化。他要时时计算："安全位于某一特定点，我一定要走某一特定方向，才能接近它。"此时当然有发生错误的可能性，但是没有十分固定的目标和方向，则根本不可能有动作。当我抬头时，我心中必然已有此种动作的目标存在。心灵所选择的方向，事实上可能是有害的，但它之所以被选上，则正是因为心灵误以为它是最有利者。所有心理上的错误，都是选择动作方向时的错误。安全的目标是全体人类所共有的，但是他们有些人认错了安全所在的方向，而其固执的动作，则将他们带向堕落之途。

如果我们要了解一种表现或病症背后的意义，那么最好的方法就是要将它分析成简单的动作。以偷窃的表现为例，偷窃就是把别人的所有物通过罪恶手段据为己有。它的目标是使自己富有，让自己觉得安全。因此，这种动作的出发点是感到自己贫穷或匮乏。其次要找出这个人是处于何种环境中,以及他在什么情况下才觉得匮乏。然后我们要看他是否要采取正当方式来改变环境,并消除其匮乏之感。他的动作是否都遵循着正确的方向,或他是否曾经错用了方法,最后我们即能指出他在实现其目标时,是否选择了错误的途径。

情感和功能

情绪的格调就像生活样式一样的固定。比方说,懦夫永远是懦夫,尽管他在和比他柔弱的人相处时,可能显得傲慢自大,而在别人的护翼下时,表现得勇猛万分。他可能在门上加上三个锁,用防盗器和警犬来保护自己,却坚称自己勇敢异常。没有人能证实他的焦虑之感,可是他的懦弱性格却已暴露无遗。

性和爱情的领域也能提供类似的证据。当一个人想接近他的性目标时,必然会出现性的感情。为了要集中心意,他必须放开有妨碍性的工作和兴趣,如此一来,他才能唤起适当的感情和功能。缺少这些感情和功能——比如阳痿、早泄、性欲倒错和冷感症——都是拒绝放弃不合宜的工作和兴趣所造成的。不正确的优越感目标和错误的生活方式都是导致此种异常现象的因素。在这类病例之中,我们经常发现有:只期望别人体贴他、自己却不体贴别人,缺乏社会兴趣,在勇敢进取的活动中失败等现象。

我的一个病人,一个在家中排行第二的男人,因为无法摆脱犯罪感而觉得痛苦万分。他的父亲和哥哥都非常重视诚实。在七岁时,有一次他告诉老师说他的作业是自己做的,而事实上,其作业是他的哥哥代做的。三年后,他向老师供认了那个谎言,而老师只是一笑置之,而后他哭着向他父亲认错,父亲深以他的可爱与诚实为荣,不但夸奖他,还安慰了他。但是这孩子仍然非常沮丧而猛烈地责备自己。从这个事例,我们即可作出结论:家庭的道德风气的影响使他在诚实方面的感觉远远超过别人,为此,他便不得不用上述方式来获取优越感。

在以后的生活中，他因其他各种自责而感到痛苦。他犯了手淫，而且在功课中也没有完全忘掉欺骗行为。当面临考试时，他的犯罪感总会逐渐增强，他的负担远较他的哥哥为重。因此，当他想和哥哥并驾齐驱而又无法做到时，他强迫性的犯罪感却变得尖刻异常，整天都要祈求上帝的原谅。

后来，他的情况坏得使他被送到精神病收容所。在此，他被认为不可救药了。可是，过了一段时间后，他的病况却大有起色，他离开了收容所。在离开前，院方却要他答应：万一旧病复发，必须再回来入院。以后，他即改行攻读艺术史。有一次，在考期将近前的一个星期日，他跑到教堂去，五体投地拜倒在众人面前，大声哭喊道："我是人类最大的罪人！"就这样，他又一次成功地以诚实的良心引起了别人的注意。

在收容所又度过一段时间后，他回到了家里。有一天，他竟然赤裸裸地走进餐厅去吃饭！他是个身体健美的人，这一点毋庸置疑。

他的犯罪感是使他显得比其他人更诚实的方法，而他也朝此方向挣扎着要获取优越感。然而他因此而走上了生活中的旁门左道，他对考试和职业工作的逃避，给了他一种懦弱的标志和高涨的无所适从之感。他的各种病症都是有意地避开每一种能使他觉得被击败的活动。显然，他在教堂中的卧拜认罪和他感情冲动地进入餐厅，也同样都是以拙劣的方法来争取优越感。他生活的样式要求他做出这些行为，而他引发的感情也是完全合宜的。

我们说过，在生命最初的四五年之间个人正忙着构造他心灵的整体性，并在他的心灵和肉体间建立起关系。他利用了由遗传得来的材料和从环境中获得的印象，将它们修正，以配合他对优越感的追求。在第五年末了，他的人格已经成形——他赋予生活的意义、他追求的目标、他趋近目标的方式、他的情绪倾向等，也都已经固定。以后它们虽然也可能改变，但在改变它们之前，他必须先从儿童期固定成形时所犯的错误中解脱出来。这正如他以前所有的表现都和他对生的解释互相配合一样，现在他的新表现也会和他的新解释天衣无缝。

我们可以从这些证据中得到一个结论：生活的样式和其对应的情绪倾向会不停地对身体发展施加影响。假使儿童很早就固定他的生活样式，而我们本身又有足够的经验，那么我们便能预见他以后生活中的身体表现。勇敢的人会把他态度的结果表现于他的体格之中，他的身体会长得与众不同，他的肌肉较为强壮，体态也较为优美。风度对身体的发展可能有相当大的影响，它也可能是肌肉较为健美的部分原因。而他的脸部表情也和普通人不一样，结果他的整个外形都会异于常人，甚至他骨骼的构造也会受到影响。

心灵也能够影响大脑。病理学的许多事例显示：由于大脑右半球受损而丧失阅读或书写能力的人，可以训练大脑的其他部分来恢复这些能力。常常有许多中风的患者，其大脑受损的部分已经完全没有复原的可能性，可是大脑的其他部分却能补偿并承受起整个思维系统的功能，从而使大脑的功能得以再度恢复。当我们想证实个体心理所主张的教育应用的可能性时，这件事实是特别重要的。如果心灵能够对大脑施以这样的影响，如果大脑只不过是心灵的工具（虽然是最重要的工具，但仍然只是工具而已），那么我们就能找出发展或增进此种工具的方法。

心灵将目标固定于错误的方向，对大脑的成长无法施以有益的影响。因此，我们发现有许多缺乏合作能力的儿童，在以后的生活中总是缺乏创造力。因为成人的举止能显出他青少年时所建立的生活样式对他的影响，以及他的知觉和他赋予生活意义的结果，所以我们应该发现他所蒙受的合作障碍，并帮助他在失败中总结教训。在个体心理学中，我们已经朝这门科学迈出了第一步。

身体缺陷

有许多学者曾指出：在心灵和肉体的表现之间，有一种固定的关系存在。但是却似乎没有哪一个人曾经试图找出这二者之间的确实关系。例如，克利胥末（Kretschmer）曾告诉我们：如何从身体的结构中看出一个人是和某一类型的心灵互相对应。这样我们就能把大部分的人类区分成许多类型。比方说，圆脸、短鼻大多属于肥胖的类型。正如恺撒大帝所说："我愿四周都围绕着肥胖的人，有圆溜溜肩膀的人，能通宵熟眠的人。"克利胥末认为这样的体格与某些心理特征有关，但却没有说明其间为什么会有关联。依据我们的经验，具有这种体格的人似乎都不会有器官上的缺陷，他们的身体非常适合于我们的文化。在体格上，他们觉得能和别人一较长短。他们对自己的强壮有充分的信心。他们不紧张，如果他们希望和别人竞争，也会觉得能够全力以赴。然而他们却没有把别人当作敌人看待的必要，也不需要把生活当作充满敌意般的挣扎。心理学中有一派把他们称为"外向者"，但却没有说明为什么如此称呼他们。我们认为他们是外向者，则是因为他们未曾因其身体感到任何困扰。

克利胥末所区分出的另一个相反类型是神经质的人。他们有些很瘦小，通常为身体瘦高，长鼻子，蛋形脸。他相信这种人保守而善于节俭，如果他们患上心理疾病，大多是精神分裂症。他们是恺撒大帝所说的另一类型："卡修士有枯瘦而饥饿的外形，他的计谋太多；这样的人很危险。"这种人很可能蒙受器官缺陷之苦，而变得较自私、较悲观、较内向。他们要求得到的帮助也许比别人要更多，当觉得别人对其关心不够时，他们会变得怨恨而多疑。不过，克利胥末也承认，我们能发现许多混合的类型，即使是肥胖型的人也可能发展出属于长型者的心理特征。我们不难了解，假使他们的环境以另一种方式加给他们许多负担，他们也会变得胆小而沮丧。若用有计划的打击，我们可能会把任何一个小孩塑造成举止像神经质者的人。

如果我们有丰富的经验，便能从一个人的各种部分表现中看出其与人合作的程度。人们一直都不知不觉地在找寻此种暗号。合作的需要总是不断地压迫着我们，而我们也一直想要凭直觉找出许多暗示，来指导我们如何在日新月异的生活中更稳妥地决定自己的合作方针。

我们知道，在每次历史大变革之前，人类的心灵都已认识到变革的需要，而努力奋斗想要达成目的。然而这种奋斗如果单靠本能来决定，便很容易犯错误。同样地，人们总是不喜欢身体外貌有严重缺陷的人，如身体畸形或驼背者。人们对他们虽然还没有十分了解，可是却已经判断他们不适于合作，这是一种很大的错误。目前尚未发现有什么方法可以增强蒙受这些特质之害者的合作程度，他们的缺点也因此被过分强调而变成大众迷信的牺牲品。

现在，让我们作一总结。在生命最初的四五年间，儿童会在心灵和肉体之间建立起最基本的关系，其会采用一种固定的生活样式及其对应的情绪和行为习惯。它的发展包括了数量或多或少、程度或深或浅的合作。从中我们能判断并了解一个人。所有失败者的共同点都表现为在合作方面的无能。现在我们可以进一步来完善个体心理学的定义，即个体心理学是对合作缺陷的了解。由于心灵是一个整体，而同样的生活样式又会贯穿其所有表现，因此个人的情绪和思想必定会全部和生活样式调和一致。如果我们看到某种情绪很明显地造成了某种困难，而且违反了自己的利益，仅仅想改掉这种情绪是完全没有用的。因为它是个人生活样式的正当表现，也只有改变其生活方式，才能将之斩草除根。

个体心理学为教育和治疗开辟了广阔的领域。我们绝不能只治疗一种病症或一种单独的弱项。我们必须在整个生活的轨迹中，在用心灵解释其经验的方式中，在它赋予生活的意义中，在它为答复由身体和环境接受到的印象而做的动作中，找出其病症和错误所在，这才是心理学真正应该做的工作。至于拿针刺小孩而试他跳得多高，或搔他痒看他的笑声多响，实在不宜被称为心理学，实在令人不敢恭维。但这种做法在现代心理学界中却非常普遍，尽管这种做法也能告诉我们和个人心理有关的一星半点的东西，不过这也只限于提供证明固定或特殊生活模式存在的证据而已。生活的模式是心理学最适当的主要题材和研究对象，采用其他题材的学派，其主要部分事实上都是源于生理学和生物学。对那些研究刺激和反应的人，企图找出令人震惊的经验所造成效果的人，以及检视由遗传得来的能力，想看它们如何发展出来的人，这种说法都是正确的。然而在个体心理学中，我们考虑的是灵魂本身，是统一的心灵。我们研究的是个人赋予世界和自身的意义、目标的努力方向，以及对生活问题的处理方式。迄今为止，检视人合作能力的高低仍是我们拥有的了解心理差异之最好方法。

（三）自卑感与优越感

个体心理学的重大发现之一的"自卑情结"似乎已经闻名于世了。许多学派的心理学家都采用了这个名词，并且依其各自的方式付诸应用。然而我却不敢断定：他们是否确实了解或正确无误地应用了这个词。例如，告诉病人他正蒙受着自卑情结之害，其实是没有什么用的，这样做的结果只会加深他的自卑感，而不是让他知道如何才能去克服它们。我们必须找出他在生活样式中表现出的特殊气质，必须在他缺少勇气之时鼓励他。

每人都有其优越感目标，这是属于个人独有的。这决定于他自己赋予生活的意义，而此种意义又不只是口头说说而已。它建立在他的生活样式之中，并像他自己独创的奇异曲调一样地布满其间。然而在他的生活样式里，他并没有把他的目标表现得使我们能够简捷而清晰地看出来。他所表现的方式非常含糊，所以我们也只能凭他的举止动作来进行猜测。了解一种生活样式就像了解一位诗人的作品一样。诗虽然是由字组成的，但是它的意义却远比它所用的字要多。我们必须在诗的字里行间推敲其大部分的意义。个人的生活样式也是一种最丰富和最复杂的作品，因此心理学家必须要学习如何在其表现中推敲。换句话说，他必须学会欣赏生活意义的艺术。

自卑情结的表现

我们每个人都有不同程度的自卑感，因为我们都发现所处的地位是我们希望加以改进的。如果我们一直保持着勇气，便能通过直接、实际的方法来改进身边所处的环境，脱离这种感觉。没有人能长期地忍受自卑感，人类正是通过思维，而采取某种行动来解除自己的紧张状态。假如一个人已经气馁了，假如他认为脚踏实地的努力能够改进他所处的环境，但他仍然无法忍受他的自卑感，仍然会努力设法要摆脱它们，这就是他所采用的方法不能使他有所收获。他的目标仍然是"凌驾于困难之上"，可是他却不再设法克服障碍，反倒用一种优越感来自我陶醉，或麻醉自己。同时，他的自卑感会越积越多。如果造成自卑感的情境一成不变，问题也依旧存在，其所采取的每一个步骤都会逐渐地将他导入自欺之中，而他的各种问题也会以日渐增大的压力逼迫着他。如果我们只看他的动作，而不设法予以了解的话，我们会以为他是漫无目标的。他在给我们的印象里，并没有要改进其环境的征兆。我们所看到的是：尽管他也像其他人一样地全力以赴要使自己活得洒脱，可是却放弃了改变客观环境的希望，他所有的举动都令人无法理解。他如果觉得自己软弱，宁愿跑到能使他觉得强壮的环境里去寻求庇护，而不是想办法把自己锻炼得更强壮、更有适应能力，他认为自己若是付出努力也只能获得部分的成功；如果他对这类问题觉得应付乏力，可能会变成独裁的暴君，以重新肯定自己的重要性；他可能用这种方式来麻醉自己。但是真正的自卑感却原封未动，它们会变成精神生活中长久潜伏的暗流。对这种情况，我们便可称之为"自卑情结"。

现在，我们应该给自卑情结下一定义。所谓自卑情结，是指一个人在面对问题时无所适从的表现。由这个定义，我们可以看出，愤怒、眼泪或道歉都可能是自卑情结的表现。由于自卑感总是造成紧张，所以争取优越感的补偿动作必然会同时出现。然而争取优越感的动作总是朝向于生活中无用的一面，真正的问题却被遮掩起来或避而不谈。假如一个人限制了自己的活动范围，苦心孤诣地要避免失败，而不是追求成功，那么他在困难面前便会表现出犹疑、彷徨甚至是退却。

这种态度可以在对公共场所怀有恐惧症的事例中暴露出来。这种病症表现出一种信念:"我不能走得太远,我必须留在熟悉的环境里,生活中充满了危险,必须回避它们。"当这种信念被付诸行动时,便会把自己关在房间里,或待在床上小憩下来。在面临困难时,退缩的最彻底的表现就是自杀。此时,他在所有的生活问题面前,都已放弃寻求解决之道,他对改善自己身边的环境已经完全无能为力。当我们知道自杀必定是一种责备或报复时,我们便能了解到在自杀中对优越感的争取。在每个自杀案中,我们发现,死者一定会把他死亡的责任归之于某一个人。甚至会说:"我是人类中最温柔、最仁慈的人,而你却这么残忍地对待我!"

每一个神经病患者多多少少都会限制自己的活动范围以及跟整个情境的接触。他想要和生活中必须面临的现实问题保持距离,并将自己局限于他觉得能够主宰的环境之中。以此方式,他为自己构筑起一座窄小的城堡,关上门窗并远隔清风、阳光和新鲜空气,虚度一生。至于他是用怒吼、呵斥还是用低声下气来统治他的领域,则视他的经验而定。如他会在他试过的各种方法里,选出能够最有成效地达成其目标的一种。如果有时间,他对某一种方法觉得不满意,也会试用另一种。然而不管他用的是什么方法,他的目标却是一致的——获取优越感,而不是努力改进其情境。

我们把眼泪和抱怨这个极力破坏合作的武器称为"水性力量",经常运用眼泪和抱怨的方式来唤起人们的注意的人,与过度害羞、忸怩作态及有犯罪感的人不相上下,他们都在其举止上表现出自卑情结:已默认了自己的软弱和无能,他们隐藏起来而不为人所见的,则是超越一切、好高骛远的目标和不惜任何代价以凌驾别人的决心。相反地,一个喜好夸口的孩子,即会表现出其优越情结,可是如果我们观察他的行为而不管他的话语,那么很快便能发现他其中的自卑情结。所谓"奥迪帕斯情结",事实上只不过是神经病患者"窄小城堡"的一个特殊例子而已。

不敢随心所欲地应对爱的问题的人是无法成功的。假如他把自己的活动范围限制在自己的家庭中,那么他的性欲问题也必须在这范围内设法解决。由于他的不安全感,他从未把自己的兴趣扩展至他最熟悉的少数几个人之外。他怕跟别人相处时,就不能再依照他习惯的方式来控制局势。奥迪帕斯情结的牺牲品多是被母亲宠坏的孩子,他们所受过的教养使他们相信:他们的愿望是天生的,根本不需凭借自己的努力从家庭的范围之外赢取温暖和爱情。在成年期的生活里,他们仍然牵系在母亲的围裙带上。他们在爱情里寻找的,并不是平等的伴侣,而是仆人,而能使他们最安心依赖的仆人则是他们的母亲。任何孩子都可能造成奥迪帕斯情结。他们所需要的,是母亲的宠爱,不准自己把兴趣扩展至别人身上,并要自己父亲对自己冷漠而不关心。

各种神经病病症都能表现出受限制行为的影像。在口吃者的语言中,我们能看到他犹疑的态度。他残余的社会感觉迫使他和同伴发生交往,但是他对自己的鄙视、对这种尝试的害怕,却和他的社会感觉互相冲突,结果他在言辞中便显得犹豫不决。一些总是甘居人后,三十多岁仍然找不到职业,或一直拖延婚姻问题的人都有自卑情结。手淫、早泄、阳痿和性欲倒错,也都是自卑情结的表现。

自卑感与人类文化的生成

自卑感本身并不是变态的,它是人类地位增进的原因。例如,科学的兴起就是由于人类感到自己的无知,和他们对预测未来的需要。它是人类在改进自己的整个情境,在对宇宙作更进一步的探知,在试图更妥善地控制自然时,努力奋斗的成果。依我来看,人类的全部文化都是以自卑感为基础。假如我们想象一位兴味索然的观光客来访问我们人类的星球,他必定会有如下的观感:"这些人类呀,看他们各种的社会和机构,看他们为求取安全所作的各种努力(防雨的屋顶,保暖的衣服,交通便利的街道),很明显,他们都觉得自己是地球上所有居民中最弱小的一群!"其实在某些方面,人类确实是所有动物中最弱小的。我们没有狮子和猩猩那么强壮,也不比许多种动物更适合于单独地应付生活中的困难。人类的婴孩是非常软弱的,他们需要多年的照顾和保护。由于每一个人都曾经是人类中最弱小的最幼稚的婴儿,由于人类缺少了合作便只能完全听凭其环境的宰割,所以我们不难了解,假如一个儿童未曾学会合作之道,他必然会走向悲观之途,并萌生牢固的自卑情结。我们也能了解,即使是对最善于合作的个人,生活也会不断地向他提出等待解决的问题。没有哪一个人会发现自己所处的地位已经接近能够完全控制其环境的最终目标。生命太短,我们的躯体也太软弱,可是生活的问题却不断地要求更丰硕及更完善的答案。我们不停地提出我们的答案,然而却绝不会满足于自己的成就而止步不前。无论如何,奋斗总是要继续下去的,但是也只有合作的人才能真正地增进我们的共同的情境。

　　我们永远无法到达生命的最高目标,这个事实我想是没有人会怀疑的。假如一个人或人类整体已经达到一个完全没有任何困难的境界,那么在这种环境中的生活一定会是非常沉闷的。每一件事情都能够被预料到,每桩事物都能够预先被算计出,明日不会带来意料之外的机会,对未来我们也没有什么可以寄望。我们生活中的乐趣,主要是由我们的缺乏肯定性而来的。如果我们对所有的事都能肯定,如果我们知道了每件事情,那么讨论和发现便已经不复存在;科学已经走到尽头;而环绕着我们的宇宙只是值得述说一次的故事;曾经让我们想象我们未曾获致的目标,而给予我们许多愉悦的艺术和宗教,也不再有任何的意义。幸好,生活并不是这么容易就能消耗殆尽的。人类的奋斗一直持续未断,我们也能够不停地发现新问题,并制造出合作和奉献的新机会。神经病患者在开始奋斗时,即已受到阻碍,他对问题的解决方式始终停留在很低的水准,他的困难则会相对地增大。正常的人对自己的问题会怀有逐渐改进的解决之道,他能接受新问题,也能解出新答案,因此他有对别人贡献的能力。他不会落于人后而增加同伴的负担，他不需要也不要求特别的照顾，他能够依照自己的社会感觉独立而勇敢地解决自己的问题。

优越感的目标

生活的意义是在生命开始后的四五年间获得的，获得的方法不是经由精确的数学计算，而是在黑暗中摸索，像盲人摸象般地只凭感觉捕捉到一点暗示后，即可作出自己的解释。优越感的目标也同样是在摸索和测绘中固定下来的。它是生活的奋斗、是动态的趋向，而不是绘于航海图上的一个静止点。没有哪一个人对他的优越感目标清楚得能够将之完整无缺地描述出来。他也许知道他的职业目标，但这也只不过是他努力追求的一小部分而已。即使目标已经被具体化，抵达目标的途径也是千变万化的。例如，有一个人立志要做医师。然而立志要成为医师却并不意味着仅是希望成为科学或病理学的专家，他还要在他的活动中，表现出他自己比别人更特殊程度的兴趣。从中我们便清楚地发现这是他用来补偿自卑感的一种方法。例如，我们常发现医师在儿童时期大多很早便认识到了死亡的真面目，而死亡又是给予他们最深刻印象的人类不安全的一面。也许是兄弟或父母过早死掉了，他们以后学习的发展方向，便在于他们能够自己或为别人找出更安全、更能抵抗死亡的方法。另一种人也许以立志做教师当作他的具体目标，但是我们也很清楚教师之间的差异是非常大的。假如一个老教师的社会感觉很低，他以当教师作为优越感目标的目的，可能也就是想统治知识较他低下的人，他可能只有在和比他弱小或比他缺乏经验的人相处时，才会觉得安全。只有具有高度社会责任感的教师会平等地对待他的学生，他真正是想对人类的福利有一番贡献。在此，我们还要特别提起的是，教师之间不仅能力和兴趣的差异非常大，而且他们的目标对他们的外在表现也有着很重要的影响。当目标被具体化之后，他们都会找出方法来表现他赋予生活的意义和他争取优越感的最终理想。

一个人可能改变使其目标具体化的方法，正如他可能改变他具体目标的表现之一——他的职业一样。所以我们必须找出他潜在的一致性，即其人格的整体。这个整体无论是用什么方式表现，总是固定不变的。如果我们拿一个不规则三角形，依各种不同的位置来安放它，那么每个位置都会给予我们不同三角形的印象。但是假如我们再努力地观察，就会发现这些三角形在概念上始终是一样的。个人的整个目标也是如此，它的内涵不会在一种表现中表露无遗，但是我们能从它的各种表现中认出它的庐山真面目来。我们绝不可能对一个人说："如果你做了这些或那些事情，你对优越感的追求便会满足了。"对优越感的追求是极具弹性的，事实上，一个思维正常的人，当他的努力在某一特殊方向受到阻挠之时，他便能另外找寻新的门路。只有神经病患者才会认为他的目标的具体表现是："我必须如此，否则我就走投无路了。"

我们不打算轻率地描述任何对优越感的特殊追求，但是我们在所有的目标当中，却发现了一种共同因素——想要成为神的努力。有时，我们会看到小孩子毫无顾忌地以这种方式来表现他们自己。他们说："我希望变成上帝。"许多哲学家也有类似的理想，连教育家们也希望把孩子们塑造得如神一般。在古训中也可以看到同样的目标：教徒必须把自己修炼得近乎神圣。变成神圣的理想，曾以较温和的方式表现在"超人"的观念之中。据说，尼采在发疯之后，在写给史村保的一封信中，曾经署名为"被钉于十字架上的人"。发狂的人经常不加掩饰地表现他们的优越感目标。他们会断言"我是拿破仑"，或"我是中国的皇帝"。他们希望能成为整个世界最引人注意的中心，成为四面八方顶礼膜拜的对象，成为掌握有超自然力量的主宰，并能预言未来。

变成神圣的目标也许会以较合乎理性的方式，表现在变成无所不知而拥有宇宙间所有智慧的欲望中，或在使其生命成为不朽的希望里。无论我们希望保存的是我们俗世的生命，还是我们想象我们能够经过许多次轮回,而一次又一次地回到人间来,或是预见我们能够在另一个世界中永存不朽,这些想法都是以变成神圣的欲望为基础的。在宗教的训诲里,只有神才是不朽的东西,才能历经世世代代而永生。我不打算在这里讨论这些观念的是是非非;它们是对生活的解释,它们是"意义";而我们也各以不同的程度采用了这种意义——成为神,或成为圣。甚至是无神论者,也希望能征服神,更希望能比神更高一筹。我们不难看出,这是一种特别强烈的优越感目标。

优越感的目标一旦被具体化后,在生活的模式当中,个人的习惯和病症,对达到其具体目标而言,都是完全正确的。无可非议,每一个问题儿童,每一个神经病患者,每一个酗酒者、罪犯或性变态者,都会采取适当的行为,以达到他们认为是优越地位的目的。他们不可能抨击自己的病症,因为他们有这样的目标,就应该有这样的病症。

优越感的害处

在一所学校里,有个男孩子是班上最懒惰的学生。有一次,老师问他:"你的功课为什么老是这么糟?"他回答道:"如果我是班上最懒的学生,你就会一直关心我。你从不会注意好学生的,他们在班上又不捣乱,功课又做得好,你怎会注意到他们?"只要他的目标是在吸引别人注意或使老师烦心,他便不会改变现状,要他放弃他的懒惰也是丝毫不生效的。他这样做是完全正确的,如果他改变他的行为,他便是个笨蛋。

另外,有个在家里非常听话却显得相当愚笨的男孩子,他在学校中总是落于人后,在家中也显得平庸无奇。他还有一个大他两岁的哥哥,而生活样式却和他迥然不同。他哥哥又聪明又活跃,可是生来鲁莽成性,不断地惹出麻烦。有一天,弟弟对哥哥说道:"我宁可笨一点,也不愿意像你那么粗鲁!"假如我们认清他的目标是在避免麻烦,那么他的"愚蠢"实在是非常明智之举。由于他的愚蠢,别人对他的要求也比较少,如果他犯了过错,也不会因此受到责备,而从他的目标看来，他不是愚笨，而是装傻。

直至今日，一般的治疗都是对症下药，不管是在医疗上或是在教育上，个体心理学与这种态度都是完全相反的。当一个孩子的数学赶不上别人，或学校作业总是做不好时，如果我们想改进他，那将是完全没有用的。也许他是想使老师感到困扰，或甚至是使自己被开除以逃避学校。假使我们在一点上纠正他，他也会另找新途径来达成他的目标。这和成人的神经病恰恰是相同的。例如，假设他患有偏头痛之疾病后，这种头痛会对他非常有用，当他需要时，头痛便会适逢其时地发作，并可以免去许多社交问题。同时，它们还能帮他对他的下属或妻子和家属乱发脾气。我们怎么能够期望他会放弃这么有效用的方式呢？从他的观点来看，他的这一举措仍不失明智之举。毫无疑问地，我们可以用能够震惊他的解释来"吓走"他的这种病症，正如用电击或假的手术偶尔也能够"吓走"战场神经病的病症一样。也许医药治疗也能使他在这一点获得解脱，并使他难以再沿用所选择的特殊病症，但是只要他的目标保留不变，即使是放弃了一种病症，他也会再选用另一种。"治疗"自己的头痛，他会再害上失眠症或其他新病症。只要他的目标依旧不变，他就必须继续找出新毛病。有一种神经病患者能够以惊人的速度甩掉他的病症，他们变成了神经病症的收藏家，并不断地扩展他们的收藏目录。阅读心理治疗的书籍，只是向他们提供许多他们还没有机会一试的神经病困扰而已。因此，我们必须探求的是他们选用某种病症的目的，以及此种目的与一种优越感目标之间的关联。

假若我在教室里要来一架梯子，爬上它，并坐在黑板顶端。看到我这样做的每个人很可能都会想："阿德勒博士发疯了。"他们不知道梯子有什么用，我为什么要爬上它，或我为什么要坐在那么不雅观的位置上。但是如果他们知道："他想要坐在黑板顶端，因为除非他身体的位置会高过其他人，否则他便会感到自卑。他只有在能够俯视他的学生时，才感到安全。"他们便不会以为我是疯得那么厉害了。

我是用了一种非常明智的方法来达成我的具体目标。梯子看来是一种很合理的工具,我爬梯子的动作也是按照计划而行的。我疯狂的所在只有一点,那就是我对优越地位的解释。假如有人说服我,让我相信我的具体目标实在选得太糟,那么我便会改变我的行为。但是假如我的目标保留不变,而我的梯子又被拿走了,那我就会用椅子再接再厉地爬上去。假使椅子也被拿走,我会用跳或运用我的肌肉和四肢来攀爬。每个神经病患者都是这个样子的。他们选用的方法都正确无误,无可厚非。他们需要改进的是他们的具体目标。而目标一改变,心灵的习惯和态度也会随之改变。他不必再用他旧有的习惯和态度,适合于他的新目标的态度会取代它们。

另外还有一个例子,可以很清楚地看出自卑情结和优越情结。有一个16岁的女孩子被送到我这儿来,她从7岁起,便开始偷窃,12岁起,便和男孩子在外面过夜。当她出生时,她父母间的争执正处于最高潮,因此她的母亲对她的降临并不表示欢迎。她从未喜欢过她的女儿,在她们之间,一直存在着一种紧张状态。在这个女孩2岁时,她的双亲经过长期激烈的争吵后,终于离婚了。她被她的母亲带到外祖母家里抚养,她的外祖母对这个孩子非常宠爱。当这个女孩子来看我时,我用友善的态度和她谈话,她告诉我:"我不喜欢拿人家的东西,也不喜欢和男孩子到处游荡,我这样做,只是要让我妈妈知道——她管不了我!""你这样做,是为了要报复吗?"我问她。"我想是的。"她答道。她想要证明她比她母亲强,但是她之所以有这个目标,是因为她觉得自己比她母亲软弱。她感到她母亲并不喜欢她,而受到自卑情结之苦。她认为能够显示她优越地位的唯一途径就是到处惹是生非。儿童犯偷窃或其他不良行为,经常都是出自于报复心理。

我们要怎样做才能帮助这些用错误方法来追求优越感的人呢?追求优越感是每个人的共性。懂得这个道理,我们便能对他们的所作所为表示理解,并设法去帮助他们。他们所犯的唯一错误是他们的努力都指向了生活中毫无用处的一面。人类的整个活动都沿着由下到上、由反到正、由失败到成功这条伟大的行动线而向前推进。然而真正能够应付并主宰生活的人，只有那些在奋斗的过程中能表现出利人倾向的人，他们超越前进的方式，使别人也能受益。如果我们以这种正确的方式来对待人，便会发现：要他们悔悟并不困难。人类所有对价值和成功的判断，最后总是以合作为基础，这是人类种族最伟大的共同点。我们对行为、理想、目标、行动和性格特征的各种要求，都是它们应该有助于人类的合作。我们绝不可能发现一个完全缺乏社会感的人、神经病患者和罪犯也都知道这个公开的秘密。这一点，可以从他们拼命想替他们的生活模式找出合适的理由和把责任往别处推等行动中看出来。可是，他们已经丧失了往生活中有用的一面前进的勇气。自卑情结告诉他们："在合作中获取成功是没有你的份的。"他们已经避开了真正的生活问题，而和虚无的阴影作战，以使他们自己重新肯定自己的力量。

（四）人的记忆

在所有的心灵现象中，最能显露其中秘密的便是一个人的记忆。记忆是可随身携带而能使人想起本身的各种限度和环境的意义的东西。记忆绝不会出自偶然——个人会从他接受到的多得不可计数的印象中，选出记忆的来，只要是那些他觉得对他的处境有重要性的东西。因此，他的记忆代表了他的"生活故事"：他反复地用这些故事来警告自己或安慰自己，使自己能够集中精力于自己的目标，并按照过去的经验或者行为模式来应付未来。在每天的行为当中，很容易看到人们如何利用记忆来平稳自我的情绪。如果一个人因遭遇挫折而感到沮丧，他会回想起过去失败的例子，比如忧郁成性，他的所有记忆都会带有忧郁的色彩。假使他是愉悦而富有勇气的，他会选择完全不同的记忆，他回想起的意外都是愉快的，它们能使他的乐观主义思想更为坚定。同样地，如果他觉得自己面临了问题，他会唤起各种记忆来帮助他摆出准备应付问题的心境。因此，记忆也能达到和梦一样的目的。许多人在面临抉择时，常会梦见自己曾经顺利通过的考验。这是他们把决定看作一种考验，而想要重新塑造曾经使他们成功过的心境。在个人的生活模式中，心境的变化和他一般心境的结构以及平衡都遵守着同样的原则。患有忧郁症的人常常告诉自己："我的整个生命都是不幸的。"并只选择能被解释为他不幸命运的事件来回忆，因为假如回想起他的成功和他的得意时光，便不会再忧郁。记忆绝不会和生活的模式背道而驰。假如一个人的优越感目标让他感到"别人总是在侮辱我"，他会选择能被他解释为侮辱的意外事件来供其记忆之用。只要他的生活模式改变，他的记忆也会随之改变。

早期的记忆

早期的记忆是特别重要的。首先，记忆显示出生活模式的根源及其最简单的表现方式。从中我们可以判断：一个孩子是被宠惯的还是被忽视的，他学习和别人合作到何种程度，他愿意和什么人合作，他曾经面临过什么问题，以及他如何对付它们。在患有视力困难而曾经训练自己要看得更真切的儿童的早期记忆中，我们曾看到许多和视觉有关的现象。他的回忆可能一开始就会说："我环顾四周……"他也可能描述各种颜色和形状。行动困难而希望自己能跑能跳的儿童，也曾把这些兴趣表露在他的回忆中。从儿童时代起便记下的许多事情，必定和个人的主要兴趣非常相近。假如我们知道了他的主要兴趣，便能知道他的目标和生活模式。这件事实使早期的记忆在职业性的辅导中，具有重大的价值。此外，我们在其中还能看出儿童和父母，以及家庭中其他成员之间的关系。而至于记忆的正确与否，其实倒是没有多大关系。记忆最大的价值在于代表了个人的判断："即使是在儿童时代，我就是这样的一个人了"或"在儿童时代，我便已经发现世界是这个样子了"。

各种记忆中最寓有启发性的，是其开始述说其故事的方式，在一个人能够记起的最早事件中,第一件记忆能表现出个人的基本人生观雏形。它给我们一个机会,让我们一下便能看出,他是以什么东西作为其发展的起始点的。我在探讨人格时,是绝不会不剖析其最初记忆的。有时候人们会回答不出,或宣称他们记不清哪件事情发生在先,但是这种表现本身就很富于启发性。我们可以推测,他们可能是不愿意讨论他们的基本意义,或是不想合作。一般而言,人们都是很喜欢谈他们的最初记忆的。他们把它当作单纯的事实,而不会想到隐藏着的意义。很少有人了解最早的记忆,大部分的人都会从他们的最初记忆中,坦然无隐地透露出他们生活的目的和别人的关系以及对环境的看法。在最初的记忆中,另外一点很有趣的是它们的浓缩和简要,能使我们利用它作大量的探讨。我们可以要求一般学生写下他们最早的回忆,如果我们知道如何解释它们,我们对每个儿童就会有一份非常有价值的资料。

为了便于说明,下面我举了几个最早记忆的例子并加以解释,以支持我们的推论。我们必须知道哪些事情可能是真的,也必须能够拿一种记忆和另一种记忆互相比较。尤其是应该能够看出:一个人所受过的训练是使他趋向合作,或反对合作;他是勇气十足,还是胆小沮丧;他是希望受人支持和被人照顾,还是充满自信而能够独立;他是准备施予,还是只想收受。

敌意的记忆

"因为我的妹妹……"环境中的那一个人在最早记忆中出现,是件必须要注意的重要之事。当他妹妹出现时,我们可以断定:这个人曾经在她的影响之下感受颇深。这位妹妹在他的身心发展上曾经投下过一层阴影。通常在这两者之间会发现一种敌对状态,就像他们是在比赛中互相竞争一样。我们也不难了解这种敌对状态会使其发展增加许多困难。当一个儿童心中充满对别人的敌意时,他绝不会像在想以友谊关系和别人合作时一样地对别人产生兴趣。然而我们的结论也不能下得太早，也许这两个人是好朋友也说不定。

"因为我的妹妹和我是家庭中年纪最小的，所以在她长大到可以去上学以前，我也是不准上学的。"现在，敌对状态变得很明显了。我的妹妹妨碍了我！她的年纪比我小，但我却不得不等待她。她限制了我的机会！如果这是这个记忆的真正意义，我们能够想象到：这个男孩或女孩会觉得："我生活中最大的危险，就是有某个人限制我，妨碍了我的自由发展。"这个作者可能是一个女孩子，男孩子似乎很少受到这种要等待妹妹大到可以上学的限制。

"结果我们在同一天开始了。"站在她的立场，我们不认为这是对女孩子最合适的一种教育。它可能给她一个印象：因为她年纪较大，所以她必须得等待他人。在任何情况下，我们都能感到这个女孩运用着这种解释。她觉得她是为了要顾全妹妹的利益而被忽视的。她会把这种忽视归罪于某一个人，这个人很可能是她的母亲。如果她因此而更依恋她的父亲，想使自己成为他的宠儿，那么我们也不必感到惊异。

"我很清楚地记得，妈妈告诉每一个人说：当我们第一天上学时，她是感到多么的寂寞。她说：'那天下午，我跑到大门口好几次，盼望着女儿们。我一直怕她们不会回来了。'"这是对她母亲的描述，这个描述显示她的行为并不是非常理智的。这是这个女孩子对她母亲的看法。"怕我们不会回来"——很明显，这母亲是很慈爱的，她的女儿们也都知道她的慈爱，但是她同时也是紧张且焦虑的。如果我们能和这个女孩子谈谈，她可能会说出她母亲偏爱妹妹的更多的事情。这种偏爱本不值得大惊小怪，因为最小的孩子总是较受宠的。从她的整个最初记忆，可以作结论道：这两姊妹中年纪较长的一个，因为妹妹的敌对，而觉得受到妨碍。在她以后的生活中，我们很可能会看到嫉妒和害怕竞争的信息。假使她不喜欢比她年轻的妇女，也不是件什么奇怪的事。有些人在其一生中总觉得自己太老了；有许多善妒妇女，在比她们年轻的同性面前总是自惭形秽。

"……我最早的记忆是我祖父的葬礼。那是在我3岁时。"这是一个女孩子写的。她对死亡这件事存有很深刻的印象。这意味着什么呢？她把死亡看作生活中最大的不安全和最大的危险。她从儿童时期发生在她身上的各种事件中得出一个结论："祖父会死。"我们还可能发现：她是祖父的宠儿，一直受到他的疼爱。祖父母几乎都是很疼爱孙儿们的，他们对孩子比父母亲较少负教养之责，而且他们也经常希望孩子们能依附他们，以显示他们仍然能够获得温情。我们的文化很不容易让老人家们感到自己有价值，于是他们会用一些简单的方法来肯定自己的重要性——例如喜欢动怒等。在此，我们不难相信当这个女孩幼小的时候，她的祖父非常地疼爱她，他的宠爱使她产生深刻的记忆。当他死时，她觉得受到严重的打击：一个亲属兼益友丧失掉了！

"我很清楚地记得，他躺在棺材里，脸色苍白，全身僵硬。"我不认为让一个3岁的小孩看尸体是个明智之举，至少也应该让孩子先有心理上的准备。孩子们经常告诉我：他们对看到死人的印象非常之深刻，永远也无法忘怀，这个女孩子也没有忘掉。这样的小孩会努力设法克服或消除对死亡的恐怖，长大了当医师便成为他们的志向。他们觉得医师所受的训练，比其他人更能对抗死亡。反过来说，医师的最初记忆常包含有关于死亡的记忆。"躺在棺材里，脸色苍白，全身僵硬。"——这是对可见之物的记忆。也许这个女孩子是属于视觉型的，对观感世界特别之感兴趣。

"然后到了坟墓。当棺材放进墓穴后，我记得那些绳子从那粗糙的盒子下面给拉了出来。"她又告诉我们她所看到的东西。我们更坚信，那是她已属于视觉型的猜测了。"这次经验留给我很深的恐惧，以后每当提起我的任何亲戚、朋友或熟人到另一个世界去了，我总会吓得全身发抖。"

我们会再次注意到死亡留给她的深刻印象。如果我有和她谈话的机会，我会问到："以后你想从事什么职业？"她可能回答："医师。"

假如她回答不出或避开这个问题，那么我会给她提示："你不想当医师或当护士吗？"她可能会表示赞同，但是她从生活中获得的意义还是："我们都会死。"这当然是事实，只不过不会是每个人的主要兴趣都在于此，还有其他许多事情能够吸引我们的注意力。

根深蒂固的记忆

"我的姐姐拿过一条缰绳，牵着她的马，得意扬扬地在街上走着。"这是她姐姐的胜利姿势。"我的马紧跟着另一匹跑，跑得太快了，我总是赶不上。"——这就是她姐姐走在前头的结果！——"我跌倒了，它拖着我在地下跑。这次游玩兴高采烈的开始，却落得个凄惨不堪的收场。姐姐胜利了，又出尽了风头。"我们可以断定，这个女孩子的意思是："如果我不小心，我的姐姐会老是占上风。我会被打败，我会趴倒在地。安全的唯一方法就是在前领先。"我们也能了解：她的姐姐已经赢取了母亲，这就是她之所以转向父亲的原因。

"以后，我的骑术虽然超过我的姐姐，但这丝毫也弥补不了那次遗憾。"现在，我们的所有假设都得到证实。在这两姐妹之间，我们可以看到有一种竞争存在。妹妹觉得："我一直都掉在后头，必须设法赶上，我必须超过其他人。"我曾经说过，次子或年纪较小的孩子，经常有一个竞争的对手，而他们又一直想要去击败他们的对手。而这个例子就是这种类型。这个女孩子的记忆加强了她的态度。

"我最早的记忆就是被我的姐姐带到宴会和各种社交场合。当我出生时，她大约是18岁。"这个女孩子记得她自己是社会的一部分。也许我们在这份记忆中发现：她的合作程度远比别人来得高。大她18岁的姐姐，是家里最宠爱她的人。她却好像曾经用很聪明的方式，使这孩子的兴趣扩展到别人身上。

"因为在我出生以前，我的姐姐是家中5个孩子中唯一的女孩，她当然喜欢拿我到处去炫耀。"这看来并不如我们想象得那么好。当一个孩子被拿来炫耀时，她所感兴趣的可能会变成"受人欣赏"，而不是奉献自己所能。"因此,在我还相当小的时候,她就带着我到处跑。对于那些宴会,我所记得的唯一事情是:姐姐老是喜欢强迫我说些话。例如,跟这位小姐说说你的名字等。"这是一种错误的教育方法。假使这位女孩子因此而患上口吃或言语上的困难,也不值得我们惊异。口吃的孩子通常是因为别人对他说话过分注意,他非但无法承受压力,自自然然地和别人交谈,反倒要过分关心自己,并设法使人了解自己。

"我还记得,在我说不出话来的时候,回到家总会挨一顿骂,因此我变得很讨厌出门和别人交往。"我们最先的解释必须也完全修正了。现在,我们可以看出她最早记忆后面的意义是:"我被带去和别人接触,但是我发现那都是很不愉快的。由于这些经历,从此之后,我便讨厌这一类的合作。"因此,即使到现在,她仍然不喜欢与人交往。我们发现:她对这些事情会不自在而过分注意自己,她必须炫耀自己,并觉得这种要求过分沉重。她被训练得要与众不同,而难以平易近人。

"我的童年时期,有件大事是让我难以忘怀的。当我大约4岁时,我的曾祖母来看我们。"我们说过,祖父母通常都很宠爱着他们的孙儿,至于曾祖母如何对待他们,则是我们尚未讨论的事情。"当她来看我们时,我们要拍张四世同堂的照片。"这个女孩子对她的门第非常感兴趣。由于她这么清楚地记得她曾祖母的来访和合拍照片,我们可以推论出:她对家庭的依恋非常之深。如果我们说对了,我们就会发现她合作的能力很难超出她家庭圈子的范围之外。

"我很清楚地记得,我们开车到另一个镇上去。当我们抵达照相馆后,我立即换了一件白色绣花的衣服。"也许这个女孩子也是属于视觉型的。"在我们拍四代同堂的照片以前,我和弟弟先合照了一张。"我们就又看到她对家庭的兴趣所在了。她的弟弟是家庭中的一部分,我们很可能听到她和他之间更多的关系。"他坐在我身旁一把椅子的扶手上,手里拿着一个亮亮的红球。"她又再次记起见到的东西。"我站在椅子旁边,手里什么东西都没有。"现在我们看到这个女孩手的主要努力目标了。她告诉自己:她的弟弟比她更受人宠爱。我们猜测,她的弟弟出生,并取代她最小和最受人宠爱的地位,她可能觉得非常不高兴。"他们叫我笑。"她的意思是。"他们想要使我笑。但是又有什么值得我笑的?他们把我的弟弟摆上宝座,还给他一个亮亮的红球,可是他们又给了我什么?"

"然后,拍四世同堂的照片,除了我,每个人都想照出最好看的样子。我一点都没有笑。"她对她的家庭表示抗议,因为她的家庭待她不够好。在这个最早记忆中,她并没有忘记告诉我们:她的家庭是怎么对待她的。"当要他笑的时候,我的弟弟笑得好甜,他好聪明。以后我却一直讨厌再拍照片。"她的回忆让我们领悟到大多数人应付生活的方式。我们得到一种印象后,总是喜欢用它来解释是永久真实的。很清楚,她在拍那张照片时觉得非常不愉快,以后便讨厌再拍照片。当一个人讨厌某件事物而要找出这种厌恶的理由时,他通常会从他的经验中挑选出某些东西来解释。这个最早记忆给予我们关于作者人格的两个主要暗示:第一,她是属于视觉型的;第二,她对家庭的依附性很强。她最初记忆的全部情节都发生在家庭圈子里面。她很可能不适于社会生活。

终身难忘的记忆

一个患有焦虑性社会病的 35 岁男人跑来找我。他告诉我只有在离开家时才觉得焦虑。他曾经几度勉强地找到职业,但是只要一进办公室,他便终日呻吟,直到晚上回家和她母亲坐在一起时才会停止。当要求他说出最早记忆时,他说:"我记得 4 岁时,坐在家里靠近窗子边,看街上有许多人在工作,觉得很好玩。"原来他只想坐在窗子边看别人工作。他一直以为生活的唯一方法就是受别人资助,可假如要改变他的情况,就必须改变他不能和别人一起工作的想法,甚至改变他的整个人生观。责备他是毫无用处的,我们也无法用医药或切除分泌腺来使他悔悟。他的最初记忆使我们较容易向他建议，能使他有兴趣地工作。我们发现他患有高度近视。正是由于这个缺陷，他要非常集中精力才能看清东西。当他开始困惑于职业问题时，他总是继续在"看"，而不是在"工作"。但是，这两件事情并不是互相对立的。当他痊愈后，他开了一间书屋。以此方式，他在我们分工的社会中，也能奉献出自己的力量。

一个患有失语症的32岁男人，也来请求治疗。他除了嗳嚅做声外，说不出话来。有一天，他不慎踩到了香蕉皮，而撞在计程车的玻璃窗上，呕吐持续了两天。无疑他是患脑震荡了，但是脑震荡并不足以导致不能说话，因为他的喉咙部位未受到损伤。他完全说不出话达8天之久。他把意外事件提请法院诉讼并把责任归咎于计程车司机，要求汽车公司赔偿。我们不难了解：假如他丧失了某种能力，他在诉讼中所占的地位将有利得多。也许他在意外事件的震惊之后，真正发现自己说话困难，我们不必说他意图欺骗，事实上他没有大声说话的必要。

这个病人曾经去找过一位喉科专家，但是这位专家却找不出什么毛病。我们要求他说出最早记忆时，他说："我躺在摇篮里，来回晃荡。仿佛看到挂钩脱掉了，摇篮掉下来，我也受了重伤。"没有人会喜欢跌跤的，这个人却过分强调摔跤。他的注意力都集中在跌跤的危险之上，这就是他的主要兴趣。"当我摔下来时，门打开了，妈妈惊慌失措地跑进来。"他用跌跤吸引了母亲的注意力，此外，这个记忆还是一种谴责——"她没有好好照顾我"。同样的，计程车司机和汽车公司也都犯了类似错误，他们都对他照顾不周。这是一种被宠惯了的孩子的生活模式：他们总想让别人担负责任。

"5岁时，我头上顶着一块木板，从20英尺的楼梯上摔将下来。我有5分多钟说不出话来。"这个人对丧失语言能力是相当敏感的。他把摔跤当作拒绝说话的原因。他对这种做法经验丰富，而现在只要一摔跤，他便自然而然地说不出话来。如果要治愈他，必须要让他知道他犯了错误：在跌跤和丧失语言能力之间是没有关联的。同时，要让他看出在一次意外之后，他并不需要继续嗫嚅做声达两年之久。然而在这个记忆中，还显现出了他为什么难以了解这些事情的原因。"我的妈妈又冲了出去，"他继续说道，"看起来非常激动的样子"。在两次意外事件中，他的跌跤都吓坏了他的母亲，并吸引了她对他的注意。他是个想要被宠爱，又想要成为别人注意中心的孩子。他要别人为他的不幸付出代价。其他被宠惯了的孩子，如果发生了同样的意外，也会这样做的，而只是他们可能不会拿语言失常作为工具而已。这是我们病人的特殊"商标"，它是他从经验中建立起来的生活模式的一部分。

一个抱怨找不到满意职业的26岁男人，曾经来找过我。8年之前，他的父亲把他安插入经纪行业中，但他一直不喜欢干这一行，最终他辞职了。他想去别处再找份工作，却一直没有成功。他抱怨不已，而难以入眠，经常有自杀的念头。当他放弃经纪行业的工作后，他曾经离家在另一个城镇中找到了一份工作，但是不久他听到母亲病重的消息，结果又回家和家人一起生活了。

从他的经历中，我们发现他的母亲对他非常溺爱，而他的父亲却对他滥施权威。他的生活就是对他父亲的威严的一种反抗。当我们问他在家庭中的排行时，他说他是"老幺"，而且是唯一的男孩。他有两个姐姐，最大的老是想管住他，另一个也相差无几。他的父亲对他总是不断地吹毛求疵，因此他深刻地感到：整个家庭都在压逼着他，只有母亲是他唯一的朋友。

他直到14岁才开始上学。之后，他被父亲送进农业学校，因为这样他才能在父亲计划要购买的农场上帮忙。这个孩子在学校表现得相当优秀，可却不愿当个农民。因此，他的父亲把他安插入经纪行业中。奇怪的是，他竟然在这工作上熬了八年之久。他说：他能够这样做，完全是母亲的缘故。

童年时，他懒散而胆小，既怕黑暗，又怕孤单。当我们见到懒散的孩子时，我们总可以找到有某个人习惯于帮他收拾东西。当我们见到怕黑暗和怕孤单的孩子时，我们总可以找到某一个经常在注意他、抚慰他的人。而对这个青年而言，这个人就是他的母亲。他不以为和人交友是简单的事，但是当他周旋于陌生人之间时，却也觉得相当自在。他没有恋爱过，对恋爱不感兴趣，而且也不想结婚。他认为他父母的婚姻是不美满的，这一点能够帮助我们了解他自己为什么不想结婚。

他的父亲仍然逼着他，要他继续从事该死的经纪事业。而他自己很想进入广告界工作，因为他相信他的家庭不会给他钱让他开拓事业。在这一点，我们能直接感觉到他行动的目的是在反抗他的父亲。当他从事经纪工作时，他已经能够自立，可是他却没有想要用自己的钱来从事广告工作。他只有现在才想起要以它作为对他父亲的新要求。

他的最初记忆，很明显地暴露出一个被宠惯了的孩子对其严格的父亲的反抗。他记得他如何在他父亲的餐馆中工作。他喜欢擦洗碟子，并把它们从一张桌子搬到另一张桌子之上。他玩弄碟子的作风显然惹火了他的父亲。父亲当着顾客的面，打了他一记耳光。他用这个早期记忆作为对他父亲敌意的证明，而他的整个生活也变成反抗父亲的一场游戏。他并没有工作的诚意，如果他能伤害到父亲，他就能完全满足了。

他自杀的念头也很容易被解释，每个自杀案件都是一种谴责。想要自杀时，他的意思是说："我父亲的所作所为都是罪恶的。"他将对职业的不满也都归咎于他的父亲。父亲每次提出一项计划，做儿子的均表示反对，但是娇生惯养的他，却又无法独立开创自己的事业。他并不是真的想工作，而是只想嬉游，可是他对母亲又存有合作之意，所以又像是想找工作一样。然而他对父亲的抗争又如何解释他的失眠呢？

如果他睡不着觉，第二天他也就没有精神去工作。他的父亲等他去做事,他却疲倦得无法动弹。当然他可以说:"我不想做事,我也不要受压迫。"但是他必须考虑他的母亲和他经济状况欠佳的家庭。假使他干脆拒绝了工作,他的家庭会认为他不可救药而拒绝再资助他。他必须找个理由下台,结果他找到了这种表面看来似乎是无懈可击的毛病——失眠。

我给他一个劝告:"今天晚上要睡觉的时候,你若一直担心随时都会醒过来,这样你明天就会很疲劳的。你要想:明天你累得不能工作时,你父亲怒火冲天的情形。"我要他面对事实。他的主要兴趣在于激怒并伤害他的父亲。如果我们无法制止这种争战,治疗便不能产生效用。他是个被宠坏了的孩子,我们都能够看出这一点,现在他自己也明白了。

这种情形非常类似于所谓的"奥迪帕斯情结"。这个青年一心一意地想要伤害他的父亲,而又非常依附于他的母亲,可这却与性无关。他的母亲宠爱他,而他的父亲却毫无爱怜之意。他受过错误的训练,并对他所处的地位解释错误。遗传基因在他的烦恼中并未占据丝毫地位。他的烦恼并不是由杀死部落酋长的野蛮人的本能中繁衍出来,而是他从他自己的经验中创造出来的。每一个孩子都可能培养出这种态度,只需要我们给他一个像这个案例一样宠孩子的母亲和一个凶恶的父亲就可以了。如果这个孩子也反抗他的父亲,而无法独立地解决自己遭遇的问题,我们便可以了解要采取这种生活模式是件多么简单的事。

二、战胜自卑

生活,远比一场游戏要更加丰富多彩,它并不缺乏困难,而困难的情况也有很多。当人们发现自己处于困难的情况之下时,我们可以研究它,并找出不同困难的特性,这就是在早期生命中战胜困难、争取实现目标的人类成长和发展的情态。这也是人们为了获得更理想的生活,使生命延续,对自卑心理的战胜的一种表现。

在生活中,产生自卑的人我们不能说他是柔弱、安静、拘束或与世无争,自卑表现的方式有千万种,我仅用三个孩子初次被带到动物园的故事来说明这一点。当他们站在狮子笼前时,一个孩子躲在他母亲的背后全身发抖地说道:"我要回家。"而第二个孩子则站在原地脸色苍白地用颤抖的声音说道:"我一点都不怕。"第三个目不转睛地盯着狮子,并问他的妈妈:"我能不能向它吐口水?"而事实上,这三个孩子都已经感到自己所处的劣势,但是每个人却都依自己的生活模式表现出他的感觉。

(一) 塑造个性

我们会看到一株长在狭谷里的松树跟一株长在高山顶上的松树不同,它们都是同一种树——松树,但是它有两种生活方式,长在高山顶上的方式与长在狭谷里的方式并不一样。松树的生活方式是表达它自己,并在一个环境中塑造自己的个性。当我们看到它长在一个与我们所期望的不同的环境背景时，我们就能认出它的方式，因为这样一来，我们不仅认识到每一株树都具有一种生活方式，而且不只都是对环境的机械式反映。

人类的情形亦然。在某些环境之下，我们发现生活方式千变万化。我们的工作就是要分析其与所在情况的真正关系，正如心灵跟着环境的转换而会变化一般。只要一个人处于一个有利的环境之下，我们便不能够清楚地看到他的生活方式。而在一个新的情境之下，特别是当他面对着困难之时，他的生活方式就显现得清清楚楚。一个受过训练的心理学家可以了解一个处于有利情境的人的生活方式，但是当这个人处于不利或有困难的情境时，我们每个人就都可以了解了。

我们对探索将来比寻找过去感兴趣多了。但是为了要了解一个人的将来，我们必须了解他的生活方式。即使我们了解了本能、刺激、欲望等，也无法预知什么会发生。一些心理学家确实试图借着注意某些本能、印象或创伤来得到结论，但其实都找不到较精确的测验结果，因为所有这些元素都预示着一种持续的生活方式。因此，不必管什么东西刺激了我们，刺激仅仅是解放或固定了一种生活方式。

生活方式

生活方式的各种见解如何与我们前面所说明的一切发生关系呢？我们已经看到具有赢弱器官的人——因为他们面对困难时感到不安全——感到痛楚或具有自卑情结。既然人们不可能长期忍受，自卑感就如我们所看到的，刺激他们去采取行动。这样的结果造成了一个人产生目标。现在，个体心理学早已称这种朝向目标的持续行动为生命的计划。但是因为这个名称在学生当中有时候会引起误会，所以现在特称之为"生活方式"。

因为个人具有生活方式，所以有时候也只靠着与他谈话并让他回答问题，就能够预知其将来。就好像观看一出戏剧的最后一幕，一切神秘性都解决了。因为我们知道生命的阶段、困难和问题，便可以这个方式来预知。因此，从一些事实的经验和知识，便可以知道一个经常与别人隔绝的、寻求支持的、被纵容的、迟疑的小孩，将会发生什么事。

在一个人的目标是要别人支持的情况下，会发生什么？他会迟疑不决、止步不前或逃避对生活问题的解决。我们知道他会如何迟疑不决、止步不前或逃避，因为我们看过这种情形已经有一千多次了。我们知道他不愿单独进行，而希望被纵容。他希望远离生活的大问题，他老是做些没有用的事，也不愿去争取有用的事物，他缺乏社会兴趣，结果他发展成为一个问题小孩、一个神经症者、一个罪犯或自杀者——这便是最后的逃避。这些事情，我们现在比从前了解得更清楚了。

举例来说，我们体认到要寻找一个人的生活方式，可以利用生活的正常方式作为测量的基础。我们利用能够适应社会的人作为标准、规范，并依照规范来衡量各种人的不同情况。

在这点上，显示我们决定生活的正常方式，并且在此基础上我们了解错误和个别性是很有助益的。但是在讨论之前，我们应该提出我们这样的研究并不算"类型"。我们不考虑人类的"类型"，因为每一个人都有个别的生活方式。正如我们不能发现两片叶子完全一样，我们也不能发现两个人绝对相同。自然是如此丰富，而刺激、本能和错误的可能性也是如此之多，两个人绝对相同是不可能的。因此，如果我们说到类型，那只是作为智慧上的发明，以更加了解个人的相似性。如果我们阐述智慧上的分门别类，并研究其特殊性，我们就可以评定得更佳。然而这样做的时候，我们并不一直都使用同样的分类法，而是使用更能够找出特殊相似性的分类法。如果有人喜欢认真地分门别类，一旦他们把一个人放进一个熊洞里时，他就只会被归类为熊类了。

举出一个说明会使我们的论点更为清楚。譬如说，当我们说到一个无法适应社会的人时，我们总会指认他就是属于那些过着冷漠生活,且没有任何社会兴趣的人。这是分别个人的一种方法,也是最重要的方法。让我们看看完全注重视觉事物的人,虽然他的兴趣是有限制的,但是这种人与完全将兴趣集中在口欲满足上的人大大不同。这两种人都可能无法去适应社会,并且发现他们很难与伙伴们建立关系。如果我们没有体认到类型只是方便的抽象事物时,借用类型来分门别类极可能成为混淆不清的来源。

现在让我们回到正常人身上,他们是我们衡量各种不同类型人物的标准。正常人生活在社会中,其生活方式非常能够适应社会。不管他要或不要,社会从他的工作中都能得到某些利益。同时,从心理学观点看来,他有足够的能力和勇气来应付问题和困难,当这些事物临头的时候,患心理症的人则缺少这些特质:他们既无法适应社会,而且在心理上亦无法调适每日的生活与工作。

有些派别的心理学家提出不同的假定。他们相信一个人忘记的事物才是最重要的,但是事实上这两种概念并没有很大的区别。或许一个人可以告诉我们他的意识回忆,但他不知道其意义,也不知道它们与他的行动的关联。因此,结果总是相同的,不管我们强调意识回忆的隐藏还是忘记的意识,或忘记了的记忆的重要性。

对早期回忆的一点描述是很具有启发性的。因为一个人可能会告诉你当他很小的时候,他的母亲带他弟弟上市场去。这就足够了,这样我们就可以发现他的生活方式。他描述了他自己和他弟弟。因此,我们可以看出对他而言,有一个弟弟对他来说是有影响的。我们可以再引导他一些,你就会发现这个情景与某一个人说那天开始下雨的情景相似。他的妈妈牵着他的手,但是当妈妈看到较年幼的儿子时,就放下他的手而去牵他弟弟的手。因而我们可以描述出他的生活方式:他总是具有这样的预期,认为别人会比他得宠。所以我们可以了解何以他在众人面前不能说话,是因为他总是四处搜寻比他受欢迎的人物。而友谊的情形也是一样的,他总是认为他的朋友会更喜欢另外一个人,结果他总没办法获得一个真正的朋友,他老是焦虑不安,寻找着骚扰友谊的琐碎事物。

我们也可以看出他所经验的悲剧如何阻挠了他社会兴趣的发展。他记得母亲抱着弟弟，我们看见他感觉到这个小孩子比他获得母亲更多的关照。他感觉到弟弟受宠了，并且不断寻求肯定这个概念的证据。他完全相信他是对的，因此他总是处在一种紧张之中——当别人更受欢迎时，他总是处于试图完成事物的巨大困难之中。

现在，这种怀疑不安的人的唯一解决办法是完全的孤立，如此他就不必与别人竞争，并且将成为世界上唯一的人。事实上，这种小孩子有时候有这样的幻想：全世界都崩溃了，他将是唯一留下来的人，因此没有人会比他更受欢迎。我们看到他开辟所有的可能性来解救他自己。但是他无法朝着逻辑、一般常识或真理的路线前去发展，而只朝着怀疑的路线迈去。他活在一个有限制的世界里，有逃避的私有概念，完全与别人没有联系并且对别人也毫无兴趣。但是我们不能责怪他，因为我们知道他不是十分正常。

校正生活

给予这种人一个适应得很好的人类所应该有的社会兴趣，是我们的工作。要如何做呢？这些人的巨大困难在于他们过度地约束自己，并且总是寻找着他们固定观念的依据。因而除非我们渗透到他们的人格中，解除他们的偏见，否则很难改变他们的观念。要完成这个工作，需要使用某种意识和某种机智。如果这个忠告者和这个病人没有紧密的关系或者缺乏浓厚的兴趣，那将会是最好不过的。因为如果这个人直接对这个病例有兴趣，那么我们会发现他只是在为他自己的兴趣而不是为病人的兴趣行动，病人注意到这点则会变得怀疑不安。

重要的事是减少病人的自卑感。自卑感无法完全根除，事实上我们也不愿完全去根除它，因为自卑感可以作为建构某些事物的基础。我们所应该做的是改变目标。我们已经看到他的目标是逃避，只是因为某个人比他更受欢迎。而我们所要下功夫的也就是这个观念情结。

我们必将减少他的自卑感，向他证明他其实过度地低估了自己。我们可以向他证实他的一举一动的毛病所在，并向他解释他过度紧张的倾向，就像站在一个巨大的深渊前面一样，或者像是住在一个被危险包围着的敌国一般。我们可以向他提示他害怕别人受到欢迎，实际上阻碍了他做好工作并且妨碍了最美妙的自然的印象。

如果这样的人在宴会中能够做一个主人，对他的朋友们友好，关注他们的兴趣，从而使他们怡然愉悦，那么他就会大大的进步。但是在一般的社会生活上，我们看见他无法使自己愉悦，对愉悦没有任何概念，结果他会说："愚蠢的人们——他们不能使我愉悦，他们不能使我感到兴趣。"

这种人的毛病在于他们并不了解情况，在于他们固执的想法和缺少一般常识。正如我们所说，仿佛他们面对着敌人，过着孤独的狼一般的生活。在人类的情境中，这种生活其实是一个不正常的悲剧。

现在让我们来研讨另外一个特殊的个案——一个抑郁沮丧的人表现一种非常普遍的不适，但是它可以被治疗，而这种人在早期生活中非常出色。事实上，我们注意到很多小孩在接近一个新情境时，总是显得抑郁沮丧。我们所要谈到的这个抑郁沮丧的人几乎有十次都是这种情形，并且总是在当他处于新位置的时候发生的。只要他处在旧位置上，他就几乎是正常的。但是他不愿出门去，与别人在一起，并且想要统御别人。结果，他没有朋友，并且都五十岁了还未结婚。

每一个抑郁沮丧的人几乎都使用同样的话："我的整个生命都毁灭了，我失落了一切。"经常地，这种人总是被纵容、被宠爱，但不久就不得宠，而这又影响了他的生活方式。

人类的反应情境很类似于各种不同的动物。对同一个情境，一只野兔或是狼或是老虎，反应都不同。人类也不同。

（二）早期的回忆

在分析了一个人生活方式的重要性之后，我们现在转移到早期回忆的题目上来。早期回忆可能是了解生活方式的最重要的方法。借着追溯孩童时期的记忆，我们就能够揭开原型——生活方式的中心，这较之其他方法更好。

如果我们要找出一个人——孩子或成人——的生活方式，在听过有关他的一点抱怨之后，我们就应该问起他早期的回忆，然后拿来和他提供给我们的其他事实作比较。

回忆的方式

生活的方式大部分都是不会改变的，同一个人总有同一种人格、同一种组合。正如我们已经证实的，生活方式是通过争取优越感的特殊目标而建立的，因此我们必须期望每一个行动和感觉都是整个"行动路线"（action line）的有机部分。现在，在某些点上，这个"行动路线"更清楚地得到表达了。这特别发生在早期的回忆上。

然而我们不应该把旧的和新的记忆区分得太清楚。因为在新的记忆当中，也包含着行动路线。在开始的时候，会更容易找出行动路线，也更具启发性。因为如此一来，我们发现了主题，也能够了解一个人的生活方式不易改变。在四五岁生活方式的形成期，我们发现了过去回忆与目前行动的关联。因此在做过许多此类的观察之后，我们能够肯定这样的结论：在早期回忆中，我们总能找到病人之原型的真正部分。

当一个病人回溯他的过去时，我们可以肯定，他记忆里的东西对他来说一定具有情感上的兴趣，因此我们针对他的人格可以找出一丝线索。我们不能否认，忘记了的经验对生活方式和原型来说也很重要，但是有很多次，要寻找出忘记了的经验，或者如他们所说的潜意识回忆，乃是更加困难的。意识和潜意识回忆同样具有朝向同一优越感目标的共同性质，它们都是完整原型的一部分。因此，如果可能的话，寻找出意识和潜意识回忆是好的。意识与潜意识回忆最终是同等重要的，而个人自己一般都无法了解，了解和诠释它们乃是外人的事。

让我们从意识记忆开始。当我们问有些人关于他们的早期回忆时,有些人会回答:"我什么都不记得了。"我们必须请求这种人集中精神,试图去回忆。但是这种迟疑不决可能会被看成他们不愿回溯他们的孩童时期的象征,而我们也可能因此下结论,说他们的孩童时期很不愉快。我们必须引领这样的人,必须给予他们暗示,以找出我们所想要的。他们最终都会想出什么来的。

有些人声称他们可以记得他们一岁时的事情。其实这不太可能,事实上,这些可能是他们幻想出来的记忆,而不是真实的回忆。但是既然它们都是人格的一部分,所以是幻想的或是真实的并没有关系。有人坚持他们不能肯定,到底是他们记得的还是他们的父母告诉他们的。这个也无关紧要,因为即使是他们的父母告诉他们的,也已经在他们心中固定了其印象,因而它们也可以帮助我们了解他们的兴趣在哪里。

如我们在上面所解释过的,为了某些目的,我们把个人分门别类较为方便。现在,回忆根据类别而有所不同,并且显示出某一特别方式的行为。举例来说,让我们拿一个人的情形来看,他记得他看到一棵美妙的圣诞树,其上挂满灯火、礼物和蛋糕。这个回忆最有趣的地方在哪里?在于他所看到的。何以他告诉我们他看到了?因为他对视觉事物总是很有兴趣。他在视觉方面有某些困难,而经过训练之后,他就老是对看产生兴趣,并且也很关注。或许这不是他的生活方式最重要的构成部分,但这是有趣而重要的部分。它指示出我们必须给他一个职位,这个职位必须让他使用他的眼睛。

我们发现一个对视觉很有兴趣的小孩不愿用耳朵倾听,因为他老是想看看什么。在这种小孩的个案上,我们应该有耐心,尝试教导他们去听。学校里,很多小孩子都只被从一方面教导,因为他们只会对一种感觉发生兴趣。他们可能只精于听或精于看。有些人总是喜欢移动或不停地工作。对三种不同类型的小孩子,我们不能够期待相同的结果,特别是如果这个老师仅仅喜爱一种方法,比如说训练喜欢听的小朋友,因此当使用这种方法时,喜欢看的小孩和喜欢做的小孩的发展就会受到阻碍。

让我们来看看一个 24 岁青年的例子,他常常会昏厥。当被问及其回忆时,他说当他 4 岁时听到机器的轰鸣声时就晕倒了。换句话说,他是一个听到了的人,因此对听觉有兴趣。此处没有必要解释这个年轻人后来如何发展出昏厥的毛病来,我们注意他从小时候起即对声音很敏感就足够了。他非常精于音乐,却不能忍受嘈杂的声音、不和谐或尖锐的声音。因此,我们不至于惊奇于他会如此被笛子的声音所影响。总是有很多成人或小孩子对某些事物感兴趣,是由于他们曾因为它们而受苦。

如果我们能够得到这样的早期回忆,正如我们所谈的,我们可以预期病人的后期生活会发生什么事。然而我们必须明白早期回忆并非原因,它们也只是暗示什么将会发生和发展以及如何发生的征兆。它们指示出朝向目标的活动,并指示出什么困扰必须被克服。它们显示出一个人如何会对生活的一面比另一面更有兴趣。我们看到他可能有我们所称的创伤,举例来说,在性的方面,他可能对这比对其他更有兴趣。如果问及他早期的回忆,我们听到性的经验,将不会感到惊奇。对性感到兴趣是一般常见行为的一部分,但是正如我们所说过的,有各种不同的情形和程度。我们经常发现当一个人告诉我们有关性的回忆的情形时,他后来就会在这方向上发展。生活的结果便不会很和谐,因为这一边的生活被过分加重了。

纵容与憎恨

现在让我们来讨论被纵容的孩子的早期回忆。早期回忆很清晰地反映出这种人的特性,这种类型的小孩会经常提到他的母亲。或许这是自然的,这就是他必须争取一个有利地位的表象。有时候,早期回忆似乎是并没什么关系,但是一经过分析,它们的影响就显现出来了。举例来说，一个人告诉你："我坐在我的房间内，而我的母亲站在柜子旁边。"这看起来一点都不重要，但是他提到他母亲乃是其所感到有兴趣的事物的一个表象。有时候，如果母亲隐藏着，研究就将更为复杂难解，我们必须猜测母亲代表什么意义。因此我们问一个人，他会告诉你："我记得我旅行了一次。"如果你问他是谁陪伴着他，你会发现是他母亲。或者如小孩子告诉我们："我记得有一年夏天，我在乡村的某一个地方。"我们已经预知父亲在城市工作，而母亲陪伴着他。然而我们仍可以问："谁跟你在一起？"以此方式，我们便能经常看到母亲的影响。

研究这些回忆，我们可以看出对被宠爱的争取态度。我们从中可以看出一个小孩子在他发展的过程中开始估价他母亲给他的纵容。这对我们的了解是重要的，因为当一个小孩子或成人告诉我们这种回忆时，他们就是处于危险之中，或者另外一个人会比他更受宠爱。我们看到他紧张的程度更增加了，并且越来越明显，而我们看到他们的心灵尖锐地集到于这个概念之上。这样的事实是重要的：它指示出在后来的生活里，这种人非常善于嫉妒。

有一个男孩子，他进高中读书总像个谜一样。他要不断转变、移动，而从来没办法安定下来读书。他总是想着别的事物，经常上咖啡店或拜访朋友——都是在他应该读书的时刻。因此，研究他的早期回忆是很有趣的。他说："我可以记得我躺在摇篮里，瞪着墙壁。我注意到贴在墙上的纸，上面有花、画像，等等。"这是个只准备着"躺在摇篮里"，而不是准备考试的人，他无法集中精神读书，因为他老是想着其他事情，企图同时追赶两只兔子，而这是绝不可能的。我们可以看出这个人是个被纵容了的小孩，无法单独工作。

我们现在来研究憎恨的小孩子们。这种类型很少但也正代表极端的例子。如果一个小孩真的从生命的开始就憎恨一切，那他就无法生活了，将走投无路。通常孩子们都有父母或保姆在某些程度上纵容他们，并满足他们的欲望。我们在非法的、罪犯的和被遗弃的孩子当中发现这种憎恨的小孩，经常看见这种小孩变得抑郁沮丧。我们会在他们的早期回忆中经常发现这种憎恨的感觉。举例来说，有一个人，他说："我从小就被责打；我的母亲责骂我、折磨我，直到我逃走为止。"当他逃走时，他已经几乎不成人形了。

这个人到心理医师那儿去，因为他无法离开他的家。我们从他的早期回忆中发现他曾一度逃跑，并碰到很大的危险。这个印象被牢记在他的回忆中，后来每当他出走时，他一直在注意着危险。他是一个聪颖的小孩，但是他老是害怕考试无法得第一，所以他迟疑不决，无法前进。当他最后进入大学时，他很怕在指定的路程上无法与别人竞争。我们可以看出这个可以回溯到他早期所遇到的危险之回忆。

另一个有趣的例子是一个中年人，他老是抱怨无法入睡。他今年大概46岁，已婚，已身为人父。他对别人总是批评个不停，总想要站在别人头上，特别是对他的家人。他的行动使得每个人都觉得难以忍受。

而当被问到他的早期回忆时，他解释道：他生长在一个父母老是吵架的家庭里，他俩总是打斗、彼此威胁，所以他很害怕他的双亲。他总是褴褛而又踉跄地去上学。有一天，他的班主任老师缺席了，由另一个老师代课。这个代课的女老师对她自己的工作和可能的成就性很感兴趣，她认为教书的工作很高贵并且也很敬业。她在这个被忽视的孩子身上发现到可塑性，并开始鼓励他。这是他在生命中第一次得到这样善意的接待。从那时起，他开始上进，但是他总像是被人从后面推着一样。他不是真正地相信自己可以变得优越，所以他整天工作，甚至在半夜也如此。以这个方式，他训练自己半夜工作，或者根本就不睡觉，整晚想着他该如何做。结果他开始认为，整晚醒着以完成工作是必须的。

后来，我们看到他要凌驾于他人的欲望，表现在他对自己的家人和他人的态度上。他可以在他们面前成为一个征服者，他的妻子和小孩不可避免地因为这种行为而痛苦不堪。

给这个人的个性作个总结，我们可以说他有优越感的目标，而这正是具有强烈自卑感的人的目标。他们的紧张正是他们对自己成功的怀疑，他们的怀疑又被优越情结掩盖起来，而这个优越情结其实是假的。对早期回忆的研究揭示了此种情境的真实状态。

（三）爱情、婚姻

对爱情与婚姻的正确准备，是成为一个男子汉并且能适应社会的必要条件。伴随着这个一般的准备，尚需做到的是从孩童早期到成年的成熟时期要训练某种性的本能——这种训练包含着对家庭与婚姻之本能的正常满足。而所有这些能力、对爱情或婚姻的倾向，都可以在生活的第一年形成的原型中找到。凭借着观察原型中的特质，我们有能力帮助解决后来成年时期所出现的困难。

关于爱情、婚姻的定义

在德国的某一个地区，有一种古老的风俗来试验一对未婚夫妻是否适合于一起过婚姻生活。在结婚典礼之前，新郎和新娘先被带到一个广场上，在那儿已经事先安置好一棵被砍倒的大树。他们要用一把两端都有把手的锯子，将这棵树的躯干锯为两段。由这个试验，可以看出他们两人愿意和对方合作的程度有多大。如果他们无法协调合作，并彼此为对方掣肘，那么终将一事无成。如果他们中某一方想居功，什么事都要自己来，而另一方又甘心让开，那么他们的工作将会事倍功半。他们两个都必须积极进取。这些德国农人已经知道合作是婚姻的首要条件了。

如果有人问我爱情和婚姻是什么，我将会给出下列的定义。虽然这很可能是不完整的：

"爱情、婚姻，都是对异性伴侣最亲密的奉献，它表现在心心相印以及生儿育女的共同愿望中。我们很容易看出。爱情和婚姻都是合作的一面——这种合作不仅是为了两个人的幸福,而且也是为了人类的利益。"

爱情和婚姻是为人类利益而合作的这种观点,能够解决这个问题的每一方面。即使在人类各种追求中最重要的是肉体的吸引力,但其对于人类的发展也是不可缺少的。我曾经说,人类由于体能上的限制,所以没有人能够在这贫瘠的地球上永久生存下去。因此保存人类生命的主要方法,就是经由我们的生殖能力来繁衍后代。

我们发现,爱情问题会引起各种的困难和纷争。结了婚的夫妇以及他们的父母们都将被牵入这些难题里。因此,如果要为这问题找出一个正确的结论,我们的研究就必须完全摒弃偏见。我们必须忘掉所学的知识,不要让其他的思想来干涉完全自由的讨论。

我的意思并不是说,我们能够把爱情和婚姻的问题当作完全孤立的问题,人类是绝对无法依此方式获得完全自由的。只凭私人的想象是绝不能解决问题的。每一个人都受着几种固定系带的束缚,他在一个固定的架构之中发展,又必须依照这个架构作出种种决定。这些系带之所以发生,第一是因为我们居住在宇宙之中的一特定点,而且必须在环境加于我们的许多限制之下发展;其次是我们生活在同类之间,必须学习使自己去适应他们;最后是人类有两种性别,我们种族的未来即依赖在两性关系之上。

假如一个人关心着他的同伙以及人类的幸福,当他做每一件事情时,都会先考虑到其同伙的利益,他解决爱情和婚姻问题的方式,也不会损及别人的幸福。他未必知道他是在依此方式解决问题。你如果问他,他对自己的目标可能也说不清楚,但是他却自然而然地追求着人类的幸福和进步。而从他的各种活动里,都可以看出他的这种兴趣。

有许多人对于人类的幸福其实是不太关心的。他们从来不问:"我能对我的同胞能有什么贡献?""我要怎样做才能成为团体中良好的一分子?"而只问:"生活有什么用?它能给我什么好处?我要为它付多少代价?其他的人有没有为我着想过?别人是不是欣赏我?"如果一个人在应付生活问题时,总是抱着这种态度,他也会用这种方式来解决爱情和婚姻的问题。他会不断地问:"这能带给我什么好处?"

爱情并不是像某些心理学家所想象的是一种纯粹自然的事情。性是一种驱力、一种本能,但是爱情和婚姻并不单单是为满足这些驱力的。无论从哪个角度看,我们都会发现:我们的驱力和本能都是经过发展而变得优雅高尚,我们已经压抑了某些欲望和倾向。从同伴的行为中,我们学会了要怎样做才不会惹怒对方,我们也学会了怎样穿着、怎样修饰自己。即使是饥饿,也不只是寻求自然的满足,我们有高雅的口味。饮食时,也要顾及种种礼仪。这也是我们为人类福利和为社会生活所作的各种努力。如果我们把这种了解应用到爱情和婚姻的问题之上,它又无可避免地会牵涉大家的利益以及人类的兴趣等问题。我们认为爱情和婚姻的问题只有考虑人类整体的利益才能获得解决。此外,讨论这个问题的任何方向,比如它的补救、改变或新的婚姻制度等,都将是没什么益处的。

爱情是要两个人协力合作的工作,对许多人而言,这是一种全新的工作。我们多多少少都曾经学过如何单独工作,也多多少少学过如何在一群人之中工作。但是我们通常却很少有成双成对工作的经验。因此,这些新的情况会制造一些困难。可是,如果这两个人以往对他们的同伴都很感兴趣的话,要解决这些困难便容易得多。

关心对方更甚于关心自己是爱情和婚姻成功的唯一基础。如果每一个配偶对于其伴侣的兴趣都能高过对于自己的兴趣,那么他们之间便会有真正的平等。如果我们都很诚意地奉献出自己,他们便不会觉得自己低声下气或受人压抑。也只有男女双方都有这种态度,平等才有出现的可能。双方都应该努力使对方的生活安适和富裕,这样才会有安全感,你才会有价值。因而你会认为,你有价值,没有人能代替你,你的配偶需要你,你的行为正确,你就会是一个良好的伴侣和真正的朋友。

在合作的工作中，是不可能让伴侣接受从属地位的。两个人中如果有一个人想要统治对方，并强迫对方服从，他们便无法愉快地生活在一起。现实生活中有许多男人（其实有很多女人亦是如此）相信，男人应该扮演领导的角色，成为一家之主，这就是我们为什么有这么多不愉快的婚姻的原因。没有人能够心平气和地忍受卑下的地位。伴侣必须是平等的，人们只有在平等的时候，才能找出克服共同困难的方法。比方说，在此种情况之下，他们能对生儿育女的问题达成协议。他们知道，当他们决定不生育时，他们已经作了能影响人类未来的誓言。他们也会对教育问题达成协议，当他们遭遇问题时，他们会尽快设法解决，因为他们知道：受不愉快婚姻影响的儿童，将在精神上饱受痛苦，不会得到良好的发展。

我们的教育都太注重个人的成功，也都太强调我们能够从生活中获得什么，而不是我们能付出什么。我们很容易了解，当两个人以婚姻的亲密关系生活在一起时，在合作方面和对人关心方面的任何失败，都会导致不幸的后果。有许多人都是第一次体验到这种密切的关系，他们非常不习惯去考虑另一个人的利益、目标、欲望、野心和希望，他们还没有做好准备解决共同工作的问题。我们不必为举目所及的错误感到惊异，而是应该面对事实，并避免错误。

如果未经训练，成人生活的危机是很难应付得了的。我们一直都是遵照我们的生活模式而作出种种反应。婚姻的准备并非一蹴而就。从一个孩子典型的行为、态度、思想里，我们都可以看出，他是如何在训练自己以准备应付成人的情境。他对爱情态度的主要轮廓也都是在五六岁时便已经定型了。

儿童在发展的早期，便开始形成他对爱情和婚姻的展望。我们切不可以为他是在表现出像成人一般的性冲动，他也只是在对平常生活的一面作了自己的某一种决定而已。爱情和生活都是他环境中的因素，自然而然地侵入他对自己未来的概念之中。他必须理解并且保持某种立场。当儿童产生对异性的兴趣,并选择他们所喜欢的对象时,我们绝不可以认为这是一种错误、胡闹或性早熟,更不应该嘲弄他。我们应该把它当作他们迈向爱情和婚姻的一个步骤。如此,我们才能在孩子心中树立起一个理想,让他们在以后的生活中能够以教养良好、肯热诚奉献的姿态和对方交往。将来我们会发现,孩子们都会成为一夫一妻制最忠诚的拥护者。尽管他们父母的婚姻不十分和谐,他们亦不会受其害。

我从来不鼓励父母们过早地对孩子们解释肉体上的性关系,或是说太多他们还无法接受的性知识。你能够理解,孩子们对婚姻问题的看法是非常重要的。如果教导方法错误,那就会产生不良的影响。依据我的经验,五六岁时便知道成人性关系的孩子以及有早熟经验的孩子,在以后的生活里都比较容易受到爱情的伤害。而对他们而言,身体的吸引力还代表了危险的信号。如果孩子在较为成熟之后,才有初次的经验和知识,他也就不会这么害怕,犯错误的机会也少得多。帮助孩子的秘诀是不要对他撒谎,不要逃避他的问题,而要了解他问题的背后隐含着什么,并且向他解释他希望知道的事情以及我们确知他能够了解的事情。道听途说、凭空捏造的性知识害处最大。这个生活的问题和其他问题一样,最好是让孩子自己独立去学习。如果他和父母能够彼此信赖,他便不会遭受困扰。我还没有看过在其他方面都很健康的孩子因此而受害。孩子们并不会听信同学告诉他们的每一件事情,他们大部分也都是很有鉴赏力的。如果他们不敢确定他们所听到的事是否真实,他们会问他们的父母或哥哥、姐姐。当然,我也必须承认,孩子对这些事情都比他们的长辈敏感,而且不愿启齿。

即使是成人对异性的肉体吸引力,其实也是在儿童时代便已经训练出来的。孩子们所获得的关于爱怜的印象和当时环境中异性给他的印象等,都是肉体吸引力的开始。男孩子是从他的母亲、姐姐或四周的女孩获得这些印象的。偶尔他也会受艺术作品的影响。每个人都受着个人审美观念的驱使。因此,广义地说,个人在以后的生活里便不再有选择的自由，他也只能依照他以往受过的训练来选择。这种对美的追求，并不是毫无意义的追求。我们的审美情绪一直都是以健康的感觉和人类的进步为基础的，我们无法逃避它。被我们认为是美丽的东西，也都是看起来似乎能永垂不朽且对人类的利益和未来有用的东西，这就是不断鞭策着我们前进的美感。

有时候，如果男孩子和母亲相处不和，女孩子和父亲不和（当婚姻中的合作不甚和谐时，经常发生此情况），他们会寻求和父母正好相反的类型。譬如，如果一个男孩子的母亲事事对他吹毛求疵，如果他很软弱又受人压制，那么他便很可能觉得只有看起来不盛气凌人的女性才有性的吸引力。他很容易因此而造成错误，他找对象时，可能只愿找顺服的女性。然而这种不平等的婚姻是不可能美满的。如果他想证明自己强壮有力，他就会找一个强壮的伴侣。这也许是因为他喜欢强壮，也许是因为他较富挑战性。如果他和母亲极不和，他的爱情和婚姻也可能受到阻碍。不仅异性对他的肉体吸引力会减弱，而且他会因此排斥异性，从而导致性欲倒错。

大多数生活中的失败者都出身自婚姻破裂或不愉快的家庭，这是不足为怪的。如果父母本身都不能合作，他们自然更不可能教他们的孩子合作。我们在考虑一个人是否适合于结婚时，必须看他是不是曾经在正常的家庭中受过训练以及他对父母、兄弟姊妹的态度怎样。我们认为，决定一个人的并不是他的环境，而是他对环境的估计。他在父母家中的生活很可能不愉快，却会刺激他设法使自己的家庭生活更为美满。我们不能因为一个人有过不幸的家庭生活，便据此来判断他，或拒绝他。

最坏的情况是个人只顾及自己利益的时候。如果他受过此种训练，他会终日盘算着，能从生活中得到什么样的快乐或兴奋？他会一直要求着自由和解脱，从不考虑怎样才能使其伴侣的生活更轻松和更富裕。这是一种不幸的做法。我把他比拟为缘木求鱼，它不是罪恶，而是一种错误的方法。因此，对待爱情，我们不能只图享乐或只想逃避责任。爱情中如果含有犹疑和怀疑的成分，便不会坚固。合作需要有永恒不变的决心，才能结出真正的爱情的幸福果实。美好的婚姻是我们养育人类未来一代的最好方法，所有人都应该记住这一点。

如果我们只把我们的责任限制在五年之内，或者把婚姻当作一段试验时期，那么便不可能有真正亲密的爱情奉献。任何一种严肃而重要的工作，都是不能先替自己来安排脱身之计的。我们无法培育有限度的爱情。所有老谋深算、千方百计想从婚姻中脱逃的人，都走上了错误之途。他们脱逃的企图会损及他们的配偶，并使其心灰意懒，在失望之余，他们的配偶也会成全其脱逃的愿望，而不再履行他们决定要一起实现的诺言。我知道在我们的社会生活中有许多困难，它们妨害了许多人，使其无法依据正当途径来解决爱情和婚姻的问题，即使他们有心要解决它，结果亦是无可奈何。然而我们却不能因此而舍弃爱情和婚姻，我们要消除的是社会生活的困难。我们知道甜蜜的爱情需要真实、忠诚、可靠、不保留、不自私。假如夫妻两人都决心要保留个人的自由，真诚的爱情关系就没有实现的可能。这不是爱情，在爱情关系里，我们并非无拘无束，而必须受合作的约束。

下面让我举个例子，来说明私人的独断专行不仅对婚姻的成功和人类的幸福无益，而且会损害男女双方。

记得有一个案例，一对青年男女离婚不久又复婚了，而且都希望比初次理想。他们都是知识程度颇高的人，然而他们却不明白他们的初次婚姻是如何失败的。他们只想找寻补救之道，却看不出自己缺乏的社会兴趣所在。他们自命为自由思想者，希望能有不受拘束的婚姻，以免彼此都感到厌烦。因此，他们约好每个人都有完全的行动自由，大家都可以做自己想做的事情，不过却要彼此信赖，把自己做过的事情告诉对方。在这一点上，这位丈夫似乎要勇敢得多。每当他回家时，他都有许多风流韵事来告诉他的妻子。她似乎很喜欢听这些话，并深以她丈夫的风流倜傥为荣。她一直想仿效他，建立起她自己的爱情关系，但是在采取行动之前，她便患上了公共场所恐惧症。她不敢单独出门,她的恐惧症使她整天待在家里,一旦跨出家门时,便觉得浑身不适。这种恐惧症表面看来似乎是避免其决心付诸实现的方法,实际上还不仅如此。由于她不能单独出去了,她的丈夫只好在她身旁陪她。你可以看出上述婚姻逻辑是如何的不可思议。她自己因为害怕单独一个人出门,所以也无法享受她的自由。这位妇女如果想治愈恐惧症的话,必须先对婚姻有较清楚的了解,她的丈夫也必须以合作之道来对待婚姻。

另外还有些错误是在婚姻开始之前便已经造成了。在家中娇生惯养的孩子很难使自己适应于社会生活。当两个娇生惯养的人碰在一起时,一定会发生许多有趣的事情。他们两人都会要求对方关心自己,注意自己,可是两人都不会觉得满意。下一个步骤就是找寻各自解脱之道:其中一人开始和别人勾搭,希望能获得较多的注意。有些人无法只和一个人恋爱,必须同时和两个人堕入爱河。这样,他们才感到自由。他们能从一人身边逃到另一人身边,而且不必负爱情的全部责任。脚踏两只船,其实也就是·无所有。

还有一些人想象出一种浪漫的、理想的而又非人人都力所能及的爱情,他们沉迷在幻想里寻找他们的伴侣。有许多人,尤其是许多女人,错误地训练自己讨厌并排拒自己的性别角色。她们妨害了她们的自然功能。如果未经治疗的话,她们也没有美满的婚姻。而这就是我所说的,对男性的钦羡。在现代文化中,对男性地位的过分高估最容易造成此种错误。如果孩子们怀疑自己的性别角色,他们便会感到不完全。只要男性角色被认为是较占优势的角色,那么不管是男孩或是女孩,都会自然而然地觉得男性角色是值得钦羡的。他们会怀疑自己是否有足够的能力来扮演此种角色。在所有女性冷感症和男人心理性阳痿的个案里,我们都能发现有疑心的存在。这些个案都是对爱情和婚姻的抗拒,而且此种抗拒正是适逢其所。除非我们真正有男女平等的感觉,否则便不可能避免这种失败,婚姻便仍然有很大的障碍。我们不能容许我们的孩子对其未来的性别角色模糊不清,因而我们必须设法加以补救。

在结婚之前要避免发生性关系，这是爱情和婚姻中亲密奉献的最佳保证。大部分的男人都不喜欢他们的情人在结婚之前先献出自己的身体。他们把它当作一种不贞的表示，并且会因此感到震惊。同时，如果在婚前有超友谊关系，女孩子的负担将沉重得多。假使促成婚姻的是恐惧而不是勇气，那也会是一种重大的错误。勇气是合作的一面，假如男人或女人是由于恐惧而不得不和其伴侣结合，他们便不会真心地和对方合作。当他们与社会地位或教育程度较他们低的人结婚时，亦是如此。

友谊是训练社会兴趣的有效方法之一。从人与人产生的友谊当中，我们学会如何推心置腹，如何去体会别人的心情和感受。如果一个孩子受到了挫折，如果他始终受人监视和保护，如果他孤孤单单地长大，没有同伴，也没有朋友，他就不会发展出为别人设想的能力，一直以为自己才是世界上最伟大的人，而且也急着保全自己的利益。友谊的训练是婚姻的一种准备。假如我们把游戏当作一种合作的训练，也是很有用的。布置一些能够让两个孩子一起工作、一起读书和一起学习的情境是很有意义的。我们绝不能小看舞蹈的价值，像舞蹈这一类的活动必须要两个人共同完成，因此我认为舞蹈的训练对孩子们是有益处的。当然我所指的并不是表演性质多于共同合作的舞蹈。如果我们有专供孩子跳的简易舞蹈，这对于他们的发展必然会有很大的裨益。

职业的问题也能帮助我们看出一个人是否已经做好婚姻的准备。今天，解决这个问题必须被置于爱情和婚姻问题之前。夫妻两人都必须有职业，这样他们才能解决他们自己的家庭生活问题。良好的婚姻准备必定包含有良好的工作准备。

我们不难看出一个人接近异性的勇敢程度及其合作能力的程度。每一个人都自有他特别的方法、特殊的战略，以及其求爱的方式，这些都是和他的生活模式一致的。一个人在求爱的时候可能小心谨慎，也可能热情大方。无论如何，他的恋爱气质总是和他的生活模式一致。我们能从中获得其人格的可靠指标，但是不能仅凭此来判断他是否适合结婚，因为在其他场合他可能犹豫不决。

在我们的文化背景之下（也只有在此情况下），人们通常多期望男性采取主动，先表示出爱慕之意。因此，我们就必须训练男孩子们培养男性的态度——主动、不犹疑、不退缩。然而他只有觉得自己是整个社会生活的一部分，并将其利弊视为与自己切身相关时，才肯接受此种训练。当然，女性们也参加求爱活动，也会采取主动，但是在我们现在的文化背景下，她们对异性的仰慕则表现在她们的风姿仪态、穿着打扮，以及她们的顾盼谈吐里。因此，我们可以说：男性对异性的接近是简单肤浅的，而女性则是深沉复杂的。

人类的性驱力和其他动物的性驱力有一点不同，即它是连续不断的。这是人类的幸福和延续得以确保的另一途径。人类之所以绵延不断并能以其巨大的数量来安然度过种种浩劫，也都是由此之故。其他的动物都采用了另外的方法来保存它们的生命。例如，我们发现有许多动物的雌体都产下大量的卵，它们中的大部分在成熟之前便已经受到了毁坏，但是有一部分总能安然无恙，因此这些动物也能生存下去。生儿育女也是人类保全生命的方法之一，所以在爱情和婚姻的问题中，我们发现：最能够自发地关心人类利益的人，其实都是最盼望要生儿育女的人。而在意识或潜意识中对其同类不感兴趣的人，都会拒绝接受子女的负担。如果他们总是索求和期待，而不愿给予，他们便不会喜欢孩子。他们只关心他们自身，而把孩子看作一种麻烦、一种累赘、一种负担，一种会妨害他们自身利益之物。因此，我们就可以说，要圆满地解决爱情和婚姻的问题，生儿育女的决心是必不可少的。

在我们实际的社会生活中，对爱情和婚姻问题的解决是一夫一妻制，它需要真诚的奉献以及对配偶的关注。因此，诚心诚意地开始此种关系的人便不会破坏其基础而寻找自我脱身之道。然而我们也知道这种关系并非没有破裂的可能性,只是我们无法永远避免其破裂。最能避免它的方法是把爱情和婚姻当作一种社会工作,是一种我们期望能将之解决的问题,然后我们才会想尽各种方法来解决它。婚姻破裂之所以发生,通常是因为配偶们未付出全力,他们不想创造出美满的婚姻生活,而只等待着要得到某些东西。如果他们以此种方式来面对这个问题,自然会在其面前失败。把爱情和婚姻当作和天堂一样,是错误的;把结婚当作恋爱史诗的终结,也是错误的。当两个人结婚以后,他们的各种关系才正式开始,在婚姻里他们才面临了生活的真正工作,才有了为社会而创造的真正机会。而另外一种观点——把婚姻看成一种终结或一种最后目标的观点,在我们的文化中也是非常流行的。爱情本身并不能解决一切,爱情的种类非常繁多,要解决婚姻问题,最好是依赖工作、兴趣和合作。

每个人对婚姻的态度都是其生活的表现之一,他的多种努力都与其目标趋于一致。被宠坏的孩子大多总是采取寻求解脱或逃避婚姻的态度。他们把生活模式都固定在四五岁的阶段,并始终有着这样的观念:"我能够得到我想要的所有东西吗?"如果他们不能得到他们想要的每件东西,便会认为生活是没有目的的。"如果我不能得到我想要的东西,"他们问道,"生活还有什么用呢?"他们变得悲观,把自己弄得神经兮兮,从而形成了他的哲学:这个世界压抑了他们的欲望和情绪,所以他要表现出切齿之痛恨,他们一直都在受着这种训练。他们曾经一度享受过一段美好的时光,并且能随心所欲地得到每件东西。因此他们之中有些人仍然以为,只要他们哭得够响,只要他们提出抗议,只要他们拒绝合作,就能获得他们所欲之物。

结果他们不愿奉献一己之力,而只希望不劳而获,且变得贪得无厌,所以他们对婚姻一事充其量也只是浅尝辄止。他们希望有试验性的婚姻、露水夫妻式的婚姻,以及能够随意离婚的婚姻。可是如果一个人真正对另一个人产生兴趣,他必须成为真诚的伴侣,必须勇于负责,必须使自己忠实可靠。我相信,未曾成功地完成此种爱情生活或此种婚姻生活的人，在这一点上，总应该了解他的生活犯了什么样的错误。

关心孩子们的幸福非常必要。如果婚姻不是以我所主张的观点为基础，它在抚育孩子方面便会有很大的困难。如果父母们常吵架，并将他们的婚姻视同儿戏，如果他们不再认为他们的问题能够顺利地解决，他们的关系能够延续下去，那么这种婚姻便不是能够帮助孩子发展其社会性的有利情境。

也许人们有许多不能生活在一起的道理，也许在某些场合他们最好还是分开，但谁又能作这种决定呢？我们可以将这种决定权付之于那些自己本身都未受到良好教养，都不了解婚姻是一项工作，而且又只关心自己利益的人吗？他们对于离婚的看法，正如他们对于结婚的看法一样："从其中能得到什么好处？"他们显然不是适于作决定的人。你可以看到经常有许多人一再地结婚又离婚，又一再地犯下同样的错误。那么应该让谁来决定呢？当婚姻中出现某些差错时，应该让精神病学家来决定它是否应当决裂。我不知道美国人的想法是否如此，但是在欧洲我却发现大部分的精神病学家都主张个人的利益是最重要的。因此，在他们在这种个案中被人请教时，他们会劝人去找一个情人，以为这样就能解决问题。我敢断言：不久他们就会改变主意，而不再作此种劝告。他们之所以会作此种建议，是因为他们不了解这个问题的整体性以及它和我们这世界上其他工作之间的紧密关系。这种关系是我一直希望你们特别加以注意的。

当人们把婚姻视为个人问题的解决方法时，也会犯类似的错误。在此，我也无法述说美国的情形，但是我知道，在欧洲，当男孩子或女孩子有神经病的倾向时，精神病专家会劝他们去找情人或开始性关系。对成人，他们也给予同样的劝告。这其实是把爱情和婚姻看作一种百病灵丹，结果这病人更为彷徨，更不知何去何从。爱情和婚姻问题的正确解决，是整个人格最完美的体现。没有哪一个问题比它包含更多的欢乐和更真实而有用的东西。我们绝不能视之为微不足道的小事，我们也不能把它当作罪犯、酗酒或神经病的救急药方。神经病患者在适于爱情的婚姻之前，必须先要接受正确的治疗。如果他还没有适当地应付它们的能力，便贸然从事，他一定会遭到新的危险和不幸。

在其他方面，婚姻也时常指向不正当的目标。有些人是为了经济上的安全而结婚的，也有些人为了怜悯别人，还有些人则是为了要获得一个仆役来伺候他。其实婚姻中是不容许有这一类儿戏的。我还知道，有些人结婚甚至是为了要增加自己的困难。例如，一个青年人在他的考试或未来事业上可能遭到重重困难，他因此而觉得自己可能是很容易失败的人，如果他真的失败了，他便希望能借此原谅自己。所以他就用婚姻来给自己添加麻烦，以获取托词。

我们非但不应该小看这个问题，而且应该将它置于重要的地位。在我听过的所有婚姻破裂案件中，实际蒙受其害的总是女方。无疑这是因为男士在我们的文化中所受拘束较少之故。这是我们的一种错误，但是它却无法经由个人的反抗而改正过来。尤其是婚姻本身，个人的反抗总会扰乱社会关系和伴侣的兴致。要克服它，就得先认清我们文化的整个态度并加以改变。我的一个学生，底特律的客座教授曾经作过一个调查，发现有42%的女孩子希望自己能身为男人，这表示她们对自己的性别感到不满。当人类的一半对它们所处地位感到沮丧和不满，而且反抗另一半所享有的较多的自由时，爱情和婚姻的问题能够轻易地解决吗？当妇女们总是感到受人轻视，而且相信自己只不过是男人的玩物而已，并认为男人们不忠实是理所当然的事时，那么爱情和婚姻的问题能够轻易地解决吗？

从我们如上所阐述的各点，可以得到一个简单明了而且实用的结论——人类不是天生就该一夫多妻或一夫一妻的。但是我们居住在地球上被分为两种性别，而且必须和我们平等的人类交往的事实，以及我们必须用有效的方式解决环境给予我们的三个生活问题的事实都说明：只有一夫一妻制，才能使个人在爱情和婚姻中获得最高和最完美的发展!

团结合作

原始部落以共同的符号把自己团结在一起,这种符号的目的是使人们和其同胞团结合作。最简单的原始宗教是崇拜图腾。一个部落可能崇拜蜥蜴,另一个则可能是崇拜水牛或蛇。崇拜同样图腾的人会居住在一起,彼此互相合作而情如手足。这种原始习惯是使人类合作固定化的重大步骤之一。在原始宗教的祭祀日,每一个崇拜蜥蜴的人都会和同伴聚集在一起,并讨论农作物的收获问题以及如何免遭天灾人祸、洪水猛兽的侵害等问题,这就是祭祀的意义。

婚姻通常都被认为是一件涉及团体利益的事情。每一个崇拜相同图腾的弟兄都必须遵照社会的规定,在自己团体之外寻找配偶。婚姻并不是私人的事情,而是全体人类在心灵上和精神上都必须参与的共同事务。而在结婚之后,双方都必须负起责任,这是整个社会对他们的期待。社会希望他们生育健全的子女,并要以合作的精神将之抚育成人。因此,在每一个婚姻中,每一个人都应当乐于合作。原始社会用图腾和制度来控制婚姻,在今日看来也许相当可笑,但是它们在当时的重要性则是不容忽视的。它们的真正目的在于增加人类的合作。

宗教中最重要的教诲之一是"爱你的邻居"。在此,我们又看到另外一种使人类增加对同类兴趣的努力。有趣的是,现在从科学的立场来看,我们也能够认识此种努力的价值。被宠坏的孩子问我们:"为什么我应该爱我的邻居?他们为什么不先来爱我?"这句话显露出他缺乏对合作的训练和他的自私自利。在生活中会遭遇各种无助的困难,又会做出损人利己之事的人,就是对其同胞不感兴趣的人,人类之中所有的失败者都是从中孕育出来的。各种不同的宗教皆以自己的方式在倡导合作。站在我的观点,任何人类的努力,只要是以合作为最高目标的,我便完全赞同于他。争执、批评和贬抑对方都不必深究。我们还不知道什么是绝对的真理,因此通往合作的最终目标也有许多不同的途径。

在政治上，有许多种政治制度都是可行的，但是其中如果缺少了合作精神，那不管由谁来执政，都必将一事无成。每一个政治家都必须以人类的进步作为其最终目标，而人类的进步总是意味着更高程度的合作。假如一个政党能使其党内成员彼此水乳交融，就能够真正使群众踏上进步之途。同样，班级的活动也是团体的合作运动，由于其目标亦在促进人类的进步，所以在班上应该避免造成偏见。因此，所有的运动都只应以它们能否增加我们对同类的兴趣来判断其价值。我们认为有助于增进合作的方法是非常多的。这些方法或许有高下之分，但是只要能够增进合作，我们就不必因为某种方法不是最好而攻击它。

我们不赞成那种只问收获不事耕耘、只求个人利益的人生观。因为这对于个人和团体的利益都是最大的阻碍。只有经由我们对同类的兴趣，人类的各种能力才得以发展。说、读、写都是和别人沟通、往来的先决条件。语言本身就是人类的共同创作，也是社会兴趣的产品。了解就是知道别人心中的想法，它使我们能以共同的意义和别人发生联系，并接受人类共同常识的控制。

有一些人终日追求个人的利益和优越感，他们给予生活一种私人的意义，认为生活就应该是为他们而存在的。然而这种人会因此而无法和其同类发生联系。我们经常会发现只学会对自己感兴趣的人的脸上有一种卑鄙或虚无的表情，也会在罪犯或疯子的脸上看到同样的表情。比如强迫性的脸红、口吃、阳痿、早泄等等，都是较受人注意的例子，它们都是由于对别人缺乏兴趣而造成的。

最高程度的孤立可以用疯狂来代表。如果能引起他们对别人的兴趣，即使是疯狂也不会是无药可治的。他和别人之间的距离比任何其他人都要来得遥远，或许只有自杀者堪与比拟。因此，要治疗这类个案是一种艺术，而且是一种相当困难的艺术。我们必须设法去赢得病人的合作，这一点只有用耐心以及最仁慈和最友善的态度才做得到。

以前曾经有人哀求我尽力去治疗一个患有早发性痴呆症的女孩子，她得此病已有八年之久，最后这两年是在一家收容所中度过的。她像狗一般地狂叫，到处吐着口水，撕扯自己的衣服，并且想吞下手帕。我们可以看出，她对于人类的兴趣是多么地缺乏。她的动机是扮演狗的角色，她觉得她的母亲想把她当狗一般看待。她的行为或许是说："我愈看你们这些人类，我愈希望自己是一只狗！"我连续对她说了八天话，她却连一个字也不回答。我继续和她说话，30天之后，她才开始以含糊不清的语言作答。我对她友善，她也因此受到了鼓励。

　　这一类型的病人即使受到鼓励而产生勇气，却也不知何去何从。他对于其同伴的抗拒力是非常强的。当他的勇气回复至某种程度而他又不希望和他人合作时，我们也能够预测出其行为。他的举止正如问题儿童——会做出种种恶作剧或攻击监护人。

　　当我第二次和这个女孩子见面时，她动手便打我。我不得不考虑如何应付。唯一能出乎她意料之外的做法，就是置之不理。你可以想象出这个女孩子的外形——她也并不是体格非常强壮的。我让她打我，仍然装得很和善的样子。她非常意外，因此敌意全消。可是她仍然不知道如何办，她打破了我的玻璃窗，手被划破了。我不责备他，反倒帮她包扎手腕。通常应付这种暴力的方法，诸如监禁或把她锁在房子里，都是错误的方法。如果我们要赢取这个女孩子的合作，就必须另辟他途。期望疯子做出像正常人一般的行为是最大的错误。几乎每个人都会因为疯子不像平常人一般地做出反应而恼怒。他们不吃不喝，他们撕扯自己的衣服等。让他们随心所欲吧！除此之外，我们就没有帮助他们的方法了。

　　以后，这个女孩子痊愈了。经过了一年，她仍然健康如初。有一天，当我前往收容所时，在路上遇见了她。"你到哪儿去？"她问我。"跟我一道走吧，"我说，"我要到你住过两年的那家收容所。"我们一起到了收容所，我找到以前曾经在这儿治疗过她的那位医师，请他在我诊治另一个病人时和她谈谈话。而当我回来后，这位医师怒火冲天地说:"她是完全好了,可她却有一桩事情使我非常恼火,她根本不喜欢我!"此后,我还断断续续和这个女孩子见面达十年之久。她的健康情形一直非常良好,她自己赚钱谋生,和友伴们相处融洽,也没人相信她曾经发过疯。

妄想狂和忧郁症这两种情况能够特别清楚地显现出他和别人之间的距离。在妄想狂的场合,病人会埋怨所有的人类,他认为他四周的人都沆瀣一气,想来陷害他。患忧郁症的病人则会自怨自艾。比方说,他会想:"我破坏了我自己的家庭"或"我的钱都被我用光了,我的孩子一定要挨饿了"。然而当一个人在责备自己时,只是他表现出来的外貌,其实他是在责怪别人。例如,一位交际广且风头十足的女士,在遭到一次意外后,再也无法继续参加社会活动了。她的3个女儿都已结婚成家,因此她觉得非常寂寞。几乎在同一时候,她又失去了丈夫,她以前一向受人尊崇,她想找回她所失去的一切,于是她开始周游欧洲。可是她再也不觉得自己像以往那么重要了,当她在欧洲时,她开始患上忧郁症。忧郁症对于处在这种环境下的人,是一种很大的考验。她打电话要她的女儿们来看她,但是她们每个人都有借口,结果一个人也没来。当她回家后,她最常说的话是:"我的女儿们都待我非常地好。"她的女儿们让她一个人生活,就请了一位护士来照顾她。她的话是一种控诉,每一个了解环境的人都知道她的话是一种控诉。她的忧郁症是对别人长期的愤怒和责备。由于想要获得别人的照顾、同情和支持,病人便只好为自己的罪过表现得垂头丧气、痛心疾首。忧郁症患者的最初记忆通常都是这样:"我记得我要躺到长椅上,但是我的哥哥已经先躺在那儿了。我大哭大闹,结果他只好让位给我。"

忧郁症患者还有以自杀作为报复手段的倾向,因此医师第一件应注意的事就是要避免给他们造成自杀的机会。我自己解除这种紧张的方法是,向他们建议治疗中最重要的规则:"不要去做你不喜欢的任何事情。"这看似是微不足道的小事,但是我相信它牵涉整个问题。

如果忧郁症患者能够随心所欲地做任何事情,那他还会控诉谁?他还会做出什么事情报复别人?"你如果想上戏院,"我告诉他,"或是想去度假,那么就去吧!如果你决定不想去了,那么就不去好了。"这是任何人都能做到的最佳情境。它能使他对优越感的追求获得满足。他像上帝一样,能够做他喜欢做的事情。在另一方面,它却很不容易适应他的生活。他想指挥别人、控诉别人,假如他们都同意他的看法,也就没有指使他人的必要了。这是一种解脱,在我的病人中也从未发生过自杀事件。

有时病人会回答:"可是我什么事情都不想做!"对这种回答我已经胸有成竹,因为我听到这样的话的次数太多了。"那么你就先不要做你不喜欢做的事情好了。"我会这样告诉他。然而有时候他会说:"我喜欢整天躺在床上。"我知道,如果我准许他,他就不会再想做它。我也知道,如果我去阻止他,他一定会坚持到底。因此,我永远表示同意。

这是规则之一。另外一种对他们的生活攻击是更为直接的。我告诉他们:"如果你照着我的话做,在两周内就会痊愈。记住,每天你都要设法去取悦别人!"请注意这件事对他们的意义。他们原先只有一个念头:"我要怎样才能使那个人烦恼?"他们的答案是相当有趣的。有些人说:"对我而言,这是件轻而易举的事。我一辈子不都在做这件事么!"其实他们并没有做这种事。我要求他们考虑我说的话,他们却不想。我告诉他们:"当你睡不着觉的时候,你可以利用时间去想。你要怎样做才能使某一个人高兴?这样,你的健康一定会有很大进步的。"

第二天,我问他们:"你有没有照我的话做?"他们回答道:"昨天我一上床就睡着了。"当然这些都是在诚挚、友善的态度下进行的,我一点也没有表现出优越的情形,而其他人会回答:"我做不到。我太烦了。"我告诉他们:"烦就烦吧,没什么关系的。你只要同时想想别人就得了!"我要他们把兴趣指向别人。而许多人说:"我为什么要讨好别人？他们都不来讨好我！""你要为你的健康着想，"我回答道，"不为别人设想的人，以后也会吃亏的。"在我的经验里，马上就回答"我已经照你说的话想过了"的病人是绝无仅有的，我的种种努力都是培养病人的社会兴趣。我知道他们生病的真正原因是缺乏合作精神，我要他们也能看出这一点。只要他能站在平等合作的立场上和他的同伴发生联系，便会痊愈的。

另外一种明显地缺乏社会兴趣的例子，是所谓的"犯罪性的疏忽"。例如，有一个人把点着的火柴扔下，引起了一场森林大火。又如，有个工人结束了一天工作，回家时，一条电缆横放在马路上忘记收拾，结果一辆摩托车撞上了电缆，骑车人摔死了。在这两个案子里，肇事者本都无意害人，对于这些不幸，他们在道德上似乎不必负什么责任。然而他并未受过要替别人着想的训练，不知道要采取预防措施来保障别人的安全，这是由于较为严重地缺乏合作精神。此外。衣履不整者，弄坏公共物品，以及做出种种损人利己举动的人，都属此列。

对于同伴的兴趣是在学校和家庭中训练出来的。我们已经谈过哪些事物可能妨碍了孩子的发展。社会感觉或许不是由遗传得来的本能，但是社会感觉的潜能则是由遗传得来的。能够影响此种潜能发展的因素有：母亲的技巧，她对孩子的兴趣，以及孩子自己对环境的判断。如果他觉得别人都充满敌意，四周都是敌人，而不得不采取防卫手段，那么我们就无法期待他会和别人为友。如果他觉得别人都应该当他的奴隶，那他就不希望对别人有所贡献，而只想驾驭他们。如果他只关心自己的感觉以及身体的舒适与否，他就会使自己退出社会。

我们已经说过：要让孩子觉得自己是其家庭中平等的一分子并且要关心其他的所有成员。我们也说过：父母彼此之间应该是很好的朋友，和外界也应该保持良好而亲密的友谊关系。如此，孩子才会觉得在他们的家庭之外，也有值得信赖的人。我们也提过，在学校里，即应该使孩子觉得自己是班上的一部分，并能够信任与同学的友谊关系。家庭生活和学校生活只是为达成更大的目标作准备，即教育孩子成为良好的公民而成为与全体人类平等的一分子。只有在这种情况之下，孩子才能积蓄起勇气从容地应付其问题，并为它们找出能增进他人幸福的答案。

如果他能成为所有人的好朋友，并以美满的婚姻和有用的工作对他们有所贡献，他就不会觉得自己不如别人或被别人击败。他会觉得这个世界是友善的地方而且能泰然处之，应付困难时也能得心应手。他觉得："这个世界是我的世界，我必须积极进取，不能退缩观望。"他非常清楚，现在只是人类历史中的一段时间，他只是整个人类发展过程——过去、现在、未来——的一部分，他同时也会感到：这个时代正是他能够完成其创造工作并且对人类发展贡献一己之力的时代。这个世界真的有许多邪恶、困难、偏见和悲哀，但它是我们自己的世界，它的优点和缺点也是属于我们自己的。这是我们必须加以改造和增进的世界。我们甚至可以断言，如果每个人都以正确的途径担负起他的工作，那么他在改进世界的事业中，便已经尽了责任。

担负起他的工作，意思就是要以合作的方式负起解决生活中三个问题的责任。我们对一个"人"的所有要求，以及我们能够给他的最高荣誉，就是他必须成为良好的工作者。一言以蔽之：他必须证明他是人们的一个良好的同伴。

平等的基础

我们在爱情与婚姻中所遭遇到的问题与一般社会问题的性质是相同的，它们有相似的困难和工作。把爱情与婚姻看作一种幻境，认为在其中一切事物会根据个人的欲望而产生，这种看法是错误的。其实从头到尾都有工作来做，而完成这些工作的前提是必须经常把别人放在心灵里，对别人有兴趣才行。

除了社会适应的一般问题之外，爱情与婚姻的情况都更需要一种格外的同情心，认同于另外一个人的格外的能力。今天，如果还有人无法适当地准备去过家庭生活，那么就是因为他们从来没有学习到用眼睛去看、用耳朵去听，以及设身处地为人去着想。

我们在前面的很多讨论，都是集中于只对自己有兴趣、对别人没有兴趣的类型的孩子。对此种类型无法在一夜之间就能改变他们的个性。他们对爱情与婚姻没有准备，就如他们没有准备应付社会生活一样。

社会兴趣是在成长中慢慢培养的。唯有那些最初在孩童时期就在社会兴趣方向上有训练，以及一直在生活有用的一边奋斗的人，才真正具有社会感觉。也是由于这个原因，体认出一个人是否准备好应付婚姻的生活，并不是特别困难的。

我们只需要记住我们已经观察了关于生活有用的一边。处在那一边生活的人是有勇气的，并且对自己有兴趣；他面对着生活的问题并且继续下去，寻找着解决方法；他有朋友并且与他的邻人相处得很好。没有具备这些特质的人是不可信赖的，而且也不能够被认为是已经准备好面对爱情与婚姻。换句话说，如果一个人已经有职业，并已在职业上谋得发展，他可能就已经准备好面对婚姻问题了。我们可以从小小的却很重要的表象来评断，它指示出一个人是否具有社会兴趣。

对社会兴趣之性质的了解，告诉我们爱情与婚姻的问题唯有系于整个平等的基础，才可能圆满解决。这个基本的给与取是重要的，而这一半是否敬重另一半并不太重要。爱情本身并不能解决事情，因为有各种各样的爱情。当有适当的平等基础时，爱情才会走上正确的途径，婚姻才会成功。

如果一个男人或一个女人在结婚之后想要成为一个征服者，结果很可能会是悲剧。抱着此种观点来期望婚姻，并不是正确的准备；结婚之后所发生的事情可以证明它。在没有地方可以容纳一个征服者的情境下，要成为一个征服者是不可能的。婚姻的情境需要对别人有兴趣，同时要具备为人着想的能力。

我们现在开始来谈谈婚姻所必需的特殊准备。如我们所看到的，这包括与性吸引之本能有关联的社会感觉的训练。事实上，我们知道，从孩童时代起，每一个人就创造出对异性的理想形象出来。对一个男孩子来说，母亲扮演理想对象是非常可能的，这个男孩子会一直寻找相同类型的女人来结婚。有时候，在男孩和母亲之间有不愉快的紧张气氛存在，在这些情况下，他可能会寻找一个相反的类型。小孩子在与他母亲之间和他后来娶的女人之间的关系上也是如此地一致，以致我们可以从诸如眼睛、体型、头发的颜色等等细节的东西观察出来。

我们也知道，假如母亲是强霸的，并且压抑这个男孩，当爱情与婚姻来临时，他将不愿勇敢地走下去。因为在这种情况下，他的性的理想会是一个羸弱的、顺从类型的女孩。或者如果他是好斗的类型，在婚后也会和他的太太争斗，并想要驾驭她。

当一个人面对爱情问题的时候，我们可以看出所有这些在孩童时期显露出来的征象，会被强调出来和显著地增加。我们可以想象一个具有自卑情结的人在性的事情上会如何行动。或许因为他感觉到羸弱和自卑，他会借着一直要人支持他来表达他的感觉。这种类型的人会经常具有像母亲那种性格的理想。或者有时候，作为对他的自卑感的补偿，他会在爱情上采取相反的方向，并变得傲慢自大、顽固和具攻击性。然后同样地，如果他勇气不足，他会在他的抉择上感觉受到限制，可能会选择一个好斗的女孩子，发觉在一场严重的打斗中成为征服者更为光荣。

如果性依此方式，也是不会得到成功的。让性关系表现为自卑感或优越感的满足是愚蠢而荒谬的，不过这种事情却经常发生。如果我们仔细地察看，会发现很多人所追求的伴侣实在是一个牺牲者。这种人不了解性的关系不能用此种目的而表现。因为如果一个人想要做征服者，另外一个也会想要成为征服者，那么正常的生活就变得不可能了。

满足一个人的情结的概念，在抉择伴侣上得到了某些特殊的启示，而这是用别种方法很难以了解的。它告诉了我们为何有些人选择衰弱的、病痛的或年岁很大的人。他们选择他们，因为相信这样事情对他们来说会容易些。有时候他们会选择一个已经结过婚的人，此种情况是表示他永远不愿意解决问题。

我们说过一个具有自卑情结的人会时时改变其职业，拒绝面对问题，也永远完成不了什么事。当面对爱情问题时，他也会以同样的方式行动。爱恋一个已经结婚的人或同时爱两个人，是满足他习惯性倾向的途径。还有其他的途径，比如延长订婚期、换一个追求，这些永远达不成婚姻。

被宠坏了的小孩子在婚姻上会显露出某些类型的毛病来，他们想要被他们的伴侣所纵容。这种情形在追求或结婚的第一年可能没有什么危险，但是后来它还会引出复杂的情境。我们可以想象出当这样的两个被纵容的人结婚时，会发生什么事。两个人都想要被纵容，而没有一个想要做纵容者。仿佛他们各自站在另一个人的面前，期待着永不可能发生的事；两个人都感觉到他们没有被了解。

我们看到婚姻里面有这么多错误，以至于问题也不可避免地产生了："这些都是必须的吗？"我们知道这些错误开始于孩童时期，也知道体认到并发现原型的特质，可能改变生活的错误方式。因此，有人会想到成立一个忠告性的"顾问处"，这个顾问处可由受过训练的人组成，他们会借着个体心理学的方法来排解婚姻生活中的错误，会了解一个人生活中的一切事情如何连结在一处并聚集在一起。

这样的顾问处绝对不会说："你不能同意——你要不断争取——你应该离婚。"仅仅离婚能有什么用呢？离婚之后会发生什么事？通常离了婚的人会想要再结婚并继续同样的生活方式，像从前一般。我们有时候看到一再离婚并且一再结婚的人，他们只是在重复其错误而已。如果有了忠告性的顾问处的话，这样的人可能会先问及他的顾问处他们所想要的婚姻或爱情关系有没有成功的希望，如此或许他们可能在离婚之前得到有利的忠告。

有很多小小的错误肇始于孩童时期，却直到婚姻时期才显示出重要性来。因而一些人总是认为他们会感到失望。有些小孩子从来就没有快活过，一直害怕碰到失望。这些孩子不是感到他们在感情上被放错了位置，其他的人较被宠爱，就是他们早期经验到的困难使得他们迷信地害怕这个悲剧将会再度发生。我们可以容易地看出这个害怕碰到失望的感觉，会在结婚生活中造成嫉妒和疑心。

在女人中间，她们的特殊困难是感觉到她们也只是男人玩乐的工具而已，男人总是不忠实的。抱着这样的概念，很容易看出婚姻生活绝不会幸福。如果其中一方早有个人的偏见，认为另一方会不忠实，幸福就不可能到来。

从人们一直寻求对爱情与婚姻的忠告看起来，我们可以评断它一般说来是生活中最重要的问题。然而单从个体心理学的观点看来，它却不是最重要的问题，虽然其重要性并没有被低估。对个体心理学来说，生活里面没有一个问题会比另一个问题更为重要。如果人们加重了爱情与婚姻的问题，并给予它极大的重要性，那么他们将会失去生活中的和谐。

或许这个问题会在人们心中被赐予不应得的重要性是因为它不像其他的问题；它是一个我们不会得到常规的指示的问题。试回忆一下我们所说的关于生活的三个重大问题。现在考虑第一个：社会问题，它包含着我们对别人的行为。我们会从我们生命的第一天起就被教导如何在众人之间行动，我们很早就学习这些事情。对于职业，我们也有同样常规的训练。在这些问题上一直有权威人物在指点我们，也有很多书在告诉我们如何做。但是哪里有告诉我们准备面对爱情和婚姻的书籍呢？事实上，有很多事物是关于处理爱情与婚姻问题的。所有的文学都是处理爱情故事的，但是我们却发现很少有处理快乐的婚姻的书籍。因为我们的文化如此地紧系于文学，使每一个人的注意都时时被有困难的女人和男人吸引住，难怪人们对于婚姻会感到如此之小心，甚至也过分小心了。

这一直是人类从头就开始的练习。如果我们看看《圣经》，我们就会发现一切麻烦的故事都由女人开始，而自从那时起，男人和女人在他们的爱情生活中总是会经验到巨大的危险。我们的教育在其所遵行的方向上实在是太过严酷了，男孩子和女孩子准备得像是应付罪恶一般。如果训练女孩子们在婚姻角色上扮演得更为女性化，男孩子则会扮演得更为男性化则要聪明多了——但是先要训练他们有平等的感觉。

女人感觉到处于劣势的事实，这特殊的一方面证明我们的文化失败了。

有个年轻人在舞会中正与未婚妻跳舞。他的眼镜忽然掉了，而使得旁观者大为吃惊的是：在他拾起眼镜时几乎把那位年轻的小姐击倒了。当一个朋友问他："你刚刚怎么啦？"他回答道："我不能让她踏坏了我的眼镜。"我们可以看出这个年轻人还没有准备好面对婚姻。事实上，这个女孩最后也没有嫁给他。

在结论里，我们重申我们的阐述：只有适应社会的人才能解决爱情与婚姻的问题。大部分的个案也都是缺乏社会兴趣，而唯有当这个人改变这些毛病，错误才能消除。婚姻是两个人的工作，然而事实上我们正被教育成去做一个人的工作，或去做十个人的工作。但是尽管缺乏解决婚姻问题的教育，这方面的技术也可以适当地把握。如果这两个人都认识到他们个性中的错误，并以平等精神来待人接物的话就能平等相处了。

（四）神话与现实

今天，我们在残存于古代人的象征意象和神话中，再次发现了意味深长的人类古史。一如考古学家深入地挖掘过去，知道珍藏的并非历史年代的事件,而是要找出石像、图案、庙宇和能说明古代信仰的语言。其他象征由语言学者和宗教历史学家向我们透露,他们能把这些信仰翻译成可理解的现代概念,而这些概念又由人文考古学家依次使其苏醒。他们能在仍旧存在的小部落社会的祭仪或神话中,发现了同样的象征模式。

所有这种研究,已大大改正了那些主张这类象征属于古代人类或现代的"落后"部落,因而与现代复杂生活无关的现代人的偏颇态度。在伦敦或纽约我们可能因为新石器时代的人的诸多祭仪不过是古代的迷信而将之忘却。如果任何人都说他看见幻象或听到上天的声音,他不会被当作圣人或先知,而只会被说成神经有问题。我们阅读古希腊的神话或美国印第安人的民间故事,但我们看不出在它们和我们对"英雄"或今天的戏剧性事件的态度之间应该有什么关联。

不过那些关联依旧存在,它们显示的象征与人类息息相关。

分析心理学对了解和再评价这种永恒的心理学有重大意义,它有助于推倒存在原始人和现代人之间区别的看法。

正如我在本书中提出的,人类的精神有自己的历史,心灵保留许多从其发展的先前阶段中留下来的痕迹。此外,潜意识的内容对心灵的形成也有多种影响。也许我们有意地忽视它们,但却无意地与它们应酬,而且对象征的形式——包括梦——起反应。

个体也许觉得他的许多梦是天生的,而且是毫无系统的。但是过了一段时间后,分析者会观察到一串梦的意象,而且注意到它们有一个有意义的模式,根据这点了解,他的病人也许会终于获得一种生活的新态度。这种梦中的有些象征源自"集体潜意识",即保留和传达人类普遍心理上继承的心灵部分,这些象征对现代人来说,实在太过古老和陌生了,以致他不能直接了解或同化。

这方面对分析者颇有帮助。病人必须尽可能超越那些变得陈旧和不适当象征的拖累,分析者很可能帮助他发现古旧象征的持久价值,即以新方式来寻求再生。

在分析者能有效地和病人探究象征的意义之前，他必须对象征的起源和意义有广泛的认识。因为古代的神话和出现在现代病人梦中的故事之间的类推，要不是过于琐碎，就是过于难测。它们之所以存在，是由于现代人的潜意识心灵，始终保留着制造象征的能力——一度在信仰和原始祭仪中发现表现法，而这种能力在心灵上扮演重要的角色。在许多方面，我们依赖这种靠象征传达的信息，我们的态度和行为也都深受它们的影响。

举例来说，在战争时期，有人对荷马、莎士比亚或托尔斯泰的作品兴趣加深，现在我们则抱着一种新的了解来阅读那些给予战争持久意义的段落。它们从我们身上唤起了一种反应，这可比从那些不晓得战争强烈感情经验的人身上来得更深刻。特洛伊平原之战，完全与亚詹角或贝鲁杜之战不同，不过伟大的作家完全可以超越时空，来表达宇宙共同的主题。我们之所以有共鸣，就是因为这些主题基本上是象征性的。

有个例子是每个在基督教会长大的人都熟悉的，每逢圣诞节，我们都可能会对耶稣那神话式的诞生表露我们内在的情感，即使我们也许不相信处女生子的说法，或对宗教信仰尚无任何意识，也会有上述的内在情感。不知不觉地，我们掉进再生的象征意义里。这是古老冬至的节日，令北半球渐渐消失的冬景得到更新的希望。因为我们所有的诡辩，都在这象征的节日中找到了满意的解释，一如我们和自己的小孩在复活节中共享复活蛋的仪式。

但我们真正了解我们自己在做什么，或看出耶稣诞生、死亡和复活，与复活节的民俗象征意义的关系吗？通常我们甚至对这些事情都不加以明智的考虑。

不过它们还是相互补足。耶稣在受难节（复活节前的星期五）的牺牲似乎属于同样再生象征的模式，我们在诸如奥斯维斯（古代埃及之主神之一）、奥贝斯（阿波罗之子，喜弹琴，琴音美，兽类鸟类均随之，为音乐之鼻祖）等这类救世主祭仪中发现这种模式。他们也是神授或半神授地诞生，生气勃勃，然后被杀，然后又重生。事实上，他们属于循环宗教，因为这类宗教"神王"的诞生和死亡是永恒重复的神话。

但从祭仪的观点来看，耶稣在复活节复活，并不算是循环宗教的象征，因为耶稣升天，正是坐在天父的右手边，他的重生从头到尾只出现过一次。

就是这种基督教复活概念的定论（基督教最后审判的观念具有同样"接近的"主题）区分了基督教和其他"神王"的神话。它只发生一次，而祭仪也不过是作为纪念而已。但这定论的意义大概是为什么早期的基督教——仍旧受到基督教以前的传统影响——认为基督教需要些较旧的复杂祭仪的元素加以补充的原因。所以蛋和复活节兔子就成了复活节的象征。

我用了两个颇为不同的例子，用以说明现代人继续对深奥心灵影响的反应，不亚于迷信和没受过教育的人对民间故事影响的反应。但有关这点，尚有进一步说明的必要。我们愈是仔细探究象征史以及象征在许多不同文化生活中扮演的角色，就愈是了解这些象征同时具有振奋精神的意义。

有些象征与童年期和青春期的过渡阶段有关，有些与成熟期和其他老年期的经验有关——当人接近不可避免的死亡时。我曾描述过一个8岁女孩的梦，她的梦含有与老年期有关的象征意义。此外，她的梦所呈现的内容开始进入了生活层面，同样也开始进入死亡的原型模式。因此这些象征观念的进展有可能发生在现代人的潜意识中，就像在古代社会的祭仪中发生的一样。

古代或原始的神话与潜意识所产生的象征之间的连接，对分析者有着极大的帮助，这能令他以一种给予象征以历史性的瞻望和心理上的意义的背景来确认和解释这些象征。我现在以一种较重要的古代神话，来说明它们与我们在梦中所遇到的象征材料类似。

英雄与英雄的创造者

英雄神话是世上最普遍而又较为人所熟悉的神话。我们在希腊和罗马的古典神话中,中世纪远东以及当代未开化的部落中,都可以发现这种神话。它有种不可言喻的魅力,不过意思也不甚明显,但无论如何都相当深奥,而且在心理上仍有极重要的地位。

虽然这些英雄神话在细节上变化万千,但愈仔细探究,就愈了解它们在结构上是十分相似的。换句话说,它们有种共同的模式,即使它们在彼此没有直接的文化关系下个别或集体地发展亦然。举例来说,非洲的部落或北美的印第安人,或希腊人,或秘鲁的印加族人,都有种共同模式。这些神话来来去去只不过是描述一个平凡出身的英雄奇迹。他一开始就有着超人的力量,很快就变得无所不能,成为压倒邪恶的势力,但容易受骄傲所骗,最后因不经心而失败,或以"英雄式"的牺牲结束生命。

我稍后会更详细地说明为什么我相信这个模式对个体和整个社会都具有心理学上的意义。英雄神话的其他较重要的特效也提供了一个线索。在许多这类故事中,英雄早期的弱点,是靠一个强而有力的"保护人"或监护人来保持平衡,他能令英雄执行他没法在无援下完成的超人工作。在希腊英雄中,德语斯有海神波斯顿作他的神,培修斯有雅典娜,阿奇里斯有聪明的人头马身怪物开笼为其导师。

其实,这些像神的人物本是整个心灵的象征意象。它们特殊的角色暗示英雄式神话的根本作用其实是发展个体的自我意识——他注意自己本身的力量和弱点——在某种意义上会使他在面对艰苦的人生时武装自己。一旦个体通过最初的测验,而且能进入成熟的人生层面,英雄神话就失去其妥当性。而英雄象征的死亡成为成熟期的成就。我至此一直提到完美的英雄神话,在此神话中整个从生到死的循环都详细地被叙述。但我们必须了解,这循环期的每个阶段,都有些英雄故事的特别形式,也适合个体在发展自我意识中达到特殊要点,解决他在一定的时间内所面对的特殊问题。换言之，英雄的意象多少引出人格发展的每个阶段。

如果我以图形来表示这概念，相信会较易于了解。我采用偏僻的北美部落温尼倍各的印第安人作例子，因为它清楚地划分英雄演进的四个明显阶段。在这些故事中（韦保罗在1948年所著的《温尼倍各的英雄周期》），我们可以看出从原始到最现代的英雄概念间的演变。这种演变是其他英雄周期的特征，虽然它们间的象征意象有不同的名字，但角色却相同，而且一旦我们找到这些例子的重点，就会更了解它们。

韦博士指出，在英雄神话中有四个明显的周期，他称之为"恶作剧妖精"周期、"野兔"周期、"红角"周期和"双胞胎"周期。他正确地理解了这演化的心理学，说："它代表我们永恒虚构的幻象之助，以应付成长问题的努力。"则"恶作剧妖精"周期与人生最初和没有发展过的阶段一致。"恶作剧妖精"是一个肉体渴望控制行为的意象，他有婴儿期的智力，缺少任何超过他基本需求的目的，既残酷又愤世嫉俗，而且毫无情感。这意象最初带有动物形式的样子，把灾害转嫁到别人身上。但如果他这样做，也会有所改变，在他恶作剧的演进完成之后，肉体开始像个成人一样。

下一个意象是"野兔"。他像"恶作剧妖精"一样，开始也是以动物的形式出现，还没有获得成熟的人类资格，但他同时是人类文化的创始人——"变化人。"温尼倍各人认为只要给予他们有名的"巫术祭仪"，他就会变成他们的救世主或文化英雄。韦博士告诉我们，这神话有很大的力量，以致"仙人掌祭仪"的组员，会在基督教开始侵入部落时，也不愿意放弃"野兔"。他逐渐与基督的意象合并，他们有些主张不需要基督，因为他们已经有"野兔"。这原型的意象显然会比"恶作剧妖精"进步：我们看出他变成一个社会化的人，纠正在"恶作剧妖精"周期内发现的本能和幼稚的冲动。

下一个英雄意象是"红角",他的野心最大,传说也是十兄弟中最年轻的一个——他具有原型英雄必备的资格,能通过诸如赢得竞赛的测验和在战争中证明自己的实力。他的超人力量,可以从他以狡计和蛮力打败巨人的才能中看出来,他有个像雷鸟样的强大朋友,名为"风雷脚",他的力量是可以补偿"红角"显露的弱点。通过"红角",我们抵达人类的世界,虽然是古旧的世界,但需要超人力量或守护诸神的帮助,才可以保证打败攻击他的邪恶势力。而这故事的结尾是"英雄神"离开,留下"红角"和他的几个儿子在地球上。现在危及人类幸福和安全的威胁,是来自人类本身。

这基本的主题(在"双胞胎"周期重复出现)冒出一个最重要的问题:人类要经过多久,才能不会当自己骄傲的牺牲品,或以神话的语气来说,不会成为诸神嫉妒的牺牲品。

虽然有人说"双胞胎"是太阳的儿子,但他们实际上却是人类,而且由两人构成一个独立的人。他们原先在母亲的子宫里联结在一处,但由于出生而被迫分开。可是他们仍互相所属,而且亦有必要再连接在一处。在这两个小孩身上,我们看出人性的两面:其中一方面是肉体,默从、温和而没有创造力;另一方面是肢体,生动而难控制的。在一些双胞胎英雄的故事中,我们可以看出这两种情形:一种意象代表内向,主要的力量在于反省的能力;另一种代表外向,他是个好动的人,能完成伟大的事业。

长久以来,这两种英雄是无敌的:不论他们是两个个别的人物,或两位一体,他们都将所向无敌。不过像北美西部印第安人神话中的战神,他们最后因滥用自己的力量而变得邪恶。在天堂或地球上,再没有怪物留下来让他们去征服,而他们的野蛮行径最终也带来了报应。最后,温尼倍各人说他们很危险,当双胞胎杀死四只捣乱地球的动物的其中一只时,他们已超出所有限制之外,其生涯亦已到达终了的时刻,而他们所应得的惩罚就是死亡。

因此,在"红角"和"双胞胎"周期中,我们了解英雄的牺牲或死亡的主题，可以当作"过分骄傲"不可或缺的治疗法。原始社会的文化水平和"红角"周期相同，这也显示出这危险也许被安抚人类牺牲的惯例所垄断——这主题的象征意义深长，而且不断在地人类史中重复。温尼倍各人像北美土著和少数阿尔根基安部落的人一样以吃人肉作为图腾的祭仪，这样可以温驯他们的个人主义和破坏性的冲动。

在欧洲神话中出现的英雄背信和被打败的例子中，祭仪牺牲的主题是特别用作惩罚"过分骄傲"的。但温尼倍各人还不致如此。虽然"双胞胎"犯错，而且虽然惩罚应该消失，但他们却被自己不负责任的能力所吓倒，以致他们同意活在永久平静的状态中：人性的冲突面再次屈服在平静中。

我之所以详细地描述这四类英雄，乃是因为这提供了一个明晰的模式论证——经常出现在历史神话和现代人的"英雄梦"中。记着这一点，我们可以查验以下一个中年病人的梦境。这个梦展现了分析心理学家如何利用他的神话知识，来协助他的病人找出一个看似无法可解的谜语的答案。有人梦到他在剧院里，扮演"一个意见受到尊重的重要观众"。在这一幕里，有只白猴站在台上，四周有许多人。这人重述他的梦境：

我的导演向我解释这个主题，这是一个年轻水手在风中被殴打的痛苦经验。我开始反对这只白猴根本就不是水手，但就在这个时候，一个身穿黑衣的年轻人站起来，我认为他才是真正的英雄，但另一个英俊的年轻人向祭坛迈步走去，然后直直地躺在上面。他们在他胸膛上做记号，好像打算把他当作人类的牺牲品。

不久，我发现自己和其他几个人在一个坛上，我们可以用小梯下去，但我没有立刻下去，因为有两个年轻的无赖正在站岗，我认为他们会阻止我们。但当一个同组的妇人平安无事地使用那个梯子时，我已知道没有危险，于是我们全部跟那妇人下去。

这种梦无法很快或容易地被解释清楚，为了显出这梦对做梦者本身的生活和它广泛的象征含义的关系，我们必须小心地逐步解开它。那病人在肉体的意义上，已算个成熟的人。他的事业一帆风顺，而且是个好丈夫和好父亲。但在心理方面，仍旧未成熟，而且未完成他青春期的发展过程。因为他心灵不成熟，所以在梦中以不同的英雄神话方式表示出来。这些意象仍旧对他的想象有强而有力的吸引，即使它们早就耗尽它们的任何意义。换个角度来说，即耗尽他日常生活的现实面。

因此，在他的梦中，我们看到一连串意象，戏剧化地展示出一个意象的不同形象，这意象一直是做梦者期待变成的真英雄。起先是只白猴，接着又是水手，第三个是身穿黑衣的年轻人，最后个"英俊而年轻的人"。开始的部分是水手的痛苦经验，做梦者只看到那只猴，那身穿黑衣的人突然出现，又突然失踪，是个新的意象，首先和白猴形成对照，很快就和本来的英雄混淆不清。

很有意思的是，这些意象在一幕戏剧化的表演间出现，这种前后关系似乎是做梦者用分析直接指示自己的治疗，而他所提到的"导演"大概是他的分析者。但他并不晓得自己是病人，要接受医生的治疗，以为自己是"一个意见受到尊重的重要观众"。这是个有利的地点，他可以从中看到几个与他成长经验有关的意象。举例而言，那白猴令他想起7岁到12岁时顽皮和非法的行为，而那水手则暗示着早期青春期的冒险行为，最后因不负责的恶作剧而遭到"殴打"。做梦者无法对那黑衣人作出任何联想，不过他看到的快要牺牲自己的英俊年轻人，则是个激发后期青春期自我牺牲的理想主义。

为了看出他们相互之间如何确认、抵触以及限制，实在有必要在这个阶段把历史材料（或原型英雄意象）和做梦者个人经验的资料合并考虑。

第一个结论是，那白猴看来代表"恶作剧妖精"，但在我看来，那猴子也代表某些做梦者个人未经历过的事情——事实上，他说自己在梦中是个观众。我发现他在孩提时期,非常之依恋父母亲,自然变得内向。因此在他孩提时期的后期,当然没充分开发勇猛个性,也没有参加同窗的游戏。他并没有像俗语所谓"耍猴子把戏"或实行"恶作剧"。这个俗语提供了一个线索。梦中的猴子其实是"恶作剧妖精"的意象的象征形式。

但为什么"恶作剧妖精"会以猴子的形式出现呢?而且为什么猴子是白色的呢?正如我所指出,温尼倍各的神话告诉我们,在周期的末期,"恶作剧妖精"开始在生理上浮现像人的样子。做梦者本人也无法提出个人联想,说明那猴子为什么是白色的。但从原始象征的知识当中,可以推测白色对这不同状态的平凡意象,赋予一种"像神"的特别性质。这倒颇适合"恶作剧妖精"的"半神"或"半魔术"的能力。

因此,那白猴似乎是象征做梦者孩童时代爱玩的个性,那时候他不能充分地去接受这种个性,但他现在感到要提升自己。正如那个梦告诉我们,他把它放在"台"上,这里已变成某些超过去的孩提时代经验的东西。对成年人而言,这应该是创造经验主义的象征。

接着我们谈谈那猴子混淆的意义。到底是猴子还是水手遭到了殴打呢?做梦者个人的联想指出这变化的意义。但无论如何,在人类发展中,接着的阶段是孩提时期的不负责对社会化时期做出的让步,这包括屈服于痛苦的教条。因此我们可以说,那水手是"恶作剧妖精"的进步形式,由于痛苦经验而变成社会上有责任心的人。从象征史来看,我们可以假定那阵风在这过程中代表着自然的元素,而那些殴打则是人类用来劝诱的方法。

有关这点,我们在温尼倍各人所形容的"野兔"周期中得到启示,而在这一周期中,"文化英雄"是个懦弱但奋力挣扎的意象,为了更进一步的发展而打算牺牲孩子气。在那个梦的这一阶段中,该病人再一次承认,他对孩提时期和青春期早期的各种重要方面都没有足够的经验。他失去小孩爱玩的个性,而且没有像青少年爱闹的恶作剧,他寻求方法,重新恢复失去的经验和个人的特性。

接着,这个梦有个奇怪的改变,那身穿黑衣的年轻人突然出现,一时间,做梦者认为这是"真的英雄"。那就是我们所了解的黑衣人,不过他的一现即逝却点出一个深奥而重要的主题——这主题经常在梦中出现。

这是阴邪面的概念,在分析心理学中扮演着极其重要的角色。个体意识心灵投射出来的阴邪面会有隐藏、被压迫,以及存在有害的(或邪恶的)各方面。但这黑暗并不单是意识自我的相反事情,只是因为自我含有有害和破坏的态度,所以阴邪面有一个好特性——正常的本能和有创造力的冲动。说实在的,自我虽和阴邪面分开,但两者却是截然不可分的,就像思考和感情一样息息相关。

不过,自我与阴邪面冲突,也就是"为救亡战斗"。在没开化的人达到意识的奋斗中,这冲突由原型英雄和宇宙的邪恶力量之间的竞争表示出来。在个体的意识发展中,英雄意象是显示自我征服潜意识心灵的迟钝象征方法,而且令成熟的人从渴望回到由母亲支配的幼年幸福境地解放出来。

英雄神话

在许多神话中,英雄通常在格斗中打败怪兽。但在另一些英雄神话中,英雄却向怪兽屈服,其中最为人熟悉的是约拿和鲸鱼的故事。故事描述这位英雄被一只海怪吞下,海怪带着他在海上从东游到西,这象征太阳由日出到日落。那位英雄走进黑暗,这代表着一种死亡。我曾在自己的临床经验中,遇过这种主题。

英雄和巨龙格斗,是这种神话较主动的形式,这更清楚地表示自我战胜退化趋势的原型主题,而对大多数人来说,人格的黑暗面或消极面仍旧是潜意识的。反之,英雄必须明白阴邪面存在,而且要能从中得到力量。如果他十分害怕征服那条龙,就必须和破坏的力量达成协议,即是说,在自我能凯旋前,它必须主宰和同化那个阴邪面。

病人梦中所提到的年轻黑衣人，指的似乎就是这方面的潜意识，这提醒他个性的阴邪面、有力的潜能，以及准备为生活奋斗的英雄自我角色，是该梦较早的部分到牺牲的英雄主题间重要的过渡时期。那个英俊的年轻人置身在祭坛上，这意象代表着英雄行为的形式，通常与青春期后期的自我建立过程有关联。在此时表示生活理想原则的人，感到它们的力量不仅可以改变他自己，而且还可改善和别人的关系。换句话说，他正在年轻的盛期，且富有吸引力、充满精力和理想，那他为什么愿意奉献自己作为人类的牺牲品？

这大概和温尼倍各神话的"双胞胎"放弃他们克服毁灭痛苦力量的理由相同，年轻人的理想——驱使人全力以赴——必会令他们自视甚高，人类的自我可以把人捧得像神一样的高，但也会让他们跌得焦头烂额。同样，年轻的自我一定会冒这个险，因为如果年轻人不奋力追求更高的理想，只会苟安的话，那他就不能战胜青春期和成熟期间的障碍。

到目前为止，我一直在谈我的病人能从他自己的梦中得出的结论——在他个人联想的标准之上。但那梦有个原型的标准——提供人作牺牲品的神秘力量。这一点也没错，因为这是种在祭仪行为和其象征意义中表示出来的神秘力量，可以引领我们返回长远的人类史中。在这里，当一个人直直地躺在祭坛上，我们看出这暗指一种行为，这行为甚至会比英格兰索尔斯堡平原上史前巨石柱间庙宇里的祭坛上举行的仪式还要原始。在许多原始祭坛上，我们可以想象神话的英雄在每年的祭仪中死亡和再生。

这祭仪可谓悲喜参半，而从更深一层来看，死亡也导致新生命。不论是温尼倍各印第安人在史诗中哀悼古代斯堪地那维亚圣哲波特之死，还是惠特曼在诗中感伤林肯之死，或在梦的祭仪中人因而回到年轻时期的希望和恐惧中所表示的，都是同一个主题——通过死亡再生的戏剧。

该梦的结尾带出一个奇妙的收场白，那做梦者终于涉入梦的行为当中。他和其他人在台上，要由那里下去。他并不信任梯子，因为怕那些无赖干涉，但有个女人鼓励他相信他能安全地走下去，最后终于完成了。我从他的联想中发现他目击的整个表演本是他分析的部分——他正经验的内在改变过程——他大概在考虑再次回到日常现实生活的困难。他害怕那两个他称为"无赖"的年轻人，这暗示他害怕"恶作剧妖精"的原型可能以集体形式出现。

梦中救援的元素是那条人造梯子——在这里大概是理性思考的象征——和鼓励做梦者使用梯子的女人。她在该梦最后的发展当中出现，指出心理需要包括一个女性原则，以作为所有这种极端男性活动的补足物。

一般而言，我们可以说，当自我需要受激励或肯定时，要求英雄的象征就会发生。换句话说，在某件没有帮助就无法完成的工作中，或不依靠潜伏在潜意心灵中的力量资源来工作时，意识心灵就需要帮助。举例来说，在我一直讨论的梦中，与典型的英雄神话较重要的层面并没有关联。这位英雄有从水深火热中拯救或保护美女的能力（美女身陷险境是欧洲中古时代最受人欢迎的神话），这是一个神话或梦依据阴性特质——阴性特质是指男性心灵的女性元素，哥德称之为"永恒的女性"——的途径。

这种女性元素的性质和作用与英雄意象的关系，可以从另一个病人的梦中得到说明，他也是一个中年人。他说："我去印度徒步旅行，一个女人替我和一个朋友为这次旅行整理装备。我回来后，责骂她没有替我们准备黑雨帽，告诉她我们因这个疏忽而被雨淋得浑身湿透。"

这个梦显示那病人年轻时有一次在一个大学朋友陪同下，在群山险峻的国家作"英雄式的"步行（因为他从没去过印度）。鉴于他个人对这个梦的联想，我推断梦中的旅行其实代表他在探索一个新的领域——换句话说，不是个实在的地方，而是潜意识的领域。

在他的梦中，那病人似乎想到一个女人——大概是他阴性特质的人格化——没有为他的行程准备妥当。缺少一项合适的雨帽，这暗示他感到了一种无保护的精神状态，在此状态中，他受到暴露在新鲜而不愉快的经验的影响而不舒服。他认为那女人应该替他准备好雨帽，就像母亲在他小时替他准备衣服一样，而当他维持母亲（原始的女人意象）会保护他对抗有危险这个假设时，这个插曲是他早期游荡生活的回忆片断。当他长大后，了解了这是个幼稚的幻象，但他现在把不幸推到他自己的阴性特质上，并没有推到他母亲身上。

在该梦的下一阶段中，那病人说他和一群人徒步旅行，感到疲累，于是回到一家户外饭店，在那里找到了自己的雨衣，以及较早时忘记的雨帽。他坐下来休息，注意到一张描绘一个高中男生在戏剧里扮演培修斯角色的海报。然后那个被提及的男生出现——他竟然不是个男童，而是个强健的年轻人，身穿灰衣，头戴黑帽，他坐下和另一个身穿黑衣的年轻人聊天。紧接着这幕之后，那做梦者便感到一种新的活力，发现自己有能力重新和同伴在一起。他们不久又爬了另一座山，在他们下面，他看到目的地，那可是个可爱的海港镇。他被这个发现弄得心花怒放，而且感觉变得年轻了许多。

因此，和第一段插曲中不安、不舒服，以及孤独的旅程相比，现在那做梦者是和团体在一起的。这一对比显示出从较早期孤立而幼稚的抗议模式，改变为与其他人来往和加入社会。因为这蕴含一种对比关系的新包容力，也暗示他的阴性特质现在一定比以前——他发现那"女性"人物先前没替他准备帽子的象征——有更佳的作用。

但那做梦者感到疲累，也希望变得年轻而恢复力量，而且饭店的一幕反映了他需要以一个新的眼光来考察他早期的态度，因此事情昭然若揭。他起先看到的是张海报，暗示一个年轻英雄角色的制定——这角色是个高中男生扮演的培修斯。然后他看见那男孩——现在是男人——和一个与他造成尖锐对比的朋友在一起。一个身穿浅灰色衣服，另一个则穿黑色衣服，这很容易从我先前所说的认识到，这两个人其实是"双胞胎"的翻版。他们是表示自我和第二个自我对立的英雄意象，不过这两个自我以调和而统一的关系出现。

病人的联想证实了这点,而且强调那穿灰色衣服的人物代表一种非常适应世俗生活的态度,而身穿黑色衣服的人物则代表精神生活,传教士大都穿着黑衣服,他们都戴帽。这就指出他们已完成了一种相当成熟的同一性,这是他在青少年早期极为缺乏的,尽管他的理想"自己意象"是智慧的追求者,但那时却仍然被"恶作剧妖精"所缠住不放。

他联想到希腊英雄培修斯是件颇奇妙的事,不过意义重大,因为这透露出明显的错误。他认为培修斯是杀死人身牛头怪物和从克利特岛的迷宫来拯救亚拉蒂的英雄。当他把那名字写下来给我看时,他发现自己弄错了,那是德修斯而非培修斯。这错误突然变得有意义起来,这是因为他注意到两者都是共同的。他们俩都要征服潜意识恶魔似的巨大力量的恐惧,而且要从这些力量中去释放一个独身而年轻的女性人物。

培修斯斩掉蛇发女妖玛蒂莎的头,她可怕的样貌和蛇发卷,令所有目睹的人都变为石头,后来他又征服了保护依索比亚公主的巨龙。德修斯代表年轻的雅典精神,他要勇敢地面对克利特岛迷宫的人身牛头怪物,这怪物或许象征实行女家长制的克利特岛的衰微。而克服这危险之后,德修斯救出亚拉蒂——一个身陷困境的女郎。

这次拯救象征阴性特质意象从母亲意象的贪婪面解放出来。在没有完成这步骤之前,男人就无法达到他第一次和女人产生关系的能力。这个男人没有适当地区别阴性特质和母亲的事实,这在别的梦中得到证明,他遇到一条龙——这是他对母亲"极度"依恋的象征意象。这条龙追击他,因为他没有武器,所以陷入苦战当中。

不过,意味深长的是,他太太在梦中出现,她的出现多少令那条龙变小,而且没那么可怕。这梦中的改变表示那做梦者的婚姻终于使他克服了对母亲的依恋。换句话说,他要找寻方法,从附属于母子关系的心灵力量中解放出来,以和女人建立一个较成熟的关系,这对整个社会也一样。英雄和龙大战,象征地表示这"成人"的过程。

但那英雄的职责有个超乎生物学和夫妇间适应的目标。他的职责是解放阴性特质,因为心灵内在成分需要真正有创意的建设。而在这个人的例子中,我们要猜测这结果的可能性,因为它不是在印度旅行的梦中直接描述出来,但他肯定会确认我的假设——他在山上旅行,看到他的目标是个平静的海港镇表明他发现了确实的阴性特质作用。

那人通过与可信的英雄原型接触,为自己赢得了这次安心的承诺,而且找到一个对团体新的共同而相关的认识。那种变得年轻的感觉自然也就随之而来。他曾依靠代表英雄原型的内在力量资源弄明和发展被那女人象征化的部分。此外,他也通过自我的英雄行为,从他母亲那里解放出来。

在现代的梦中,这些和许多其他的英雄神话例子表示:自我像英雄一样,总是文化的支撑者,而并非纯然的自我中心的宣传者。在他指导错误和无目的的方式当中,即使"恶作剧妖精"在未开化的眼光中,也是个对宇宙有贡献的人。一如在拿佛和神话中的葛雅,他把星星投掷到天空,作为创造的动作,而且发明死也是必然的意外事故。在神话的紧急关头中,他带领众人穿过空心的芦苇,从这个世界逃到另一个世界,在那里他们安全地避过洪水的威胁。

我们对始于幼稚的、潜意识的或动物水准的创造进化形式,有一个相关的答案。在真实的文化英雄中,自我易于产生有效的意识行动。而在同样的式样下,幼儿或青春期自我本身从双亲期望的压迫中解放出来,并逐渐成为一个个体。因为这部分产生意识,英雄和龙的大战也许要一战再战,为无数人类的职责解放能力,在混乱中形成一个文化模式。

当这件事成功后,我们看到整个英雄意象浮现出一种自我的力量,不再需要征服怪物和巨人。它已达到能把这些深厚的力量人格化的地步。那"女性元素"不再在梦中以新的姿态出现,而是以女人的姿态出现,同样的,人格的阴邪面亦呈现出较小的胁迫形式。

这个重要的观点,可以在一个年近五十岁的男人的梦中得到证明。他一生都为周期性的忧虑和害怕失败所苦。不过他实际的成就——他的职业和个人关系——都在水准之上。在梦中，他九岁大的儿子以一个十八九岁的年轻人出现，而且身穿中世纪武士的闪亮盔甲。有人要那年轻人与一群穿着黑衣的人进行打斗。他起先似乎准备动手，但是不久之后，突然脱下头盔，和那群人的领袖微笑——很明显，他们是不会大打出手的，反而会成为朋友。

梦中的年轻人就是那人年轻时的自我，而那时他经常被缺少自信形式的阴邪面吓得提心吊胆。在某种意义上，他已从事了一次成功的改革运动——在他整个成熟生命中对抗敌人。现在，由于看见他的儿子在没有此种怀疑下成长的实际鼓励，而是通过以最接近他自己环境模式的形式，来形成一个适合的英雄意象，因此他发现不需再和那阴邪面作战，他能接受它，那在友谊行为中象征的就是这种东西。他不再为个体的主权而被迫强行竞争性的争斗，反而被形成民主政体社会的文化职责同化，这种结论令生活臻于完美，而且也超越了英雄的职责，引导我们进入真正成熟的境地。

不过这种改变不会自动地发生，它需要一个过渡时期，这在创始原型的不同形式中表达出来。

成年人的原型

在心理学的意义当中，英雄的意象并非与本来的自我同一，最好是把英雄意象说成是象征的方法。通过分析发现自我本身在幼儿期早期就被双亲从意象所唤起的原型中分开。暗示每个人本来对"自己"就有种完整、有力和完美意义的感情。当个体成长时，个性化的自我意识便会浮现出来。

在过去的几年中，我的几个门生的作品，已开始考证在婴儿到童年这一过渡期间，个体自我浮现的一连串事件。这种区分绝不能在不严重损害完整的原始意义下成为定局。为了保持心灵健康的状况，自我必须继续不断地恢复重建对"自己"的关系。

我的研究显示出，心灵区别的第一个步骤是英雄神话。我曾暗示过这似乎要经过四重周期。自我借助这些周期，从完整的原始状况之中，可以获得相关的自主权。除非个体已建立某种程度的自主权，否则无法与他成年的环境产生关系。但英雄神话并不保证这种解放会发生，它只表达了这有可能发生，因而自我可以完成意识。这里个体以有意义的方式维持和发展意识，因此可以过有益的生活，而且也可以在社会中完成自我分别的必然意义的问题。

　　古代历史和现今未开化社会的祭仪，曾提供给我们有关创始神话和祭仪的大量材料，由此可以看出，年轻男女被迫和父母分开，被迫成为部落或党派的成员。但在儿童世界里造成这种分裂，会使原始父母原型被损害，这损害必须借着同化团体生活的治疗过程而得到改善。因此，当团体实现损害的原型要求，而且成为一种代理父母时，年轻人必须对重新浮现的新生活作第一次象征性的牺牲。

　　在这"激烈的祭仪中，牺牲看起来好像能产生一种抑制年轻人的力量似的"。由此也可以看出原始原型力量是永远不能被克服的。我们在"双胞胎"的神话当中，看到他们的过分自大如何去表现"自我和自己"的分离，以及最后被他们自己的恐惧所纠正，强迫他们回到一种"自我和自己"和谐的关系中。

　　在部落社会中，创始祭仪往往能够有效地解决这个问题。祭仪带领初学者要回到原始"母子"同一化或"自我和自己"同一化的最深入的阶段中，因此强迫他多经历象征式的死亡。换句话说，他的同一化暂时在集体潜意识中肢解或解除。从这种状态中，他不久就会被新生祭仪拯救。这是自我与较大团体初次真正团结的行动，表示出来的是图腾、党派或部落，或三者合一。

　　无论祭仪是在部落团体中还是在极复杂的社会中被发现，它一定会坚持这种死亡和再生的祭仪，这提供给初学者一个"仪式的通路"，从人生的某一种阶段到另一个阶段——不论是从儿童期早期还是从青春期早期到后期，以及到成熟期。

当然,创始的事件也并不局限于年轻人的心理。每个贯彻个体生命的新发展阶段,都伴随着要求"自己"和要求自我之间的反复原始冲突。其实这冲突大多在成熟期到中年期——这段过渡期间表现得最为强烈。而在中年期到老年期这段过渡期间,则会再产生肯定自我和整个心灵之间区别的要求,而英雄接到他最后的召唤,以行动防卫"自我意识",以反抗接近死亡的分裂生活。

在这些危险的时期当中,创始原型强烈地提供了一个有意义的过渡期:这一过渡期中的青春期强烈的宗教祭仪更有精神上的价值,而且能满足精神的要求。创始原型模式在这宗教意义上被纠缠在所有教会的祭仪组织里和在诞生、结婚或死亡之中,这需要一种特别的崇拜态度。

我们研究英雄神话和研究创始一样,必须在现代人,尤其是那些从事分析的人的主观经验内找寻例子。如果在某个病患的潜意识里出现,倒也不足为奇。

在年轻人中最普遍的主题大概是痛苦的经验,或力量的考验,这说不定与提到的显示英雄神话的现代梦境同一,诸如那甘受气候和殴打折磨的水手,或在没有雨帽的情况下徒步在印度旅行的那个人。我们同样能看出这肉体受苦的主题,在我讨论的第一个梦中,有个合理的目的——那潇洒的年轻人变成祭坛上的人类牺牲品。这牺牲品像创始,但目的暧昧,它似乎完成英雄周期,开拓了一个新的主题。

英雄神话和原始祭仪有个明显的区别:典型的英雄人物耗尽心力,以完成他们野心的目标。简单来说,他们获得成功,即使事后因他们的"过分骄傲"而被处罚或被杀。和这相比,为了创始的初学者被要求放弃有意的野心和所有欲念,以屈服于痛苦的经验,他们必须在没有成功的希望下自愿经历这个考验。其实,他们必须准备去死,虽然他的痛苦表现温和或苦恼,但目的永远只有一个:从创造象征的死亡情绪中,也许可能产生象征的再生情绪。

一个25岁的年轻人梦到自己爬上山顶,那里有个祭坛,在祭坛旁边有个石棺，上面竖着一个他的雕像，然后有个蒙面的牧师走来，拿着根手杖，杖上的光环发出炽热的光。令他惊讶的是，他发现自己已死掉，因此也就没有成就感，只感到损害和恐惧。但当沐浴着阳光温暖的光线时，一阵力量和返老还童的感觉袭上他心头。

这个梦简明地表示我们必须在创始和英雄神话间做一个区别。爬山的行动似乎暗示力量的考验：这是在青春期发展的英雄阶段中所完成自我意识的意志。很明显，那病人认为他接近治疗就像接近其他成年时期的考验一样——他已以我们社会中年轻人特有的竞争态度去接近，但祭坛的景象却恰恰修正了这错误的假设，表示他的职责是去屈服于一个比他本人更有力量的人。他必须了解自己已死亡，并且埋葬在一个象征的形象（石棺）中，这令人想起原型的母亲是所有生命的原始容器。唯有这种屈服的行动，才能经历再生，而一次有鼓舞性的祭仪使他再度恢复生命。

到此，我们也许会再次与英雄周期混淆——"双胞胎"周期，"太阳之子"。但在这个例子中，我们并没有看出那初学者会做得过火而失败，他反而要借着经验去划分他从年轻到成熟过程的死与再生的祭仪，来学习谦逊。

根据他的年纪，应该早已完成这转变，但有个遏止发展的延长期曾制止他。这延迟令他陷入神经衰弱症中，所以要接受治疗，而那个梦提供了同样明智的忠告，这是任何部落的优良巫医所能给予的——他应该放弃登山，以证明他的能力，并屈服于有意义的创始改变祭仪，这改变能使他适应成年人的新道德责任。

屈服的主题是促进成功创始祭仪的主要态度，这可以清楚地在女孩子或女人的例子中看出来。她们最初通过的祭仪强调她们要被动和默从，这在月经周期的生理限制中尤为明显。从女人的观点来说，月经周期也许实际是创始的主要部分，因为它有力量来唤醒服从生命创造力的最深刻意义，所以她自愿热心于女性的机能，正如一个男人热心于在社交生活中被指派的角色一样。

另一方面来说，女人和男人一样，也有为了体验新生而导致最后牺牲的最初能力考验，这牺牲能令女人从个人关系的缠结中解放自己，而且在她自己的权力中，使她适合作较有意识的个体角色。反过来说，男人的牺牲是服从他神圣的独立：他与女人的关系变得较有意识。

如果我们谈到创始的层面，这层面会告诉男人和女人如何纠正某种"男女"的原始对应。那么男人的知识（理性）会遇到女人的关系（性爱），而且他们会以神圣婚姻的象征式祭仪作结合的代表，其实这祭仪一直是创始的中心——因为其原始性是在古代神秘的宗教中。但现代人很难抓住这问题的中心，因此它在他们的生活中产生危机，以令他们了解这问题的重要性。

有几个病人告诉我，在梦中，他们的牺牲意念与神圣婚姻意念并在一处。其中有个年轻人也产生了同样的意念，他在谈恋爱，但不愿意结婚，因为害怕婚姻会变成一所监狱，他已被个性强而有力的母亲意象所管理。母亲对他童年生活有很大的影响，而他的未来岳母有同样的威胁。所以难道未来妻子不会以这两个母亲曾支配她们儿女的同样方式支配他吗？

在他的梦中，他在祭仪的舞蹈中，和一个男人及两个女人跳舞，其中一个女人是未婚妻。其他两个是一个老人和他的妻子，他们都深深地打动了做梦者，因为尽管他们互相封闭，但似乎能容忍对方相左的意见，而且不强迫对方接受。这两个意象向这个年轻人显示：已婚的情况并没对夫妇个体特性的发展强加不合情理的束缚。如果他也能这样，他会接受婚姻。

在祭仪式的舞蹈中，这两个男人都在方形舞池的角落里，他们面对着自己的女舞伴。而这四个人跳的舞似乎是剑舞，每个人手持短剑，跳出一种复杂的舞姿，他们一连串的手脚舞动动作，暗示着交替的侵犯刺激以及向对方的屈服。在结束跳舞前，三个舞者都用短剑插入自己的胸膛死去，只有做梦者拒绝做最后的自杀，且在几个人陆续倒下去后一直站着，他对于自己怯于和别人一样牺牲而感到羞愧万分。

这个梦令我的病人打算改变他对生活的态度。他一向以自我为中心，寻找个人独立的幻觉安全，但内心却被在婴儿期屈服他母亲所引起的恐惧所支配。他需要向成年期挑战，而这一切除非他牺牲他幼稚的心境，否则会被孤立，并感受到耻辱。该梦和他后来洞察梦的意义，驱散了他的疑团。他经历了象征的祭仪，借此，年轻人放弃他的自主权，而且以一种相关的——不只是英雄的——形式接纳他参与的生命。

因此他结婚了，并且发现自己适切地履行夫妇间的关系。在不再损害他自己的权益之下，婚姻确实很美满。

且莫说神经上恐惧看不见的母亲或父亲也许隐藏在婚姻的面纱后，即使正常的年轻人也有充足的理由忧虑结婚的祭仪。在女人的创始祭仪中，男人一定会感到自己决不是获胜的英雄。这也难怪我们会在部落社会中发现诸如诱拐或强暴新娘的对抗祭仪。这些祭仪能令男人在非常时期中依恋英雄角色的残余，以致他必须得顺服新娘，并且承担婚姻的责任。

但婚姻的主题是这类普遍性的意象，因此它同时具有较深刻的意义。这是男人自己心灵中女性要素可接受，甚至是必要的象征式发现。因而在适当的刺激反应当中，任何年龄的男人都会遇到这个原型。

不过，并非所有女人对婚姻的境况都放心地起反应。有个女病人一生都不大顺利，她放弃一个短暂的婚姻，梦到自己和一个男人面对面地跪着，他打算替她戴戒指，但她紧张地伸开右手的无名指——明显地反抗这个夫妻结合的祭仪。

她的这一错误有重大的意义。她没有伸出左手的无名指，她错误地假设她要把整个有意识的身份都放在替男人做牛做马上。其实，婚姻是要两个人分享的，只是此部分的结合原则，会出现一个象征式的，而非真实或绝对的意义。她的恐惧是害怕在强烈的家长制婚姻中失去身份，因此这女人有理由抗拒。

不过作为原型形式的神圣婚姻，对女人的心理有着特别重要的意义，其中之一就是在青春期的许多形成创始性格的事件中酝酿而成。

三、超越自卑从孩子抓起

每当我研究起成人的时候，总会发现：他们在儿童早期留下的印象是永远不可磨灭的，它会在他的生活样式上留下了无法拭去的印记，而发展的每种困难都是由家庭中的敌意和缺乏合作引起的。如果我们环顾周围的社会生活，并问为什么敌对和竞争才是它最显著的一面，事实上，不仅我们的社会生活，我们的整个世界都是如此——那么我们便会认识到：人类都是在追求着想要成为征服者，想要超越并压垮别人的目标。这种目标是早年训练的结果，也是觉得在自己的大家庭中未曾受到平等待遇的儿童努力奋斗、拼命竞争的结果。我们要避免这一类的害处，而唯一的方法就是给予儿童更多的合作训练。

（一）家庭对孩子的影响

从降生之时起，婴孩就想要把自己和母亲联系在一起。这种联系不仅非常密切，而且影响深远。在以后的岁月里，我们就难以指出他的哪些特征纯粹是出自遗传的效果了。每一种可能是遗传的基因，都已经被她的母亲修正、训练、教育，而改头换面过了。而她的教子办法成功与否，将会直接影响到孩子的所有潜能的发展。所谓母亲的技巧，我们指的是她和孩子合作的能力，以及她使孩子和她合作的能力，这种能力是无法用教条来传授的。每当产生新的情境，其中就有千万点都需要她应用她对孩子的领悟和了解。她只有真正对孩子有兴趣，而且一心一意要赢取他的情感并保护孩子的利益时，才会有这种技巧。

母亲的影响

在母亲的各种活动中，我们都能看出她的态度。每当她抱起她的娃娃四处走动，对他喃喃细语，替他洗浴，或喂他食物时，她都有使他和自己发生联系的机会。如果她对自己的办法掌握得还不够，或对他们缺乏兴趣，势必会做出粗野的举动，从而引起孩子的反感。如果她没有学会怎样帮孩子洗浴，他会感到洗澡是件不愉快的事情，不但不和她产生亲密的联系，反倒会设法逃避他。她安置孩子上床的方式，她的一举一动，她的一颦一笑，都必须非常巧妙，她照顾他或让他独处的技巧，也必须恰到好处。她必须顾及他的整个环境——新鲜的空气、空间的温度、营养的状况、睡眠的时间、身体的习惯，以及整洁卫生等。在每个小地方，她都会供给孩子一个喜欢她或讨厌她、愿意合作或拒绝合作的机会。

在母亲的技巧之中，并没有什么神秘的力量。其所有的技巧都是长期训练和培养兴趣的结果。母亲的准备在生命的早期便已开始了。从一个女孩子对比她年幼孩子的态度，以及她对婴儿和她未来工作的兴趣，便可以看出"母道"的第一。对男孩和女孩都施予同样的教育，让他们以为将来他们要从事完全相同的工作，这种教育方法并不可取。假如我们希望培养出很有技巧的母亲，必须教育女孩子要了解母道，让她们喜欢当母亲，把母亲的工作视为是一种创造性的工作，而且在以后的生活里，当面临自己所要扮演的角色时，不会感到失望。

许多研究结果表明，母亲保护儿女的意识，比其他任何一种意识都要来得更强烈。在动物类中（比如在老鼠和猿猴之间），母道的驱力已经被证实较性或饥饿驱力为强，如果它必须在上述几种驱力之中选择一种，最占优势的必定是母道的驱力。这种力量的基础并不是性，它出自于合作的目标。母亲常常觉得她的孩子是她自身的一部分。由于是她的孩子，她才和生活的整体紧密联系，她才觉得自己是生与死的主宰。在每一位母亲的身上，我们多多少少都可以发现一种感觉：因为她有了孩子而完成了一生中最伟大的一件创作的作品。我们几乎可以说，她觉得她是像上帝一样，从一无所有中创造出了生命。事实上，对母道的追求就是人类对优越地位（成为神圣的目标）追求的一种表现。这让我们明了：为了人类的缘故，我们如何以最深刻的社会感觉，把优越感目标应用于对别人的兴趣之上。

母亲和外界的种种关系也并不是很简单的，她和孩子的联系不应该被过分强调。不管是为了母亲，或是为了孩子，这一点都必须特别加以注意。过分强调一个问题，其他的问题都会受到忽视。即使我们遇到的是一个简单的问题，但如果我们稍稍加以重视，也会应付得比完全漫不经心来得好。和母亲发生关联的，有她的孩子、她的丈夫，以及围绕着她的整个社会生活。这三种联系必须给予相等的注意，她必须凭借常识，冷静地面对这三者。假如母亲只考虑她和孩子们的联系，难免要宠坏他们而很难使他们发展出独立性以及与别人合作的能力。在她使孩子和她自己成功地联系上后，她的第二个工作是把他的兴趣扩展到他父亲身上。然而假使她自己对这位父亲缺乏兴趣，这项工作几乎就不可能完成。以后，她还要使孩子的兴趣转向环绕着他的社会生活，继而转向家里其他的孩子，转向朋友、亲戚和平常的人。因此，她的工作是双重的：她自己必须给予孩子一个信赖的最初经验，然后她必须准备将这种信任和友谊扩展开，直到它包括整个人类社会为止。

有一个女孩子曾经住过四年医院，在她住院的时间里，她非常受医生和护士们的宠爱。而当她回家后，起初她的双亲也很宠爱她，但是经过几个礼拜后，他们的关怀减少了。假如她要求某件东西而不能如愿时，她会把手指头放进嘴里，说："我还是住在医院里吧！"她提醒别人：她曾经害过病，并且想要再恢复到能让她随心所欲的情境。在成人中，我们也能看到同样的行为，他们常常喜欢谈他们的疾病或动过的手术，以此希望能够得到周围的人的关怀或关心。

在另一方面，有时候，曾经让父母大伤脑筋的孩子在一场大病之后会恢复正常，不再骚扰他们。我们已经说过，身体的缺陷是孩子们的一种额外负担，但是我们也说过，它们并不足以解释性格上的不良特征。因此，身体障碍的消失是否对这种改变有所影响？让我们先来看看如下例子：有一个在家中排行第二的男孩子，他说谎、偷窃、逃学、残忍，也不服从纪律，在学校惹出了许多麻烦。他的老师对他束手无策，因此主张应该送他进感化院。正在这时，这个孩子病倒了，他的臀部患了结核症，结果竟在石膏床上睡了半年。他病愈后，成了家中最乖的孩子。我们无法相信这场疾病会对他产生这样的效果。很清楚，这种改变是由于他认清了以往的错误之故。以前，他一直认为父母偏爱的是他的哥哥，并觉得自己受到忽视。在患病期间，他发现自己是众人注意的中心，每一个人都照顾他、帮助他，从此便大彻大悟地放弃了"别人总是忽视他"的心思。

假如要补救母亲们经常造成的错误，最好的方法就是不要让她们照顾孩子，并且把孩子送进育幼院，让护士看管。如果我们要找一个代理母亲的人，应该就是能够扮演母亲角色的人——她自己本身一定要像母亲一样地对孩子感到兴趣。这样还不如训练孩子自己的母亲来得容易些。在孤儿院长大的儿童经常对别人缺乏兴趣，因为没有人能在这些孩子和其他人之间，架起一道人际关系的桥梁。以前，有人曾经对一些在孤儿院长大而发展不良好的儿童做过一项实验。他们找了许多护士和修女给予这些儿童个别照顾，或把他们安置在私人家里，让家庭中的母亲像对待自己孩子一般地对待他们。结果显示：只要保姆选择恰当，他们的情况都会有显著的好转。

由此可见，养育这种孩子的最好办法，就是帮他们找出代替母亲或父亲的人，让他们过上平常的家庭生活。假如我们把孩子从父母身边带开，当务之急也是帮他找寻能够执行父母工作的人。有许多失败者都出身自孤儿、私生子、被遗弃的孩子或婚姻破裂留下的孩子，从这些事实可以看出母亲的温暖和照顾是多么地重要。

大家都知道，继母是非常难当的，因为前妻留下的孩子常常会反抗她们。然而这个问题也并非无法解决，我曾经看过很多人成功地应付了它。在母亲死了之后，孩子可能会转向父亲，并受到他的宠爱。孩子一旦觉得父亲的关怀被继母剥夺了，便会攻击他的继母。假如她觉得她必须反击，那么和孩子的争执必然是一场持久战，那么孩子可就真的惨了。其实，在争执中，最"软弱"的方法才是最有效的。如果硬向他要求某些东西，他必定会拒绝给予。假如我们都能体会到，合作和爱情是绝对无法用武力获得的，那么在这个世界上，一定可以避免不计其数的矛盾。

父亲的影响

在家庭生活中，父亲的地位和母亲的地位同等重要。孩子在幼年时，和父亲的关系倒还不怎么亲密，父亲对孩子的影响也较晚才发生效果。我们已经说过，假如母亲不能把孩子的兴趣扩展到父亲身上，那么这种孩子在社会感觉的发展上，可能要遭遇到严重的障碍。婚姻不美满的情境对孩子而言也是充满危机的，他的母亲可能觉得自己的力量不足以把父亲系在家庭里，因此希望完完全全地保护她的孩子。也许父母双方都会为他们私人的利益，而把孩子当作争执的焦点，他们也都希望孩子依附在自己身上，爱自己更甚于爱对方。如果孩子们发现了双亲之间的冲突，他们可能会很巧妙地引起父母的注意，于是父亲或母亲争着来宠爱他。在这种氛围下成长起来的儿童，是不可能训练出合作精神的。况且儿童对婚姻和异性伴侣最初的概念，也多是从他们父母的婚姻中得来的。在不美满的婚姻下长大的儿童，除非他们最初的印象被纠正过来，否则他们的婚姻观都会很成问题。即使是在成年之后，他们也会觉得婚姻注定要成为不幸，会设法避开异性，要不然就认定他们对异性的追求不可能获得成功。

因此,婚姻不和谐的家庭,既不是社会生活的产品,也不能作为社会生活的准备。婚姻的意义是两个人共同结合以求相互间的幸福,他们孩子的幸福,以及社会的幸福。如果它在任何一方面失败了,就无法与生活协调一致。

父亲的任务可以用几句话来一总结一下。他必须证明他自己对妻子、对儿子以及对社会都是一个必不可少的栋梁:他必须以良好的方式应付生活的职业、友谊和爱情这三个问题,必须以平等的立场和妻子合作,以照顾并保护他们的家庭。他不可忘记,妇女在家庭生活中所占的创造性地位是不容否定的。他的责任不是压抑妻子,而是和她一起工作。尤其在金钱方面,我们应该特别强调,即使经济来源是由他供给的,金钱仍然是件共有的东西,绝不应表现得好像他在施舍,其他人则在收受。在理想的婚姻当中,男主人供给金钱只不过是家庭中分工合作的结果。有许多父亲利用他们的经济地位作为统治家政的办法。在家庭中不应有统治者,每一个能形成不平等的因素都应该被设法避免掉。我们的文化过分强调了男性的优越地位,结果使得女性被置于低下的地位。因此,每位父亲应该知道:不能因为妻子不会像他一样赚钱养家,便以为妻子就不如自己,无论妻子对支持家庭的经济是否出了一臂之力。如果家庭生活是真正和谐的,那么谁赚钱或谁应该负担家庭,都不应成为问题。

父亲对孩子的影响非常大。许多儿童在一生中都把他们的父亲当作偶像崇拜或者视之为最大的仇敌。处罚,尤其是体罚,对孩子总是有害的。不能以友善的方式进行的教育便是错误的教育。非常不幸,在家庭中惩罚儿童的责任经常落在父亲的头上。我们说它不幸,有几个原因:第一,它易使母亲产生一种误解,以为妇女不能真正地教育她们的子女,以为她们是需要强有力的臂膀来帮忙的弱者。如果母亲告诉她的孩子:"等你爸爸回来教训你!"她等于是暗示他们:把父亲当作最后的权威以及生活中的实力人物。第二,它破坏了父子之间的关系,让孩子们惧怕父亲,而不觉得他是可亲的朋友。也许有些妇女怕一旦自己掌握惩罚之责,就会淡化孩子们的情感,但是要解决这个问题并不能把惩罚之责完全推卸给父亲。孩子们并不会因为她而召来一名惩罚的执行者,就放弃对她的怨恨。有许多妇女仍然利用"告诉爸爸"作为强迫孩子们服从的手段,这些孩子对男性在生活中的地位,将会作何感想?

假如父亲是以积极的方式应付生活的三个问题,他便会成为家庭的中坚,他是好丈夫,也是好爸爸。他容易与人相处,也能够结交朋友。如果他结交了朋友,就已经使他的家庭成为社会生活的一部分。他不离群索居,也不受传统观念的束缚。家庭之外的影响力能够进入家庭中,而他也会以身作则地教给孩子社会感觉与合作之道。

在我们现代的社会当中,男人有较多的机会可以体验社会生活,可以知道社会制度的利弊,以及他们自己国家甚至全世界的道德关系。他们活动的范围仍然比女性的活动范围大。因此,在这方面,父亲应该作为妻子和孩子们家庭生活和社会生活的顾问。但他不能高高在上,他不是家庭教师,但他应该像朋友一样劝告妻子和孩子们,并且要避免惹起反感。即使自己的看法得到他们的同意,也不必得意忘形。如果他的妻子未曾受过良好的合作训练而反对他的主张,他也不必坚持自己的观点,或想要运用权威来压制对方,应该另找可以消除此种抗拒力的方法。争执是无法使人心悦诚服的。

金钱不应该被过分强调,或拿来当作争执的题材。西方女性通常不外出挣钱,因此她们对金钱大多也比男人敏感。如果批评她们浪费,她们会受到很大的伤害。夫妻双方应该妥善安排好金钱的使用,而妻子或孩子们也不应运用压力来迫使父亲付出非其能力所能负担的金额,父亲不应该以为他可以只凭金钱来保证儿子的前途。我曾经读过一本美国人写的有趣的小说,其中描述一个白手起家而成巨富的人,希望自己的世代子孙都能免于贫穷和匮乏之苦。他去找一位律师,请教应该怎么做才能实现此愿。律师问他:要连续几代富裕才能够满足他的愿望？他告诉律师：他的能力是以使十代子孙生活优裕。"当然，你能够做到这一点，"律师说道，"但是你可知道你的第十代子孙每一个人身上的血统都来自五百名以上的祖先？有五百个其他的家庭都能说他是他们的后代。这样，他们还算不算是你的子孙？"在这里，不管我们能为子孙做些什么事，其实也都是为整个社会而做的，除此别无选择。

如果在家庭中没有权威存在，那么其中必定会有真正的合作。父亲和母亲必须合力协商有关他们孩子教育的每件事情。他们任何一人都不应表现出他对孩子们之中的哪一个有特殊偏爱，这是最重要的。偏爱的危险性绝非夸大其词。孩子们的自卑，几乎都是因为他觉得受偏爱所引起的。如果父母重男轻女，在女孩子们之间，自卑情结的发生几乎无法避免。孩子可是很敏感的，假如他们疑心别人较受喜爱，即使是好孩子也可能在生活中走上错误之途。个别孩子一向天资较为聪颖或长得较为可爱，父母也很喜欢他。但父母应该有足够的经验，或有足够的技巧来避免表示这一类的喜欢，否则天资较为优越的孩子会使其他所有的孩子蒙受阴影，并感沮丧。他们会嫉妒、怀疑自己的各种才能，而且他们的合作能力也会受到挫折。父母应该观察，在他们的任何一个孩子的心中，是否存有认为父母偏心的疑虑。

孩子们之间的合作

现在我们开始讨论家庭合作另一个同等重要的部分，即孩子们之间的合作。有许多人问："在同一个家庭中长大的孩子，差异怎么会这么大？"有些科学家把它解释为遗传不同的结果，但是我们却认为这是一种迷信。我们可以把儿童的成长比喻为树木幼苗的成长。一丛树木种植在一起，每一株却都各占有不同的生长情况。如果其中有一株因较受阳光及土壤惠泽而长得比较快，那么它的发展便会影响到其他各株的成长。它会遮去了它们的阳光，它的根四处伸张，吸走了它们的营养，它们却营养不良，发育受阻了。在一个家庭中，假如有一个成员过分跋扈，结果也是一样的。我们说过，父亲和母亲都不应在家中占有太突出的地位。如果父亲非常成功或才能出众，孩子们会觉得自己的成就不可能和他攀比。他们泄气了，因而对生活的兴趣也受到了妨碍。因此，假如父亲在自己的行业中很有成就，他也不应在家庭中过分强调自己如何如何地成功、如何如何地了不起，否则孩子们的发展便会受到妨碍。

个体心理学在探讨孩子们出生顺序的利弊方面，开拓了一片非常广阔的研究视野。为了简化起见，我们假设父母亲之间的合作良好，并尽心尽力地教养其子女。可是每个孩子在家庭中的排行仍然会造成很大的差异，而且每个孩子也因此在完全不同的情境下成长。我们必须再次强调，即使在同一家庭中，两个孩子也不会处于完全相同的情境。因此每个孩子都会在他的生活方式中，表现出他想适应自己特殊情境所造成的结果。

每个长子都曾经历过一段独生子的唯我独尊时光，当第二个孩子降生时，他便骤然要强迫自己适应另一个新的情境。长子通常都受大家的关怀和宠爱，他已经习惯于成为家庭的中心。在心理毫无准备、措手不及的状况下，他发现自己被逐下了"王座"，家里另一个孩子出生了，他不再唯我独尊了。现在，他必须和另一个对手来分享父母的关怀。问题儿童、神经病患者、罪犯、酗酒者、堕落者，这些人的误区多是在这种环境之下开始的，他们被另一个孩子的降临深深困扰的感觉铸成了他们的错误的生活模式。

其他的孩子也都可能在同样情况下丧失其地位，但是他们的感受却都可能不会如此强烈。他们已经有过和其他孩子合作的经验，未曾独享照顾和关怀，但对长子而言，这却是截然不同的转变。如果他确实因为新娃娃的到来而遭受冷落的话，我们便无法期望他会心平气和地接受这种情境。如果他愤愤不平，我们倒也不能怪罪他。当然，假如他的双亲曾让他对他们的情爱怀有信心，假如他知道他的地位稳如泰山，假如他已经准备迎接新娃娃的降临，并学会怎样照顾新娃娃的话，便不会跌入自暴自弃的境地。

新娃娃真的夺走了他原来享有的照顾、关爱和赞赏，他开始想把母亲拉回自己身边，并考虑怎么做才能重新获得别人的注意。有的孩子会以最粗野的方式，运用各种可能的方法进行拼命挣扎。他的母亲却因为他惹出的麻烦而对他心灰意冷，他为要得到母亲的爱而争战，结果却是真的失去了它。他觉得自己被冷落一旁，他的行为却真的使他被冷落一旁。他觉得自己理由充足得很，他想："别人都错了，只有我是对的。"他像是掉在陷阱里，愈挣扎，其陷进错误中也就愈深。

受到母亲的反对，孩子会变得脾气暴躁、动作粗野、好吹毛求疵或不服从。面对这种情况，父亲会给他一个恢复旧日受宠地位的机会。于是，孩子便移情于父亲，并以此作为报复母亲的一种手段。在这种环境中长大的孩子，也许找不到趣味相投的人。到一定时间他甚至会感到绝望，以为再也无法赢得别人的关怀。他的性格特征主要表现在脾气乖张、保守畏缩、不能和人坦诚合作，等等，他的所有动作和表现都指向过去他是众人注意中心的那段业已消逝的时光。因此，年纪最大的孩子经常会在不知不觉之中表现出他对过去的兴趣。他喜欢回顾过去、谈论过去，他们只是过去的眷恋者，对未来却黯然神伤。这种丧失过权力以及自己一度统治过的小王国的孩子，会比其他孩子更了解权力和威势的重要，当他们长大后，一旦有了机会和条件，便喜欢搬弄权势，并过分强调规则和纪律的重要性。因为在他看来，每件事情都应依法而行，而法律也不准随便更改。

我们其实不难了解，在儿童时期，像这一类的被赋予经验者容易形成一种强烈的保守主义的倾向。如果这种人已拥有了一定的地位，他总会疑心别人要迎头赶上他，把他拉下王座，并取代他的地位。

长子的地位虽然会造成特殊问题，但如果妥善处理，便能化险为夷。假如他在次子出生之前已经学会合作之道，便不会再遭受伤害。我们还发现有些人会发展成习惯保护人或帮助人的性格，他们模仿着父亲或母亲，会经常对年幼的弟妹扮演起父亲或母亲的角色，他们中有的还有很强的组织才能。然而保护别人者也可能衍变成希望别人仰赖自己或想统治别人的欲望。我根据自己在欧洲和美洲研究的经验发现，问题儿童的绝大部分都是长子，紧接其后的是最小的孩子。极端的地位往往导致极端的问题，这真是一种有趣的现象！我们的教育方法至今还不能成功地解决这种问题。

次子处于一种完全不同的地位，而这种情境是不能和任何其他孩子互相比较的。从他出生之时起，他便和另一个孩子分享父母的关怀，因此他比长子更容易和别人合作。在他的周围环境中，将有较多的人乐意和他交朋友，假如长子不敌视他，他的情境是相当舒适的。

关于次子的地位，最明显的事实就是某些和长子的不同之处——在他的童年期，始终都有一个竞争者存在。在他前面，有一个年龄和发展都遥遥领先的哥哥，他必须使出浑身解数去迎头赶上。典型的次子是很容易辨认的，他表现的行为好像是在参加一项比赛，好像有人比他领先一两步，他必须加紧脚步来超过别人。他时时刻刻都处在剑拔弩张的状态中，奋发努力要压过他的兄长并征服他。《圣经》给了我们许多神妙的心理学暗示，在贾柯布的故事里面，就很高明地描写了典型的次子。他希望成为第一，又想取代伊挲的地位，想打败伊挲并超越他。次子总是不甘屈居人后，努力奋斗想要超越别人。他经常是成功的，通常都会较长子有才能。此处，我们也就无法承认遗传在这种发展中有任何影响。假如他很快地超越长子，那只是因为他对自己要求较高，即使在他长大之后，出了家庭圈子，他也经常会寻找一个竞争对手。他会常常拿自己和别人互相比较，并想尽各种办法要超越别人。

我们不仅在清醒时的生活里可以看到这些特征，在人格的各种表现里，也都留有它们的痕迹，在梦里也很容易发现它们。例如，长子常常会做从高处跌下的梦。他们站在巅峰的地位，但是却不敢保证能始终保持他们的优越地位。另一方面，次子经常会梦见自己在参加比赛。他们或许跟在火车后面跑，或许正骑着自行车和人赛跑。

然而这些规则也并不是一成不变的。作风像长子的，并不一定必是长子，他们必须考虑的是整个情境，而不只是出生的顺序。在大家庭里，较晚生的孩子有时也会处于长子的地位。也会有这样的情况：连续生了两个孩子之后，隔了很长的一段时间才生下老三，以后又紧跟着来了两个孩子。这样，老三就可能具有长子的全部特性，而次子亦如是；第四或第五个孩子降生后，可能显得像典型的次子。两个一起长大的孩子，只要年龄相距很近，而跟其他的孩子又相差很远，那么在他们身上便会表现出长子和次子的各种特征。

如果长子在这场比赛中被击败了，那么你就会看到长子发生了问题。如果长子能够保持他的地位，并带领着弟弟或妹妹，那么惹出麻烦的是次子。如果长子是男孩，次子是女孩，长子的处境将会非常困难，他承受了被女孩击败的危险，这在我们目前的情况下，很可能被他视为一种严重的羞辱。在一个男孩和一个女孩之间比两个男孩或两个女孩之间的紧张气氛要更浓些。在这种争执中，女孩子较受天之惠。到了16岁，她在身体和心灵方面都发展得较男孩子更快。结果她的哥哥放弃了争执，变得心灰意冷，就会不择手段地攻击对方，比如吹牛或撒谎等。我们几乎可以保证：在这种情况下，赢的总是女孩子。我们也会看到男孩子采用了各种错误的途径，可是女孩子却能轻而易举地解决了她的问题，并一帆风顺地向前迈进。这种困难是可以避免的，但是却要事先知道其危险所在，并采取适当的防范步骤。在家庭里，各成员都应该平等合作、团结一致；家中没有敌对的感觉，也不会让孩子觉得他要面对敌人并花时间与之抗争，这样才能避免不良后果的出现。

其他的孩子都有弟弟或妹妹，其他孩子的地位也都可能受到威胁，但只有最小的孩子是例外。幼子没有弟妹，但是却有许多竞争者，他一直都是家里的娃娃，而且也可能是最受宠爱者。他面临的是被宠坏的孩子特有的问题，但是由于他所受的刺激很多，或是由于他有许多竞争的机会，所以他经常会向异乎寻常的方向发展，他跑得比其他的孩子快，并超过了比他还能跑的人。在人类的历史观念中，最末孩子的地位一直未曾改变。在人类最古老的故事里，便已经有了最小的孩子如何超过兄姐的记载。在《圣经》里，征服者总是最小的孩子。约瑟夫被当作最小的孩子抚养长大。他出生之后十七年，班哲明出世了，但是班哲明对他的发展却没有任何影响。约瑟夫的生活模式完全是最小儿子的生活模式，他始终保持着自己的优越地位，甚至在梦中也是如此。别人必须向他低头，他的光芒淹没了他们。他的兄弟们都很了解约瑟夫的梦，他在梦中所引起的感觉，他们也都感觉到了。他们怕他，并且要避开他。然而约瑟夫还真是从最后变成了第一，在以后的日子里，他成了家里的栋梁，支撑着整个家庭。最小的孩子成为整个家庭的栋梁，这种现象绝非偶然。人们都知道这一点，并编了许多故事。事实上，他是处在一个相当有利的情境中：父母亲和兄弟姐妹都会去帮助他，还有许多事物可以激发他的野心和努力，同时又没有人从后面攻击他或分散他的注意力。

可是，我们说过，第二大比例的问题儿童一般来自最末的儿子。产生这种现象的原因通常都在于整个家庭宠惯了他们。被宠坏的孩子绝对无法自立，因为他丧失了凭自己力量获取成功的勇气，居然总是野心勃勃。大多数富有野心的孩子都是懒惰的，懒惰是野心再加上勇气丧失所造成的恶果：野心大得使人看不出其有实现的希望时，自然会令人心灰意冷。有时候，最小的孩子并不肯承认他有任何一种野心，但这是因为他希望在每一方面都超过别人，不受拘束，能唯我独尊。从最小孩子可能感受到的自卑感看来，这一点也很容易理解。环境中的每一个人都也比他年长，更比他强壮、比他经验丰富，他当然会常常自叹不如。

独生子与父母的合作

独生子也有属于他自己的误区。他只有一个敌手，但是他的敌手并不是哥哥或姊妹，他竞争的感觉针对着他的父亲，而母亲总是特别宠爱独生子,她怕失掉他,想方设法要将他置于自己的翼护之下。结果他养成了所谓的"母子情结",终日系在母亲的围裙带上,并想把父亲逐出家庭的圈子之外。假如父亲和母亲协力合作,让孩子对他们两人都感到兴趣,这种情形其实也是可以避免的。可是大部分的父亲对孩子的关怀却不及母亲。长子和独生子非常希望:他们想要征服父亲,他们喜欢年纪比自己大的人。独生子经常生怕自己会有弟弟或妹妹。家庭的朋友常常会说:"你该有个小弟弟或小妹妹了!"他对这种预言感到深恶痛绝,他要永久作为众人注意的中心,他觉得这才是他的权利。假如他的地位受到挑战,他会认为那是不公平之事。在以后的生活中,只要他不再是众人注意的中心,他便会制造出种种弊端。另一种可能妨碍其发展的危险是他诞生在小心翼翼的环境中。如果他的父亲由于身体上的原因不能够再生育了,那么我们应该做的唯一事情就是尽力帮他解决独生子可能遭到的问题。但是在可能生育更多孩子的家庭中,我们也经常可以发现独生子。这种父母过分胆小和悲观,他们觉得他们无法解决孩子太多而造成的经济负担。家庭中的气氛充满了焦虑,孩子也感受到巨大的压力。

　　假如孩子们出生的时间相隔太远,每个孩子就都会有某些独生子的欲念,而这种情形并不是很理想。经常有人问我:"你认为家庭中孩子们的年龄,最好应相差多少?""孩子们是应该紧接着出生,还是应该间隔较长的时间?"依据我的经验,我认为最理想的间隔是大约三年。在三岁之龄,假如较小的孩子出生了,他也能表现出一定的合作行为。他的智力也已经足以接受:在家庭中可以不止有一个孩子;假如他只有一岁半或两岁,我们无法和他讨论,他也无法了解我们的道理。因此,我们不能让他准备即将到来的事情。

　　在其余全部是女孩子的家庭中长大的独生男孩,也会面临一段很艰苦的时光。他处在全部女性的环境中,父亲大部分的时间也都不在家,他举目所见只有母亲、姐妹和女仆,由于觉得自己与众不同,他只能在孤独中成长。若在"女生们"一起联合起来对付他时,则更是如此。他觉得她们必须一起教育他，或者她们想要证明他没有什么值得骄傲的，因此便造成了大量的抗拒和敌意。如果他正好排行中间，他可能是站在最糟糕的位置——他会双面受敌；如果他是长子，他便要面对更多的竞争对手；如果他是最小的孩子，他可能被塑造成一个玩物。在女孩子之间长大的男孩，都是属于不太讨人喜欢的类型，如果他能参加社交活动，和其他的孩子们交往，那么这个问题便能获得解决。否则，在身边的女孩子的集体环绕下，他的作风也会带上女孩子气。纯粹女性的环境和男女混合的环境是完全不同的。假如有家公寓，其中没有硬性的规定，可以让居住的人听凭自己口味任意布置，你可以断定：如果住的人是女性，这家公寓一定会整整齐齐，有条不紊，它的色彩经过特别选择，各种细微小节也都受到慎重注意；假如男性住在里面，它大概就不会这么整洁了，其中可能充满紊乱、喧闹和破旧的家具。

　　在女孩子群中长大的男孩常常会带有女性味，生活也会有女性化的迹象。反过来说，男人会非常重视自己的男性气质，会时时防卫自己，免得会受到女性的驾驭。他们觉得必须要肯定自己的不同和优越，因此他们会时时感到紧张。有的男人会朝某种极端的方向发展，若不是变得非常强壮，就是非常软弱。这是一种值得研究和探讨的问题。同样的，在男孩子群中长大的女孩子，也很容易展示出非常男性化的气质。在生活中，她经常会觉得受到不安全感和孤立无助的威胁。

（二）孩子在学校的教育

　　当一个孩子进入学校学习时，他会发现自己进入了一个全新的环境。正如所有其他的新环境一样，学校也是对儿童先前准备性的一种测试。如果他准备良好，就会顺利通过这种测试；如果他准备不足，他这方面的欠缺就会暴露无遗。

我们一般没有记录下孩子在进入幼儿园和小学时心理准备的情况，不过这种记录（如果有的话）则会帮助我们解释孩子成年以后的行为。这种"新环境的测试"当然会比一般的学校成绩更能揭示出这些孩子的情况。

当一个孩子上学时，学校会对他有什么要求呢？他需要和教师合作、和同学合作，但同时还要对学习科目产生兴趣。

老师对孩子的影响

学生是否专注于自己的学业，在很大程度上将取决于他对教师的兴趣。促使并保持学生的专注，发现学生是否专注或是否能够专注，这是教师教学艺术的一个部分。有许多学生不能专注于自己的学业，他们一般是那些被宠坏的孩子，一下子被学校里这么多的陌生人吓坏了。如若教师又较为严厉一些，这些孩子就会表现出似乎记忆力欠缺等现象，不过这种记忆力欠缺并不像我们通常所理解的那样。那些被教师指责为记忆力欠缺的学生，却可能对学业之外的事情过目不忘。他们完全能够精神专注，但这只有在溺爱他们的家庭情境中出现。因为他们的全部精力都集中在被宠爱的渴望上，而不是集中在学校的学业上。

对于这些在学校里难以适应、成绩不佳和考试不及格的孩子们，批评或责备是没有用的。相反，批评和责备只能让他们相信，他们并不适合上学，只会对上学产生悲观消极的态度。

值得注意的是，如果这种孩子一旦获得教师的宠爱，他们通常都会成为好学生。如果学习对他们有好处，他们自然会努力学习；但不幸的是，我们不能保证他们永远受到宠爱。如果他们转学或更换了教师，或他们在某一学科（算术对于被溺爱的孩子来说永远是一门困难而危险的学科）上进步不大，他们就可能突然会裹足不前。之所以不能勇往直前，是因为他们已经习惯了别人把他们所面临的每件事都搞得轻松容易一些。他们从未被训练去奋然努力，也不知道如何去奋然努力。对于克服困难,对于通过有意识的努力而勇往直前,他们既没有耐心,也没有毅力。

绝大多数孩子的学校成绩总是变化不大:他们要么最好,要么最差,要么就居于平均水平。这种变化不大与其说反映了他们的智力发展水平,不如说反映了孩子心理态度的惰性。它表明了儿童自己局限自己,经过若干挫折后也就不再抱乐观态度了。不过有些儿童的成绩会不时出现一些相对变化。这一事实很重要:它表明儿童的智力发展水平并不是命中注定,一成不变。学生们应该认识到这一点,教师也应该好好教育他们懂得实际运用这个道理。

教师和学生都要破除这样的迷信观念,即把智力正常的儿童所取得的成绩归因于某种特殊的遗传。这将是儿童教育中最大的谬误,即相信能力是遗传的。当个体心理学率先指出这一点时,人们认为这只不过是我们的乐观之见,其实并无科学依据。现在越来越多的心理学家和病理学家都开始相信我们的看法。能力遗传的说法太容易被父母、教师和孩子用作替罪羊。每当出现困难,需要人们努力加以解决时,人们就会搬出遗传原因来推卸责任。但是我们没有权利来逃避我们的责任,我们应该永远对那些旨在推脱责任的任何观点持怀疑和否定态度。

一个教育工作者,一个相信自己教育的价值的教育工作者,一个相信教育可以训练人的性格的教育工作者,是不可能毫无逻辑矛盾地认可能力遗传的观点的。我们这里并不关注身体上的遗传。我们知道,器官的缺陷,甚至器官的能力差异是可以遗传的。不过,联接器官的功能和人的精神能力之间的桥梁会是什么?个体心理学坚持认为,精神也在体验和经历着器官所拥有的能力水平,并且也要顾及到器官所具有的能力。不过有时精神对器官的能力顾及得太多,器官的缺陷吓坏了精神,以至于在器官缺陷消除之后,精神的恐惧却还会持续很久。

教师应该清楚不佳的成绩单带来的后果。有些教师以为,如果学生不得不把欠佳的成绩单向父母展示,那么他应会因此更加努力。这些教师可能忘记了有些家庭的特殊情况,有些孩子的家庭教育极为严格,甚至严厉。这种家庭的孩子会对是否把不好的成绩单带回家而犹豫不决。结果他很可能根本不敢回家;在极端的情况下,他甚至会由于恐惧父母的责备而绝望自杀。

教师自然不用对学校制度负责,他们完全可以用自己的同情和理解来缓和一下学校制度非人性和其苛刻的一面。教师可以对那些具有特殊家庭背景的孩子宽和一点,鼓励他们,而不是把他们赶上绝路。那些成绩老是不佳的孩子会感到心情异常沉重和压抑,别人不停地说他是学校最差的学生,结果他自己也这么认为。设身处地地想一下,我们就很容易理解为什么这些孩子不喜欢学校,这也是人之常情。如果一个孩子总是受到批评,且成绩不好,还丧失了赶上其他学生的信心,那么他自然就不会喜欢学校,就会设法逃离学校。因此,一旦遇到这种孩子逃学旷课,我们也不用感到惊奇。

德国没有上门给孩子家教的制度,我们似乎也不需要这种教师。公立学校的任课教师对孩子的了解最为清楚。如果他真正懂得如何正确观察,他就会比其他人更了解班级的实际情形。有人会说,因为班级人数太多,任课教师不可能去了解每一个学生。如果我们从孩子一入学就开始观察他们,就会很快认识到他们的生活风格,这样也就可以避免一些后来才观察的困难。即使是班级很大,这也能做得到。显然我们了解这些孩子要比不了解会更好地教育他们。班级人数过多当然并不是一件好事,应该加以避免,不过这也不是一个难以克服的障碍。

从心理学的角度来看,我们最好不要每年更换教师,或像有些学校那样,每隔6个月就更换教师。教师最好是跟班进行,随学生进入新的年级。如果一个教师能执教同样的学生2年、3年或4年,这会大有裨益。因为这样一来,教师就可以有机会密切地观察和了解所有的孩子,就能知道每个学生的生活风格中的错误,并能够加以矫正。

总之，理想的教师实际上负有一种神圣的、激动人心的使命：他铸造学生的心灵，人类的未来也掌握在他们的手中。

我们如何从理想过渡到现实呢？仅仅建构理想的教育可是不够的，我们还必须找到一种方法来推进理想的实现。寻找的结果就是在学校里建立教育咨询诊所。

诊所的目的就是用现代心理学知识服务于教育系统。诊所会在一定的日子举办咨询活动——有一位不仅懂得心理学也了解教师和父母生活情况的杰出心理学家和教师们一起参与活动。教师们聚集在一起，每人都提出一些问题儿童的案例，如懒惰、扰乱课堂纪律、小偷小摸等等。有个教师描述了一个具体案例，由心理学家提出他自己的经验和知识，然后开始讨论，其中包括问题的原因是什么？问题什么时候出现？应该怎么做？这就需要对这个孩子的家庭生活和整个心理发展史加以分析。最后把各种信息综合起来，对一个具体的问题儿童做出一个具体的矫正决定。

这个孩子和母亲都参与了第二次咨询活动。在确定对母亲做工作的具体方式以后，先是和母亲商谈。这个母亲则听取了他的孩子遭遇挫折的原因解释。接着，由这位母亲讲述了这个孩子的情况，再由心理学家和她讨论。一般来说，母亲看到别人对她孩子的案例感兴趣应该很高兴，并乐于合作。但如果这位母亲不够友好，并富有敌意，那么教师或心理学家还可以谈论一些类似的案例或其他母亲的情况，直到她的抵触情绪化解为止。

孩子们在这种咨询活动中会得到双重的收益：原来的问题儿童恢复了心理健康，他们既学会了与人合作，又恢复了勇气和自信。那些没有去咨询诊所接受咨询的学生也获益匪浅。当班级个别学生出现潜在问题的时候，教师会提议孩子们对此展开讨论。当然，教师在对讨论进行指导，孩子们参与讨论，各自都有充分机会各抒己见。他们开始分析某个问题的原因，比如个别学生的懒惰，最后会得出结论。虽然这个懒惰的孩子并不知道他就是讨论的话题，但仍会从众人的讨论中获益良多。

这个简短的总结显示出了把心理学和教育结合在一起的可能性。心理学和教育本是同一现实和同一问题的两个方面。要指导心灵，就需要了解心灵的运作。只有那些了解心灵及其运作的人，才能运用他的知识指导心灵走向更高、更普遍的目标。

竞争训练

在现行的教育制度下，我们通常都会发现当孩子开始上学时，他们对竞争的准备便远较对合作的准备更为充分。在学校生活中，对竞争的训练又一直持续未断。对孩子而言，这是一种不幸。假如他击败了别的孩子遥遥领先，而他的不幸并不见得少于屈居人后而万念俱灰者。在这两种情况下，他都会变得只对自己感兴趣。他的目标将不会是奉献和给予，而只是夺取能供自己享用之物。正如家庭应该团结一致，各成员都是团体中平等的一分子一样，班级也应该如此。只有依此方向施予教育，孩子们才会真正彼此感到有兴趣，并享受到合作的快乐。我看过许多有毛病的儿童，在经过和同伴合作并分享乐趣之后，态度便完全改变了。我可以特别举出一个儿童为例。他出身于一个他觉得每个人都与他为敌的家庭，他以为在学校里大家也会和他作对。他在学校的功课很差，当他的父母听到相应的消息后，便在家里"修理"他。这种情况是经常发生的。孩子在学校里考了一张坏成绩单，挨了一顿骂，把它带回家后，又再受到处罚。这种情况一次便已经够叫人气了，连续两次惩罚简直是恐怖之事。这个孩子因此会在班上调皮捣蛋而成绩也始终不见起色。最后，他遇见了一位了解这种情况的老师，他向其他的同学们解释这孩子为什么觉得人人和他为敌，他要求大家帮助这孩子，让他相信他们是他的朋友。结果这个孩子的行为便有了出人意料的转变。

肯定有些人会怀疑我们是否真正能用如上方式来教导孩子了解别人并帮助别人，但是根据我的经验，孩子经常是比他们的长辈更善解人意的。有一次,有位母亲带了她的两个孩子——一个两岁的女儿和一个三岁的男孩到我的房间来。就在母亲不注意时,小女孩爬上桌子,母亲吓了一大跳,她怕得动也不敢动,只是大声叫道:"下来!下来!"小女孩理都不理她。那个三岁的小男孩说道:"不准动!"女孩子马上就爬下来了,可见他比母亲更了解她,也更知道该怎么办。

有人主张团结和合作的最好方法是让孩子们自治,但我认为这种尝试必须在老师的指导之下,小心进行,并且必须先肯定他们已经具备此能力。否则,孩子们对他们的自治并不以为然,只把它当作一种游戏,结果他们可能比老师更严厉、更苛刻。他们可能利用班会来争权夺利,攻击别人,排除异己,或争取优越的地位。因此从开始起,教师就应该给予注意和劝告。

心态平和

如果我们想了解一个儿童当前的心智发展、性格及社会行为等各方面的标准,我们便无可避免地使用各式各样的测验办法。如智力测验之类的测验,也能作为救助孩子的工具。有个孩子在学校中的成绩很差,老师希望让他留级,经过智力测验后却发现他其实本是可以升级的。对一个孩子未来发展的限度是绝对无法预测的,智商只能够用来帮我们测定一个孩子的接受能力。在我自己的经验里,当智商显现出某人并不是真正的心智低下时,只要我们能找出正确的方法,便能使他的智商再发生质的改变。我发现,只要让孩子们玩智力测验,并增加实际考试的经验,他们的智商会得到进一步的提高。因此,智商不应该被当作由命运或遗传决定儿童未来成就的限制因素。

儿童本身或他的双亲也都不应该过分地探究其智商。他们不知道这类测验的目的,以为这是一种最后的判决。在教育中出现最大难度的,也并不是儿童本身的各种限制,而是他认为自己所受到的各种限制。假如一个儿童觉得自己的智商很低,在教育时,我们应该全力设法增加儿童的勇气和信心,并帮他消除对生活的错误理解,为自己能力的发挥订下各种计划。

对于学校的成绩单也更应该如此处理。当老师给某个学生一个很坏的成绩单时,他相信这是在刺激他发奋向上。然而假如学生的家里对他要求很严,他可能就不敢把成绩单带回家,可能涂改成绩单,有的孩子甚至会自杀。因此,教师应该充分考虑这些后果的可能。他们虽然不必负责孩子的家庭生活及其对孩子的影响,但是他们却应该将之列入考虑范围之内。如果父母望子成龙之心甚切,当孩子把坏成绩带回家时,可能就会受到一些责打。假如老师分数打得稍微宽松一点,儿童也可能会受到激励而继续努力直到获得成功。当孩子成绩老是不理想,其他的同学也认为他是班上最糟糕的学生时,他自己可能觉得自己是不可救药的。然而即使是最坏的学生也一定有进步的可能,在许多名人中,我们有足够的例子可以说明,在学校中屈居人后的孩子是可能恢复其勇气和信心,并达成其伟大成就的。

有趣的是孩子们不凭借成绩单,对彼此之间的能力也会有相当精确的了解。他们知道在数学、书法、绘画、体育各门里,分别是哪一个人最拿手。他们最常犯的错误是认为自己再也无法进步了,看着别人遥遥领先,却认为自己永远无法追上。假如一个孩子的这种看法根深蒂固,他会把它移转到以后的生活环境中。即使在成年后的生活里,他也会算计他的地位和别人之间的距离,以为自己必须永远留在这一点之后。大部分的儿童在班上不同的各学期间,大致会保持相同的名次。它显示出他们为自己订下的限制,他们的乐观程度,以及他们的活动。名列班级之后的人应该也能改变他的地位,并取得惊人的进步。儿童们都应该了解这种自我限制所犯的错误,老师和学生也都应该放弃"正常儿童的进步和其天赋能力有关"的迷信。

先天不足与后天培养

在教育界所犯的各种错误中,迷信遗传会限制到儿童思想的发展,这是最糟糕的一种。它让老师和家长们对他们子女的管教无方,有借口逃避责任。他们可以不必为他们对儿童的影响负任何责任，像这类情况都应该及时予以纠正。从事教育的人假如能够把性格和智力的发展全部归之于遗传，那么我就看不出他在自己从事的职业中还能希望完成些什么东西。反过来说，如果他看出他自己的态度和措施能够影响孩子，就不能以遗传的观点来逃避责任。

器官缺陷的遗传是无可否认的，但我相信，只有在个体心理学里，才能真正了解到这种由遗传而来的缺陷对心灵发展的影响。孩子在心里会体验到他器官功能作用的程度，会依照他对自己能力的判断来限制自己的发展。因此，假如一个孩子确实蒙受了器官缺陷之害，他便特别需要了解，并没有理由认为他在智力或性格方面也会受到限制。我们已经说过，同样的身体缺陷，可能被拿来作为更大努力和求取更高成就的刺激，但也可能被当作注定要妨碍发展的一种阻碍。

最初，在我发表这个结论时，有很多人都批评我的观点不科学，他们指责我主张的只是和事实完全不符的个人信念而已。然而我的结论却是从我的经验中提炼出来的，有利于它的证据也愈累积愈多。现在，有许多精神病学家和心理学家也都殊途同归地得出了同样的结论，认为性格中过分强调遗传成分的信念只能称作迷信而已。这种迷信已经存在数千年了，当人们想要逃避责任，并对人类行为采取宿命论的观点时，性格特征是来自遗传的理论便自然而然地出现了。它最简单的形式就是"人之初，性本善"或"性本恶"的提法，而这显然是站不住脚的，也只有逃避责任的欲望很强的人才坚持它。"善"、"恶"，像其他各种性格的表现一样，只有在社会环境中才有意义。它们是在社会环境中和同类相互切磋所得的结果，它们蕴含了一种判断——"顾全他人的利益"或"违反他人的利益"。在孩子降生之前，他并没有这一类的社会环境，而出生之后，他的潜能使他往任何一方向发展。他所选择的途径决定了他从环境和从自己身体所接受的感觉和印象，以及他对这些感觉和印象的解释。此外，它还要受教育的影响。

其他心理功能的遗传性也都是如此,虽然它们的证据并没有这么明显。心理功能发展中的最大因素是兴趣。我们已经说过,能够妨碍兴趣的不是遗传,而是自己灰心或对失败的畏惧。不用说,大脑结构是由遗传得来的,但是大脑也只是心灵的工具而已,而非其根源。而且假如大脑的损伤尚未严重到我们目前的知识无法挽回的地步,它也能够接受训练,并补偿其缺陷。在每种异乎凡庸的能力后面,我们所看到的并不是异乎寻常的遗传,而是长期的兴趣和训练。即使我们发现有许多家庭一连几代都产生天赋甚高的人才献身于社会,我们也不认为它就是出自遗传的效果。我们宁可假设:这个家庭中某一分子的成功,可以刺激了其他人的奋发向上,而且家庭的传统也使得孩子们在耳濡目染中继承先人的志趣。比方说,当我们发现大化学家莱比是药房老板的儿子时,我们也不必想象他在化学方面的能力是得自遗传,我们只要知道他的环境允许他发挥自己的兴趣就行了。在其他孩子对化学仍然一无所知的年龄,他对这门学问的许多部分已经相当熟稔,这样便已经够了。莫扎特的双亲对音乐很感兴趣,但是莫扎特的才能也不是由遗传得来的。他的父母希望他对音乐产生兴趣,因此特别鼓励他往此方向发展,从他幼年时代起,他的整个环境便充满了音乐。在杰出人物中,我们经常可以发现这种"早期的开始":他们或者在4岁便开始弹钢琴,或者在很小的时候就为家里的其他人写故事,这种兴趣是延续而持久的。他们所受的训练也是自然而广泛的,他们一直勇往直前,不犹豫也不退缩。

假如教师相信发展有固定的限制,那么他便无法成功地除去儿童为他自己的发展所订下的限制。假如他能对孩子说:"你没有数学才能",他的处境便可轻松多了。可是这样做除了使孩子泄气外,便毫无作用了。我自己也有类似的体验。我在念书时,有好几年都是班上的数学低能儿,我也十分相信我是完全缺乏数学才能的。有一天,我竟然出乎意料地发现自己会做一道难倒了老师的题目!这次成功就改变了我对数学的整个态度。以往我的兴趣完全没放在这门功课上,后来我开始以它为乐,并利用每个机会来增加我的能力。结果,我在学校里成了数学佼佼者之一。我想,这次经验在帮我看出特殊才能或天生能力理论的错误时,也是很有益的。

区分不同模式和类型

任何在了解儿童方面受过训练的人,都能很容易地区分出不同的生活模式和类型。而要看出一个孩子的合作程度,则可以观察他的姿势,他观看和聆听的方式,他和其他孩子所保持的距离,他是否容易与人交友,以及他专心注意的能力。

假如他老是忘记做功课,或丢掉书本,这说明他对课业不感兴趣。我们必须找出他对学校丧失胃口的原因。假如他不参加其他孩子的游戏,我们便可以看出他的孤独感和他对自己的兴趣。假如他总是希望别人帮他做事,我们可以看到他缺乏独立性和他想得到别人支持的欲望。

有些孩子只有在受到嘉奖或赞赏时才肯工作。也有许多被宠惯的儿童只有在老师对他们格外注意时,他们在学校功课的表现上才特别优秀。假如他们失掉了这种特别的关怀,麻烦就随之出现了,如果没有人注意他们,他们的兴趣就随之而止。对这些儿童,数学经常是他们的弱项。当要他们背出公式或规则时,他们会毫无困难地说出来,但是要他们自己解答一个问题时,他们就一筹莫展了。这似乎是一种小瑕疵,但是对我们共同的生活却会造成最大危险的,就是这些终日要求别人注意和支持的孩子。如果这种态度保持不变,他在成年之后的生活里也会时刻索取他人的支持。当他面临问题时,他就会作出强迫别人代他解决问题的行动。他会终其一生对人类幸福毫无贡献,而且是做别人的永久负担。

另外还有一种孩子,他们决心要成为众人注意的中心,假如不能如愿,他们便会制造恶作剧,扰乱课堂秩序,带坏其他孩子,使得人人为之侧目。但责备和惩罚都改变不了他,他宁可受痛打,也不愿被忽视。他的行为所带来的痛苦，只不过是他为自己的欢乐所付出的代价而已。对许多儿童而言，惩罚只是视其能否持续其生活模式的挑战，是一场比赛或游戏。结果他们总是赢的，因为主动权是掌握在他们手里。所以有些喜欢和老师或父母作对的人，在其受到惩罚时，不但不哭，反倒会笑。

懒惰的孩子除非是对双亲或老师的直接攻击，否则他们几乎都是野心勃勃，而同时又怕遭到失败的打击。每个人对"成功"一词理解都是不相同的。当我们发现一个孩子把什么当作失败时，也不必惊讶万分。有些人如果不能超过其他所有人，便认为自己失败了。即使他们很成功，但他容不得有人比他更好。懒惰的孩子则从未尝过被击败的滋味，因为他从来就没有面临真正的考验。他对眼前的问题总是尽量逃避，也不肯轻易和人一较长短。别人都会以为，假如他不是这么懒的话，一定能应付他的困难。他自己也在这种想法里找到了"护身"之所，当他失败时，他会以此自我解嘲，并保持住他的自尊。他还会对自己说："我只是懒，但不是无能。"

有时候，老师也会对懒学生说："假如你再努力一点，你就会变成班上最好的学生。"假如他不费吹灰之力便能获此殊荣，他为什么要努力工作，而冒着被人重视的险？别人会以他的成就来评判他，而不再重视他可能达成的成就。

懒孩子的另外一点好处就是：当他做了一点点的工作时，别人就会夸奖他。别人看到他好像有洗心革面的意思，便急着想刺激他痛改前非。同一件工作，假如是勤快的孩子所做的，便不会受到这么多的重视。懒孩子便以此方式生活在别人的期望里。而他也是个被宠坏的孩子，从婴孩时代起，便学会不管什么事情都要期待别人帮他完成。

孩子们之间有许多不同的类型。我们丝毫无意主张他们应该被塑造成一种固定的类型，只是希望他们不要面向失败，这在儿童时代是比较容易做到的。如果它未被纠正，它对成年人生活所造成的结果不仅严重，而且还有害。儿童时期的错误和成年后的失败是一脉相通的。没有学会合作之道的儿童，很容易变成神经病患者、酗酒者、罪犯或自杀者。焦虑性神经病患者幼时多害怕黑暗、陌生人或新环境。在我们现代的社会中，我们无法期望接近每一位父母，都能帮助他们避免错误。最需要给予忠告的父母都是最不肯接受劝告的父母。然而我们所有的老师，经由他们来接近全部学生，矫正他们已经造成的错误，并训练他们过一种独立、合作和充满勇气的生活。依据我的看法，人类未来幸福的最大保证便在于这种工作中。

顾问会议的重要性

为了达到这个目标，大约15年前，我便开始在个体心理学中提倡"顾问会议"，它在维也纳及在欧洲许多大城市中，都已经被证实有其相当的价值。有远大的理想和希望自然是件好事，但是如果没有找到合适的方法，空谈理想也是没有用的。经过这15年的实验之后，顾问会议获得了完全的成功，这是处理儿童问题并且使儿童成为健全个人的最佳方式。当然我相信，假如顾问会议是以个体心理学为基础的话，它会更为成功。但是我也看不出有什么理由要反对它和其他学派的心理学家合作。我一直主张顾问会议应该和各不同学派的心理学设立联合机构，然后再比较各学派所获得的结果。

在顾问会议的方法中，要由一位训练有素，对教师、双亲和儿童的研究有丰富经验的心理学家和某一学校的教师们一起去讨论在教育工作中所遇到的问题。当他到学校时，教师便向他描述某一儿童的事例及其特殊问题：这个孩子也许很懒，也许好争论、逃学、偷窃、功课落后。而心理学家要介绍他自己的经验，并和教师展开讨论。对孩子的家庭生活、性格和发展都应加以重视，对发生问题的前因也必须特别注意。教师们应和心理学家一起研讨造成孩子发生问题的可能原因以及制定如何处理它的方法。由于都有丰富的经验，他们会很快获得一致的结论。

在心理学家到校之日，孩子和他的母亲也都应该到校。在他们决定要怎样对孩子的母亲说话,要怎样才能影响她,并让她明了这个孩子失败的原因之后,再请母亲进来。母亲便会透露出更多的问题,和心理学家互相讨论,然后由心理学家建议要采取什么措施来帮助这个孩子。母亲本应该是很高兴有这种协商的机会,并很愿意合作的。但如果她的态度游移不决,心理学家或教师可以举出类似的例子开导她,从其中引申出她可以用于孩子身上的各种结论。

最后,才能将孩子叫进房间,让心理学家和他谈谈话,但谈的不是他犯的过错,而是他眼前的问题。他要找出能有助于这个孩子正常发展的想法和意见,以及他不注意而别人很重视的信念等。他不能去责备孩子,只是和他进行一种友善的谈话,给他灌输另一种观点。假如他想提及孩子的错误,他可以将之置于一个假设中,征求孩子的意见。对这种工作没有经验的人,在看到孩子很快便能由坏变好时一定会非常惊讶。

曾经在这项工作上受到我训练的教师们,对如上的教育方法也都很感兴趣,并且觉得非常实用。这个方法使他们在学校中的工作更为有趣,同时也增加了他们努力获得成功的机会。没有人认为这种方法是一种额外的负担,因为它经常在半小时内便解决了困扰他们经年累月的麻烦问题。整个学校的合作精神提高了,经过一段时间后,严重的问题也不再发生,只有一些微不足道的小毛病需要加以处理。教师们事实上也都成了心理学家,他们已经学会了要了解人格的整体及其各种表现的一贯性。如果在日常教程中发生了什么问题,他们也能够应付自如。而我们的愿望是:如果教师们都接受了良好的训练,心理学家也就不被需要了!

比方说,假如班上有一个懒惰的孩子,教师就应该为孩子们筹设一次关于懒惰的讨论会。他可以用下列题目作为讨论的题材:

懒惰是怎么来的?

它的目的是什么?

懒惰的孩子为什么不肯改变?

它为什么非得改变不可？

孩子们讨论后，就可以获得一个结论。那个懒孩子自己可能不知道他就是这次讨论会的原因，但是这属于他自己。他会对它感兴趣，并从其中学到很多东西。如果他受到攻击的话，他必定会一无所获，但是假如他肯虚心聆听，他就会加以深思，进而改变自己。

没有人能够比在生活起居上不与孩子们在一起的老师更清楚地了解孩子们的心灵了。他看到了孩子的许多层面，甚至和他们建立起交情。孩子在家庭生活中所造成的错误是会持续下去，还是会被纠正过来，完全是掌握在教师手上。教师就像母亲一样，是人类未来的保证，他的贡献是无法估量的。

（三）青春期教育

在青春期，许多孩子会比以前更加强烈地感到自己突然丧失了他人的欣赏。也许他们在学校里一直是个好学生，受到老师的高度赏识，接着他们突然进入一所新学校，或转到一个新的社会环境，或转换一份新职业。我们知道，很多优秀的学生在青春期并未继续保持优秀。他们似乎是经历了一场变化，而实际上这里没有变化和中断，而只是过去的环境没有像新环境那样显示出他们真实的性格罢了。

由此可知，阻止青春期的孩子出现这些问题的最好方法之一就是培养友谊，孩子之间应该成为好朋友或好伙伴。孩子也应该和家庭成员和家庭之外的人成为朋友。家庭成员之间应该相互信任，孩子也应该信任父母和教师。而实际上，在青春期，只有那些一直是孩子的朋友和同情他们的父母和教师，才能继续引导他们。除此之外的父母或教师若是想指导他们，会立即被青春期的孩子拒之门外。孩子根本不会信任他们，还会把他们视为外人，甚至敌人。

父母的偏见

我们会发现，到了青春期，有些女孩子会表现出极端厌恶自己的女性角色，她们更喜欢模仿男孩子。这是因为模仿青春期男孩子的坏毛病如抽烟、喝酒和拉帮结派，比模仿工作努力者要容易得多。这些女孩子会借口说，如果她们不模仿这些行为，男孩子就不会对她们感兴趣。

如果对青春期女孩子的这种男性抗议加以分析，我们就会发现这些女孩即使在早年也从未喜欢过自己的女性角色。这种厌恶一直都被掩盖着，直到青春期才明显地表现出来。因此，对青春期女孩子的这种行为加以观察其实是非常重要的，因为我们以此可以发现她们如何对待自己将来的性别角色。

青春期的男孩子经常喜欢扮演一种聪明、勇敢和自信的男人角色。不过，也有些男孩子则不敢面对他们的问题，也不相信自己可以成为真正的、完善的男人。如果他们过去曾在男性角色的教育上存在缺陷和不足，那么这种缺陷会在青春期暴露出来。他们会表现出脂粉气十足，举止像个女孩，甚至还会模仿女孩子的坏习惯，如卖弄风情、忸怩作态，等等。

和这种男孩子极端的女性化类似，我们也可以发现，有些男孩子却极端的男性化，把男性的人格特征发展为极端的恶习。他们酗酒、纵欲，甚至为了表现和炫耀他们的男子气而不惜犯罪。这些极端化的恶习常常表现在那些想获得优越感、想成为领袖和想令人侧目的男孩子身上。

尽管这种类型的男孩子气势汹汹，野心勃勃，但他们的内心通常都会比较怯懦。近来美国就有一些臭名昭著的例子，如希克曼、勒奥波德和罗伯。研究一下这种人的履历，我们就会发现，他们总是寻求一种不费气力的生活，也总是寻求一种无需努力的成功。这种人虽然积极主动却没有勇气，这恰恰是有罪犯特征的孩子。

我们还经常发现，有些青春期的孩子还会第一次殴打父母。那些不愿探讨这种行为之后的人格统一性的人则会认为，孩子突然变了。如果我们对这之前发生的事情做一番研究，就会发现他们的性格一直如此，并没有什么变化，只是他们现在拥有了更多力量和更多的可能性来实施这样的行为。

另一个值得注意的是，每个青春期的孩子都面临着这样一个考验，即他感到必须去证明自己不再是一个孩子。这当然是一个非常危险的感觉，因为每当我们感到我们必须要证明什么的时候，就可能走得太远，做得太过。青春期的孩子自然也是这种情形。

这确实是青春期孩子最有意思的毛病。而解决的办法就是向他们解释并指出，他们不必向我们证明自己不再是个孩子了，我们也不需要这种证明。由此，我们也许可以避免他们的过度行为。

我们经常会发现这样一种类型的女孩：她们会夸大对男性的喜爱，甚至还会成为"男痴"。这种女孩总是和母亲争吵，总是认为自己受到了压制（也许真的受到了压制）；为了惹母亲生气，她们会和任何自己遇到的男人搭上关系。她们想到自己母亲一旦发现她们的所为而震怒痛苦的样子，就会感到非常开心。许多因为和母亲吵架或父亲过于严厉而离家出走的女孩子，还会和男人发生初次性行为。

而具有讽刺意味的是，那些对自己女儿过于监管的父母，本希望她们成为好女孩，没想到她们却成了坏女孩。这就是因为父母心理出现偏见。错误不在于这些女孩，而在于她们的父母，因为他们没有使自己的女儿为她们必然要遭遇的情境做好准备。他们过去总是想把她们保护起来，但却没有训练她们具有避免青春期陷阱所必需的判断力和独立性。

这些问题有时没有出现在青春期，而是出现在青春期之后，例如，出现在后来的婚姻中。其中的原理也是一样的。这只是因为这些女孩比较幸运，在青春期时没有遇到此类的不利情境罢了。不过，这种不利情境迟早会发生的，关键是要对它有所准备。

这里举一例来具体说明青春期女孩子的问题。这个 15 岁的女孩来自一个非常贫穷的家庭。而不幸的是，她有个总是患病的哥哥需要母亲照顾。这样，她在很早的时候就感受到父母对她和哥哥之间关注的差异。她出生的时候，她爸爸也病了。于是她母亲又不得不照顾父亲和哥哥，这对缺乏父母关注的女孩来说，无疑是雪上加霜。她看到哥哥和爸爸都受到关注和照顾，内心也强烈地渴求这种关爱，但是她在家庭里得不到这种关爱。特别是她妹妹不久又出生了，于是她仅有的一点关注也被剥夺去了。就像是命运的安排，她妹妹出生时，她爸爸便病愈了，这样妹妹便获得了比她作为婴儿时更多的关爱。而这些事情一般是逃不过孩子的眼睛的。

这个女孩为了弥补父母关注的缺乏，便在学校努力学习。她成了班里最好的学生，受到老师的关注。由于她成绩好，老师建议她继续学习，去读中学。在中学的时候，情况发生了变化。她的成绩并不好，因为新老师并不认识她，她自然也变得桀骜不驯，并出乎意料地反对起父母来，以致让父母深感大惑不解。

大部分的孩子到了青春期都会享有较多的自由和独立感。而他们认为自己长大了，父母不再有监护他们的权利。假如父母想再继续监督他，他会努力地设法摆脱他们的监控。父母越是想证明他还是个孩子，他就越是反其道而行之，结果便构成"青春反抗主义"的逆反状态。

成人的思考

对于成年期生活准备不足的孩子，在职业、社交、爱情和婚姻等各种问题一起逼近时，就会觉得恐慌异常，诸如他找不到能够吸引他的工作，而认为自己终将一事无成；对于爱情和婚姻，他总是忸怩不安，遇见异性时，也会慌乱不知所措，假使异性和他说话，他也会面红耳赤，无言以对；他会一天比一天地感到绝望，他对生活的所有问题都觉得厌烦，也没有人能理解他；他也不注意别人，不跟他们说话，更不听他们的话；他既不工作，也不读书，只终日幻想和进行一些粗鄙的性活动等。但是这种病症其实只是一种错误而已。如果能够证明他走的途径不对，并指点出正确之途，他便能立刻得到改变。但是从事这项工作并不简单,因为他的整个生活以及过去生活中所学的东西都必须被纠正过来。过去、现在和未来的意义都必须要以科学的眼光重新予以检讨,而不能只凭私人的臆想妄加臆测。

青春期的所有危险,都是由于对生活的三个问题缺乏适当的训练和准备所造成的。如果孩子们对未来心怀畏惧,他们自然就会以不费力的方法来应付它。孩子们愈受到命令、告诫、批评,愈觉得彷徨、不知所措。我们只有多鼓励他,否则一切的努力都会徒劳无功。

有些孩子在刚步入青春期时反而会希望自己留在儿童时代,永远也不要长大。他们甚至以儿语说话,和比他们小的孩子一起玩,装得像婴孩般的忸怩作态。但是绝大多数的人也都会竭尽所能仿效成人的,他们模仿大人的姿态,满不在乎地花钱,**调戏异性并做爱**。在某些棘手的事例中,发现一些孩子还没有看清该用什么途径来应付生活的问题,便迫不及待地胡作非为,从而走上了犯罪的道路。这种情况尤其是在他少年时有犯罪行为而又未被发现,且自以为聪明得可以避尽天下人耳目时最容易发生。犯罪是从生活问题面前逃离掉的简捷方法之一,特别是在经济问题面前。人们是否觉得在 14~20 岁之间的少年犯罪率在急剧地上升。在此,我们面临的并不是一种新的情境,而是要花较大的压力把儿童时期已经存在的犯罪暗流摈弃掉。

在步入青春期时,有许多孩子开始患上官能性疾病或精神失常症。每一种神经病的病症都是不必降低个人的优越感,便能拒绝解决生活问题的借口。而神经病症出现,通常是在一个人面临社会性的问题而又不准备以符合社会要求的方式来解决它的时候。青春期身体的情况对这种紧张特别敏感,所有的器官都会被它掀动,而全部的神经系统也都会受其影响。器官的不舒适也可以作为犹豫和失败的托词。在这类事例中,他不管是私下还是在他人面前,都会因为他的病痛而认为自己可以不必负担任何责任,这样也就构成了神经病。每一个神经病患者都表现了最诚挚的意愿,他十分了解社会感觉和应付生活问题所需要的是什么,只有在他的病症里,他才能逃开这种普遍的要求，而能够使他释下重负的是神经病本身。他的整个态度似乎在说："我也急着要解决我的问题，但是我的病却叫我无能为力。"这一点就是他和有目的犯罪的不同之处。后者经常是毫无顾忌地表现出自己的不良意愿，和他对社会感觉也麻木不仁。我们很难决定它们哪一个对人类利益的损害较大。神经病症的动机虽很善良，但是撇开他的动机不谈，他行动却讨人厌。因为他自私，有意要妨害别人。罪犯虽然不掩饰他的敌意，却要咬紧牙关压抑他的社会感觉。

青春期的防范

许多青春期的失败者小时候都是被宠坏的孩子。从这点也不难看出，尽管他们希望受众人宠顾，但随着年岁的增长，他们渐渐地不再是众人注意的中心了，因而常常责怪生活欺骗了他们。那些以前看起来天资并不高的儿童，此时会赶过他们并表现出出人意料的能力。他们心中充满了新的构想和新的计划，他们的创造性生活开始弓上弦、剑出鞘。他们对人类活动各方面的兴趣也变得鲜明而热烈。

独立的意义并不是要冒失败的危险，而是要获得成就和奉献给别人的更多机会。

有许多人非常醉心于取得别人的赞赏。男孩子寻求别人的夸奖，那是很正常的事；而女孩子通常都比较缺乏自信，她们把别人对自己的赞赏当作证明她们价值的唯一方法。这种女孩子很容易落入善于阿谀的男人的圈套里。有些女孩子觉得自己在家中不受赞赏，便开始和男人发生性关系，这不仅是要证明她们已经长大了，而且还因她们希望用这种方法来获得一种能够被赞赏和被注意的地位。

且让我举一例：有一个出身贫寒的15岁女孩子，她有一个哥哥，他从幼年时代起，便一直体弱多病，她的母亲不得不对他格外关心。当她的女儿出生之时，她也没能好好照顾，况且在她的幼年时代，她的父亲也卧病在床，他的病更占去了母亲原应用来照顾她的许多时间。因此，这个女孩子从小就了解到被人照顾的意义是什么。她很注意这件事。一直盼望着能够得到照顾，但是她在家中却总是无法如愿。后来，母亲又生了一个妹妹，这时父亲虽然也痊愈了，母亲却又将全副心力转移到妹妹身上。结果，这个女孩子觉得自己便是唯一没有受到爱和温情的人。她继续拼命努力。在家中，她是好孩子；在学校，她是好学生。由于她的成功，父母决定让她继续她的学业，把她送到一所在当地颇有知名度的高级中学去。最初，她还不了解这所新学校的教育方法，功课开始赶不上别人，老师因此批评了她几句，她就觉得万念俱灰了，她急着要得到别人的赞赏。家里没人赞赏她，学校也是如此，她该怎么办才好？

她环顾四周，想找一个了解她的人。在几经尝试之后，他终于离家出走，和一个男人一起生活了14天。她的家里对她的行为忧虑万分，又到处寻她。到一定时间后她又会后悔自己做出的荒唐事来，于是她选择了自杀，她送了一张便条回家："不要为我担心。我已经服了毒药，我很快乐。"事实上，她根本没有服毒，她之所以这样做，原因也不难了解。她的父母对她很慈爱，她觉得她此时还能博得他们的同情，所以她不自杀，只是等着母亲来找到她，把她带回家。假如这个女孩子知道她所追求的其实只是受人赞赏而已，那么这场风波就不会发生了。以往这个女孩子的成绩一直是在班上名列前茅的，假如她高中的老师也了解这一点，假如他知道这个女孩子对"赞赏"二字相当敏感，其实他只要对她稍微加以注意，那么她的情况就不会如此地悲惨了。

在另一事例当中，一个女孩子出生在一个父母亲性格都很柔弱的家庭里。她的母亲一直想要个男孩，所以对这个女孩子的降生自然是大失所望。她一直很瞧不起女性的地位，她的女儿也难免受其影响，她不止一次地听见母亲对父亲说："这个女孩子一点都不讨人喜欢。她长大后，一定也没人会喜欢她。""她长大后，我们该拿她怎么办呢？"在这种家庭中度过十几年之后，她看到了母亲的一个朋友写给母亲的一封信，信中为了她只有一个女儿而安慰她。并说：她还年轻,将来总会有男孩子的。

我们可以想象当时这个女孩子会有什么感觉。几个月以后,她到乡下去拜访她的一位叔叔。在那里,她遇见了一个智力很低下的乡下男孩,并且变成了他的情人。后来,她甩掉了他。当我看到她时,她已经拥有一大群的男朋友,可是却没有哪一个人能令她称心如意。后来她来找我,就是因为她现在患有焦虑性神经病,不敢单独一个人出门。当她对获取别人赞赏的某种方法觉得不满意时,她就会以自暴自弃的办法来"糟蹋"自己。现在,她是以身体病痛来让她的家庭为她感到烦恼,这令别人对她束手无策。她哭泣,以自杀作为威胁,把家闹得鸡犬不宁。我们很难让这个女孩子认清她的处境,也很难让她相信这样的事实:她在青春期时,把设法脱离被轻视这件事的重要性看得太重了!

性教育

接下来,我们再来探讨性教育的问题。性教育问题近来被可怕地夸大了,许多人对于性教育问题简直达到了丧失理智的地步。他们主张在每个年龄阶段都要进行性教育,并夸大因对性的无知而带来的危险。如果我们观察一下我们自己和他人过去在性教育上的经历,我们既看不到有这些人所谓的问题,也看不到有这些人所谓的危险。

个体心理学的经验教导我们,在孩子2岁的时候,应该告诉他们自己是男孩,还是女孩,还应该向他们解释,他们的性别是不可以改变的,男孩长大后成为男人,女孩长大后成为女人。但孩子知道了这些,即使他们缺乏其他的性知识,也不会带来什么危险。只要让孩子认识到,女孩的教育不能以教育男孩的方式进行,反之亦然。这样性别角色就会固定在他的意识中,他也肯定会以正常的方式准备和发展自己的性别角色。相反,如果他认为通过某种戏法就可以改变他这一性别,那么就会产生问题。而且如果父母老是表达希望改变孩子的性别,也会给孩子带来麻烦。《孤单的井》就有对这个问题的精彩描述。父母经常也乐于把女孩当男孩来教育，或把男孩当作女孩来教育。他们把自己的孩子男扮女装，或女扮男装，为他们拍照。有时女孩长得像男孩，周围人便以男孩称呼她。这会给她带来很大的困惑，其实完全可以避免。

我们还应该避免贬低女性和主张男性优越的论调。应该教育孩子认识到男女是平等的。这其实很重要，它不仅可以阻止女孩产生自卑情结，也可以阻止对男孩产生不利影响。如果男孩被教育认为男性优越，他们就会把女孩当作仅是泄欲的对象。如果我们能教育他们认识到自己的未来责任，他们就不会用丑陋的眼光看待两性关系。

换句话说，性教育的真正问题不仅是向孩子解释性的生理知识，还要涉及正确的爱情观和婚姻观的培养问题。这个问题和孩子的社会兴趣密切相关。如果缺乏社会兴趣，他就会玩世不恭，并完全从自我欲望的满足来看待与性有关的事物。这种情况常常发生，也反映了我们文化的缺陷。女性是受害者，因为我们的文化更有利于男性发挥主导作用。男性实际也深受其害，因为这种虚幻的优越感，他们便丧失了对最基本的价值的关注。

关于性教育的生理知识方面，孩子本来没有必要太早接受这方面的教育。我们可以等到孩子对此开始好奇，并开始想知道这方面情况的时候，再告诉他们。如果孩子太过羞怯而不愿意问这方面的问题，那么对关注孩子需求的父母总会知道什么时候该主动告诉他们这方面的知识。如果孩子感到父母就像朋友一样，他们就会问这方面的问题。我们必须用一种孩子可以理解的方式告诉他们答案，同时，还需注意避免给予他们可能会刺激和激发其性冲动的回答。

而与此相关的是，如果孩子明显地表现出性早熟，也不必太过惊慌。性发育很早就开始了，实际上在出生后的数周就已经开始了。婴儿肯定也能体会到性快乐，有时他们会故意刺激性的敏感区域。看到这种情况，我们也不必恐慌。不过，我们要尽力加以阻止，同时也不要把这个问题搞得太过严重。如果孩子发现我们对此类事情太过担心和忧虑，他们就会故意继续这样做，以引起我们的关注。而孩子的这种行为常常会使我们认为他们已经沦为性欲的牺牲品，而实际上他们只不过把这个习惯当作炫耀的工具。小孩通常会玩弄自己的性器官，这是因为他们知道父母害怕他们这么做。这和小孩装病的心理是一样的，因为他们注意到，一旦他们生病，便会得到更多的宠爱和关爱。

为了避免刺激孩子的身体，父母不应该太过频繁地亲吻和拥抱他们。这对孩子很不好，尤其是处于青春期的孩子。我们也不要从精神上刺激孩子的性意识。孩子通常会在爸爸的书房里看到一些轻浮、挑逗的图片。我们在心理咨询诊所也不断地遇到这种案例。孩子不应该接触那些讨论超越其年龄理解水平的关于性的图书，我们也不应该带孩子去看关于性主题的电影。

如果能使孩子避免所有这些形式过早的性刺激，那么我们就没有什么可担心的。我们只需在恰当的时候给予孩子简单的解释，不要刺激孩子的身体和性意识，给予他们真实、简洁的回答。重要的是，不要欺骗孩子，如果我们还想拥有孩子的信任的话。如果孩子信任自己的父母，他也就会信任父母对于性的解释，就会对来自同伴的关于性的解释大打折扣——我们90%的关于性的知识其实都来自同辈人。家庭成员之间的相互合作、相互信任和朋友般的关系，比那些在回答有关性问题时所使用的、自以为得计的各种回避、托词要远为重要。

如果孩子的性经历太多或性经历太早，他们后来通常都会对性失去兴趣。这就是为什么要避免让孩子看到父母做爱。如果可能，最好不应该让孩子和父母同睡一屋，当然也不应该同睡一床。兄弟和姐妹也不应该睡在一屋。父母则应该留意孩子是否行为得当，也应该留意外界环境对孩子的影响。

这些话对性教育进行了最重要的总结。我们这里看到，就像孩子其他方面的教育一样，性教育最为重要的原则就是家庭内部的合作和友爱精神。有了这种合作精神，有了早期关于性别角色的知识，有了男女平等的观念，孩子才会很好地应付将来可能遇到的任何危险。而重要的是，他们已准备好以健康的态度去迎接未来人生的工作。

（四）犯罪与预防

我们发现：罪犯和问题儿童、神经病患者、精神病患者、自杀者、酗酒者、性欲倒错者所表现出的失败，其实都是属于同一种类的；他们全都是在处理生活问题上失败了，特别是在一个令人注意的固定点上，他们全都重蹈了覆辙；他们每一个人都缺乏社会兴趣，对同胞亦漠不关心。

要了解罪犯，还有另一点很重要。我们都希望克服困难，都努力着在未来抵达一个目标，得到了它，我们将会觉得强壮、优越、完美。杜威（Dewey）教授把这种倾向称为对安全的追求，这是非常正确的。还有人称作对自我保全（self-preservation）的追求。不管我们如何称呼它，总可以发现人们努力地争取由卑下的地位升至优越的地位，由失败到胜利，且由下到上。因此，当我们在罪犯之间也发现同样的倾向时，我们不必惊讶。罪犯的各种活动和态度都显现出他正在解决问题，克服困难，并努力争取优越。他和别人的不同之处就是他所追求的方向错误，因而他的行为是十分不明智的。这一点必须特别强调。

犯罪心理分析

个人典型的生活模式是很早便得以建立起来的。因此，我们不能认为改变它是件容易的事情。只有了解自己在建造它时所犯的错误，它才能被改变过来。为什么有许多罪犯虽然被惩罚无数次，又受尽侮辱和轻视，并丧失社会生活的各种权利，却仍然我行我素，一再地犯下同样的罪行？当然，在负担加重时，犯罪率也会增大。然而这并不足以证明：经济困难竟会导致犯罪。它只表示人们的行为受到限制。有许多人在优越的环境下不犯罪，但是当生活中产生太多他们无法应付的问题时,他们也就开始犯罪了。最重要的是生活的模式,也就是应付问题的方法。

从个体心理学的这些经验中,我们最少可以获得一个简单的结论:罪犯对别人都不感兴趣。我们只有考虑我们每个人都必须面临的生活问题以及罪犯无法解决的问题,才能解决这些问题。

个体心理学把生活的问题分成三大类。

第一类是和其他人之间关系的问题,也就是友谊问题。罪犯们也有朋友,但他们不能和正常社会的一般人为友。

第二类是和职业有关的各种问题。许多罪犯认为工作是辛苦的,他们不愿意像其他人一样和困难搏斗。有的职业蕴涵了对他人的兴趣和对他们幸福的贡献,但这正是罪犯人格中所缺少的,所以罪犯对解决职业问题都没有什么良好的准备。但是我们应该把他看作没有学过地理的人在参加地理科考试一样。

第三类是爱情问题。在美好的爱情生活当中,对配偶的兴趣和合作是同等重要的。而令人奇怪的是,被送进感化院的犯人,在入院之前,有半数患有性病。这个现象显示:他们对爱情问题所用的是一种简单的解决方法,他们把爱侣当作一宗可以购买的财产。对这种人而言,性生活是征服,是占有,而不是生活中的伴侣关系。"如果不能随心所欲地得到我想要的东西,"有许多罪犯说道,"生活还有什么意思?"

现在,我们可以开始矫治罪犯了。我们必须教之以合作之道;只在感化院里鞭打他们其实是没有什么用的,这一点不言而喻。社会是绝对无法将罪犯完全隔离开的,他们也不适于过社会生活,我们该怎么办?他们既不是愚笨,也不是心智低下。如果我们接受了他们错误的个人优越感目标,他们的结论大部分也是十分正确的。也许有个罪犯会说:"我看到一个人有条很棒的裤子,而我却没有,所以我要杀死他!"现在,假使我们也承认他的欲望都是很重要的,而且又没有人要求他以有用的方式谋生时,他的结论便很明智。可是却太缺乏常识了。最近在匈牙利曾经发生一宗刑事案件。有几个妇人用毒药犯下了许多谋杀案。当她们之一者被送进监狱时,她说:"我的儿子病得奄奄一息,我只好毒死他。"如果她不愿意再合作了,除此之外,她还能做些什么?她是很清醒的,但却有一种不同的感觉,对事情有不同的看法,对自己的重要性和别人的重要性也有一种错误的估计。

在考虑他们的缺乏合作精神时,这一点却不是最主要的。罪犯全部都是懦夫,他们逃避着他们觉得自己的能力不足以应付的问题。我们可以在他们面对生活的方式中和他们所犯的罪行里看到他们的懦弱。而罪行是懦夫模仿英雄行径的表现,他们在追求着一种自己幻想出来的个人优越感目标,他们以为自己是英雄,但其实这又是一种错误的感觉,也正是缺少常识的表现。当他们觉得自己斗垮了警察时,他们会增加虚荣心和骄傲感。所以他们常常会想:"我是绝不会被逮到的。"假使对每一个罪犯的生涯作一仔细的探讨,我相信一定会发现他曾经犯过的许多罪,而这是件非常讨厌的事。当他们东窗事发时,他们会想:"这次我有哪些地方失策了,下回一定要干得干净利落点!"假使他们成了漏网之鱼,会觉得自己已经达到目标了,他们扬扬得意地接受同伴的祝贺和赞赏。

我们必须改变罪犯对其勇气和机智的评判方法:我们可以在家庭、在学校或在感化院里做到这一点。以后我会再描述它的要害所在,现在我要进一步讨论能造成合作失败的环境。有时候,我们必须把这个责任让父母来担负。也许母亲的技巧不够,不能使孩子和她合作;或许在不愉快的婚姻或破裂的婚姻中,母亲很可能不希望让孩子的社会兴趣扩展到包括他的父亲在内的其他人。此外,这个孩子可能一直觉得自己是家庭中的霸王;到他三四岁的时候,另一个孩子出生了,他从王位上被驱逐了下来。这些都是必须被列入考虑的因素;而且假使你追溯罪犯的生活,大概都会发现他的麻烦从他早年的家庭经验中便已经开始了。而具有影响力的并不是环境本身,恰恰是孩子对其地位的误解。

假使有一个孩子在家庭中特别杰出或天赋特别高，就会赢得更多的注意。其他人则因此而拒绝合作，也丧失了足够的信心，罪犯、神经病患者或自杀者多半是这类人。

缺乏合作精神的孩子上学第一天，我们就能从他的行为中看出其缺点。他无法和其他的孩子交朋友，也不喜欢老师，上课时更是漫不经心。如果老师不了解他，他可能会遭受新的打击，既会受尽冷嘲热讽，又得不到谆谆鼓励和被教以合作之道。无疑他的勇气和自信时时都会受到新的打击，他自然不可能对学校生活感兴趣。渐渐地，他对别人的兴趣日复一日地丧失，他的目标也移向没有用的方面。

贫穷也很容易使人对生活产生一种错误的解释。出身贫寒的儿童在家庭之外可能会遭到社会的歧视，他的家庭终日在愁云笼罩中和生活搏斗，他自己就需要赚钱帮助维持家计。以后，当他看到许多有钱的人过着奢侈的生活并能随心所欲地购买东西时，他会觉得：他们享受的权利是不应该比他多的。这就是在贫富悬殊的大都市里犯罪案件特别多的原因，嫉妒绝不会产生有用的目标。在这种环境中的儿童很容易发生误解，以为得到优越感的方法即是对金钱的不劳而获。

自卑感也可能集中在身体的缺陷上，这是我自己的发现之一。由于这一点，我竟然也替神经学和精神病学中的遗传理论做了开路先锋，这也是不无遗憾。但是最初我在写由身体引起自卑感和其心灵上的补偿作用时，我便已经料到这种危险了。这种自卑感的产生不应归咎于身体，而应归咎于我们的教育方法。如果我们用的方法正确，那么身体有缺陷的儿童对别人和对自己都会感到兴趣；假如没有人在旁边帮助他们发展对别人的兴趣，他们便会只关心自己。当然有许多人是真的患有内分泌腺缺陷，我们却很乐于澄清。但事实上，我们绝对无法说出某种内分泌腺的正常作用应该是什么样子的。所以如果我们要找出正确的方法来使这些孩子们也成为良好的公民，并且有和其他人合作的兴趣，就必须得撇下这个因素。

不能在孤儿之间建立起合作的精神，简直就是我们文明的奇耻大辱。私生子也是如此——没有人挺身而出来赢取他们的情感，并将之转移到个体人上。被遗弃的孩子经常走上犯罪之途，尤其是当他们知道没有人再要他们的时候。在罪犯之间，我们也经常发现容貌丑陋的人，这个事实曾经被用来证明遗传的重要性。但是请设身处地地想一想：容貌丑陋的人会有什么感觉！他是非常不幸的。也许他是不同种族的混血儿，没有吸引人的外貌，遭受到社会的偏见。如果这一类的孩子长得很丑，他的整个生命都承受着重担，甚至没有我们每个人都最喜欢的快乐和美好的儿童时代。但是假如用正确的方法来善待这些孩子，他们照样是会发展出社会兴趣的。

还有一件有趣的事实是：在罪犯之间，有时候我们也会发现英俊潇洒的男孩或男人。假若前一类型的人可以被认为是不良遗传的牺牲品，其天生就带有身体上的缺陷——如手残、兔唇等，对这些英俊的罪犯，我们又该怎么说呢？其实，他们也是生长在一个很难发展出社会兴趣的情境里：他们是被宠坏的孩子！

罪犯的类型

罪犯可以区分成两种类型。有一种人不知道世界上还有所谓的同胞之爱，而且对它也完全没有经验。这种罪犯习惯于把每一个人都当作敌人看待。因此，他根本不能发现有人欣赏他。另一种类型是被宠坏的孩子。犯人经常埋怨说："我会有今天的下场，这都是因为我的母亲把我惯坏了。"对于这一点，我们应该再详加讨论，但是我之所以在这里提起它，只是要强调：尽管罪犯所受的教养和训练各不相同，他们却都没学会合作之道。父母们可能也想把他们的孩子教育成良好的公民，可是却不知从何下手。如果他们整天板着脸孔，事事吹毛求疵，他们一定没有成功的机会。如果他们骄纵他，让他成为舞台上的主角，他就会只因为自己而存在，便觉得自己很重要，而不愿意做任何有创造性的努力以博取同类的赞扬。因此，这种孩子会失掉奋斗的能力，他们一直希望有人来注意他们，也一直期待着某些事情的到来。如果他们找不到可满足自己的简单方法,就会开始责怪环境。

现在,让我们来研究几个个案,尽管这些个案的内容并不是为这个目的而写的。我要讨论的第一个个案是从薛尔敦(Sheldon)和吉利克(Eleanor T Glueck)合写的《五百犯罪生涯》一书中选出来的——"百炼金刚约翰"的个案。这个男孩检讨他的犯罪生涯的来由时说:"我从没有想到我竟会这么自甘堕落的。一直到十五六岁,我和别的孩子都是一模一样的。我喜欢运动,我也从图书馆借书来看,生活井井有条,后来,我的父母让我退学,叫我去工作,并且把我的薪水全部拿走,每个礼拜只给我5角钱。"这些话都是他的申诉。如果我们问他和父母之间的关系,如果我们能够看到他的整个家庭情境,就能发现他真正体验到的是什么。目前,我们只能断定:他的家庭是不太和谐的。

现在我想给你看的是一个谋杀犯的日记。他残酷地谋杀了两个人;在犯案之前,他把自己的意向都写了下来。这部日记供给了我一个机会,让我能描述在罪犯心中进行的计划。没有哪个人在犯罪之前是没有计划的,在计划之时,他们对自己的行为必然会找出一些合理的解释。在这一类的自白书中,我从没有发现过把自己的罪行描述得简单明了的例子,也从没有发现过不想替自己行为辩解的犯人。在此,我们可以看出社会感觉的重要性,即使是罪犯,也会想和社会感觉协调一致。同时,在他犯案之前,还要先突破社会兴趣的厚墙。因此,在陀思妥耶夫斯基(Dostoevsky)的小说中,拉斯寇尼可夫(Raskolnikov)躺在床上两个月,考虑着他是否该去犯罪,终于他用这个想法鼓起了勇气:"我是拿破仑,还是一只虱子?"罪犯们经常用这一类的想象来欺骗自己,刺激自己。其实,每个罪犯都知道他不是在从事着有用的生活,也知道到底什么是有用的生活。但是由于懦弱之故,他却对它置之不理。他之所以懦弱,是因为他缺乏成为有用人才的能力。生活的问题都是需要和人合作才能解决的问题,可他对合作之道却一窍不通。

下面都是从这部日记中摘录出来的句子：

"认识我的人都背离我了。我讨人厌，我惹人嫌，我是众人侮辱的目标（他显然很爱面子）。我的巨大不幸几乎要把心毁灭无遗。世上没有什么东西值得我留恋，我觉得我无法再忍受下去了。我应该听天由命、任人宰割的，可是吃饭的问题怎么办呢？肚皮可是不听指挥的啊！"

他开始在寻找托词了。

"有人预言我会死在绞首台上。但是话又说回来，饿死和死在绞首台上又有什么区别呢？"

在一个个案里，有个母亲对他的孩子预言道："我知道有一天你一定会绞死我！"当他 17 岁的时候，果然绞死了他的妈妈。可见，预言和挑战是有同样作用的。

"我顾不得后果了，无论如何我总要死的。我一无所有，别人也使我无可奈何，既然我想要的女孩子也都避而不见了……"

他想要勾引这个女孩子，可是他既没有体面的衣裳，又没有钱。他把这个女孩子看作一宗财产，这就是他对爱情和婚姻问题的解决方法。

"我也只好拿出同样的手段，设法把她俘虏，否则我就彻底灭亡！"

这种人都喜欢采取这种激烈的极端主义，他们像小孩子一样，或者得到每一件东西，或者什么东西都不要。

"星期四我就孤注一掷了，祭品也已经选下，我在静待着时机的到来。而当它来临时，发生的将是件没有人干得了的事。"

他是自己心目中的英雄："它一定惨绝人寰，不是每一个人都做得出来的。"他带了一把小刀，杀死了一个大惊失色的人，这可真不是每一个人都做得出来的事！

"像牧羊人驱策羊群一样，肚子也驱策着人们去做最黑暗的罪行。可能我再也看不到太阳升起了，不过我并不在乎，最可怕的事情就是饥饿的痛苦,我已经受够这种痛苦的煎熬了。最后的苦恼将是接受他们的审判。犯了罪当然要付出代价,不过死亡总比挨饿要好。如果我饿死了,没有人会注意到我。可是,现在有多少人会注意我!也许有些人还会为我一挥同情之泪。我已经下定决心了,我必须干!没有一个人曾经像我今夜这么彷徨、这么害怕过。"

毕竟他不是如他自己所想象的英雄!在审讯时,他说:"虽然我没有击中他的要害,但我还是犯了谋杀罪。我知道我是注定要陈尸绞架了,遗憾的是别人穿的衣服都那么漂亮,而我却一辈子都没穿过像样的衣服。"他不再说饥饿是他的动机了,现在他关心的倒是衣服。"我不知道我到底做了什么事。"他辩解道。辩解的方式内容或许有的不同,但是他们总会来这么一手。有时候,罪犯在犯案以前会先喝酒以推卸责任。所有这些都证明了他们要如何努力才能突破社会感觉的厚墙,在每一件对犯罪生涯的描述中,我相信我都能指出我所说过的各点。

重述合作的重要性

我们面临到真正的问题了,我们到底应该怎么办呢?如果我的说法正确,我们都能从个案中看到缺乏社会兴趣而又未学会合作之道的个人在追求着虚假的个人优越感。对待罪犯就像对待神经病患者一样,除非我们在赢取他们合作一事上能获取成功,否则我们就一筹莫展。然而我却不能过分强调这一点。假如我们能使罪犯对人类的幸福产生兴趣,假如我们能使他们对其他人感兴趣,假如我们能教会他们用合作的方法来解决生活的问题,那么什么问题都不会有了。如果我们做不到这些,我们就什么事也办不了。这项工作并不像它看起来的那么简单。我们不能让他做简单的事情来争取它,当然我们更不能要他做他做不了的艰难事情。我们也不能指出他的错误,并和他发生争辩,他的意志是很坚强的。他用这种方式来看这个世界已经有许多年了。如果我们要改变他,我们必须找出他行为模式的根基,必须发现造成此种失败的环境。他人格的主要形态在四五岁的时候便已经决定了，在罪犯生涯中所表现出来的对自己和世界的错误估计，也是在这个时候造成的。我们必须加以了解和纠正的也就是这些原始的错误。

之后，他会凭借自己的态度来解决他所体验到的每一件事。假如有个人说"天下人都在侮辱我，亏待我"。他就会发现许多能坚定信心的论据，且拼命去搜寻这一类的证据，除此以外，则漠然处之。罪犯只对自己的观点感兴趣且有自己的生活方式。如果我们不能获得他的各种体验的隐含意义，或者产生他的态度的最初方式的话，我们也就不能劝服他。

这就是严刑厉罚总是不生效的原因。例如，老师对某个学生进行体罚，不仅不能鼓励他与别人合作，反而会让他感到失望，结果不是成绩每况愈下，就是破罐破摔。

有什么人会对一个经常可能受到责备和惩罚的地方培养出兴趣呢？在这种情况之下，孩子会信心全失，他对学校的工作、老师、同学再也不会感到兴趣。他会开始逃学，四处游荡，寻求隐匿之所。一些和他有同样经验却又走上同样道路的孩子不但不责怪他，反而去恭维他，并燃起他的野心，让他把希望寄托在生活中毫无用处的方面上。就这样，许许多多的孩子便加入了犯罪集团。

这种孩子是完全不应被生活的考验击垮的。我们不应该让他们丧失希望。假如我们在学校中能培养孩子们的自信和勇气，便能更有效地防止这一点。以后我们将对这种主张作更详尽的讨论，现在只是利用这个例子来说明：罪犯如何一贯地把惩罚看作社会与他作对。

严刑厉罚不生效果，还有其他原因。有许多罪犯并不十分喜爱他们的生命，他们之中有些人在生命的某些时刻几乎是在自杀边缘徘徊。他们沉迷在击败警察的欲望里，一心一意地要证明警察对他们也无计奈何。他们把很多事物当作挑战，这就是他们对这些挑战的反应之一。如果警察严格苛刻，如果他们受到苛刻待遇，他们必然会拼死抵抗到底，这样做只会依照这种方式来解决的。他们把和社会的接触看作一种连续不断的战争,而竭力想在其中获得胜利:假如我们也抱着同样的看法,那是正中其下怀。即使是电椅也可以作为这一类的挑战。罪犯们好像把这当作赌博,赌注愈高,他们想表现自己技艺超群的欲望愈强。有许多罪犯之所以犯罪,也都只是为了这个原因。被判处极刑的犯人经常会懊悔他们为什么没能逃过警探的耳目:"我要是没掉下那块手帕就好了!"

我们唯一的补救方法就是找出罪犯在儿童时期所遭受到的对合作的妨碍。在此,个体心理学为我们在这片黑暗大陆上投下了一片曙光。个体心理学认为,在5岁左右时,儿童的心灵就成为一个整体;他人格的许多线脉都汇聚在一起了,遗传和环境对他的发展也会有所影响,但我们对孩子带了些什么东西到这世界上来以及他所遭遇的经历,却并不十分了解。我们注意的是他利用它们的方式,他对它们有何种看法,以及他因为它们而达到的成就。了解这一点其实是相当重要的,因为我们对遗传的能力或无能其实是一无所知的。我们必须考虑的是他所处情境的各种可能性以及他把它们运用至何种程度。

培养对别的儿童的兴趣自然是非常重要的。有时候,一个孩子若是成了妈妈的心肝宝贝,别的孩子便不大愿意和他交朋友。当他对这种情况发生误解时,就很容易成为犯罪生涯的起点。假如家庭中有一个杰出的天才,紧挨在他前后的孩子经常会成为问题儿童。例如,次子长得很讨人喜欢的时候,他的哥哥就会觉得自己光彩尽失,于是便会到处找寻证据来证明他被人忽视的观点。他的行为开始反常,并因此受到严厉的管束,结果他更相信自己是给推到冷板凳上了。由于他觉得受到别人的剥削,他会开始偷窃,被发现后又饱受惩处。这样一来,他不被人所爱以及人都在和他为敌的证据便更多了。

当父母在孩子面前抱怨其生活艰难、世道险恶时,他们也会妨碍其社会兴趣的发展。假如他们老是指责他们的亲戚或邻居,老是批评别人并显露出对别人的恶意和偏见,也会发生同样的事情。无疑孩子们长大后,对其同胞的为人会产生出歪曲的看法,如果他们因此转而反对他们的父母，我们也不必感到惊讶。孩子的社会兴趣一旦受到阻碍，剩下来的也就只有自私的态度了。这种孩子会觉得："我为什么该替别人效力？"而且当他用这种态度无法解决生活的问题时，便会犹豫不决，会认为和生活搏斗是相当艰难的事，假如害了别人，也毫不在意。

任何孩子都是不应该受到这种令人气馁而且对合作又毫无助益的自卑感之害。在生活的问题面前，并没有哪个人是注定要被击败的。罪犯却都采用了错误的方法，我们必须向他指出他是在什么地方，为什么采用这种方法；同时，我们还要鼓励他对别人产生兴趣并且和别人合作。如果大家都完全认清罪犯其实是懦弱而非勇敢，那么我相信：罪犯最大的自圆其说再也站不住脚，而且再也没有小孩子愿意在未来走上犯罪之途。

在所有罪犯的个案里，不管对它们的描述是否正确，我们其实都能看到儿童时期错误生活模式的影响，这种模式都会表现出缺乏合作的能力。我宁可说合作的能力是必须加以训练的，它是否由遗传而来根本不应成为问题。当然合作的潜能本来是天生的，但是每个人都有的这种潜能，要使它发挥出来，还得加以训练和练习。依我看，其他观点都是多余的。除非我们能遇到精通合作之道而且又是罪犯的人。我从没遇见过这种人，我也从未听见过有人遇见过这种人。防范犯罪的最佳方法就是适当程度的合作。如果这一点还未被认清，我们就无法期望能避免悲剧的发生。教孩子合作就像教他们地理课一样，因为它是一种真理，真理必然是可以传授的。不管是成人还是儿童，假如他有充分准备就可以去接受地理科考试；假如他没有充分准备，就到一个需要合作知识的情境去接受考试，那么他就会一败涂地。

解决犯罪问题的方法

我们的各种问题都是需要合作的知识的。我们对于犯罪问题的科学探讨已经很接近，现在我们必须鼓起勇气来面对事实。人类经过了千万年却仍然找不出应付这个问题的正确方法,曾经被施用过的方法似乎都不生效果,这种悲剧也依旧伴随着我们。我们的研究已经找出出现此种现象的原因,我们从未采取步骤来改变罪犯的生活模式并预防错误生活模式的发生。缺少了这些,任何方法都是不会产生效果的。

　　我们认为,罪犯和其他的人都一样,他的行为也只是人类行为合理的衍变,这是一个非常重要的结论。假如我们了解犯罪本身并不是孤立的,而是生活态度的病症;假如我们能看出这种态度是如何造成的,而不把它视为一些根本解决不了的问题,那么便能抱有足够的信心来从事改变它的工作。我们已经描述过这种阻碍和他的母亲、父亲、同伴、周围的社会偏见,以及环境的困难等因素之间的关联。我们已经发现:在形形色色的罪犯之间、各种不同的失败者之间,他们最主要的共同点实际上就是缺乏合作精神,缺乏对别人以及对人类的兴趣。假如我们想要有点作为,就必须要培养他们的合作能力。除此之外,别无他途。

　　罪犯和其他的失败者尚有一点不同之处。虽然他在长期反抗合作之后,已经像其他人一样地失去了在正常的生活工作上获取成功的信心,但是他还有某些活动,只是这些活动都被他投向了生活中无用的方面。他在这些无用的方面上正常而活跃,而且能和他自己相同类型的罪犯互相合作,而在这一点上,他和神经病患者、自杀者、酗酒者都不相同。然而他的活动范围却非常有限,他把自己禁锢在狭小的天地里。在这些环境中,我们可以看出他到底丧失了多少勇气。他是必定会丧失勇气的,因为勇气只是合作能力的一部分而已。

　　罪犯日夜都在准备着犯罪,而他一直在找寻着能减轻犯罪感的托词以及迫使他不得不犯罪的原因。要击破社会感觉的厚墙并不是容易之事,它具有相当大的抗拒力。但是假如他计划犯罪,他总得想出一个办法——也许是回忆他所受过的冤屈,也许是培养愤恨的情绪——来克服此种障碍。这能帮助我们了解他为什么可以不断地在找寻对环境的解释以坚定他的态度,也能帮助我们了解和辩论他为什么总是一无所获。他以自己的眼光正在看世界,对自己的论点已经准备了一世之久。除非我们能发现他的态度是如何产生的,否则我们就无法期待它改变。然而兴趣可以让我们找出真正能够帮助他的方法。

一个人缺乏勇气来面对困境,且又找不出轻易解决的方法时,就很容易开始筹划犯罪。这种情况特别容易发生在譬如他需要钱的时候。就像所有的人一样,他也在追求着安全感和优越感的目标,也希望解决困难,克服障碍。然而他的追求却落在社会的架构之外:他的目标是凭空想象的个人优越感目标,而他获得这种目标的方法便是设法使自己觉得自己是警察、法律和社会组织的征服者。破坏法律,逃避警探,逍遥法外——这些都是他和自己玩的把戏。比方说,当他使用毒药害人的时候,就会相信这是他个人的巨大胜利,而且会一直这样欺骗自己、麻醉自己。一般他在初次落入法网以前,通常都已经得手过许多次,因此他在东窗事发时的想法大概多是:"假使我再聪明一点,我就逃过去了!"

从上面所述各点,我们可以看出他的自卑情结。他逃避着劳动以及必须和别人发生联系的生活与工作。他觉得自己的能力不足以获得正常的成功。他不肯和人合作的习性会更增加他的困难,因此大部分的罪犯都出自于非技术性的劳工。他发展了一种毫无价值的优越感来隐藏起他的自卑情结,一直在想象自己是多么勇敢、多么出类拔萃。但是我们能够把一个生活战线上的逃兵称为英雄吗?罪犯其实是生活在醉梦里。他根本不知现实为何物,必须尽力使自己不要面对现实。他常常想:"我是世界上最伟大的强人,哪个人看我不顺眼,我就可以打死他!""我比任何人都聪明,即使我干了坏事,仍然能逍遥法外!"

我们已经分析了在生命最初几年心理负担过重的儿童和被宠坏的孩子是如何走上犯罪之途的。身体有缺陷的儿童需要特别的照顾来把他们的兴趣引导到别人身上。被忽视的不受欢迎、不被欣赏或讨人厌的儿童也都处于类似的情境:他们没有和别人合作过的经验,也不知道合作可以使他们受人喜欢并赢得别人的情感以达成解决问题的效果。被宠坏的孩子从来没有人教过他要凭自己的力最来获取东西,他们以为只要自己开口要求,这个世界就会急着前来迎合于他。假如别人不能顺从他,他就会觉得别人待他不公,而拒绝合作。在每个罪犯背后,我们都能追溯出诸如此类的历史。他们未曾受过合作的训练,他们也没有合作的能力,每当遇到问题的时候,不知道如何应付才好。因此,我们该做的事就是训练他们的合作之道。

我们已经有了充分的认识,而且到目前为止,也已经有了足够的经验。我确信个体心理学已经告诉了我们如何才能改变每一个罪犯。但是请想想看,如果要找出每一个罪犯,并给予个别的矫治,改变其生活模式,那是件多么艰巨的工作!很不幸,在我们的文化里,大部分的人在他们的困难超过某一限度之后,合作的能力也就荡然无存了。结果是,在不景气的时代,犯罪案件便大量增加。我相信:假如我们要用此等方式来消除犯罪,就必须矫治人类种族的一大部分。我敢断言:要立竿见影地把每一个罪犯或潜在性罪犯都改造成一种循规蹈矩的人,是绝对无法办到的。

然而我们还有很多可以做的事情,也能够采用某些措施,来减轻他们不足以应付生活问题的负担。例如,关于失业和缺乏职业训练等问题。我们应该设法使每个愿意工作的人都能获得相应的职业,这是降低社会生活的要求以使大部分人不至丧失最后合作能力的唯一办法。假如这一点做到了,犯罪案件必然会减少,这其实是毋庸置疑的。我们还应该给予孩子较好的职业训练,使他们能较妥善地面对生活并拥有较大的活动空间。我不相信我们可能对每一个罪犯施予个别矫治,但却能以集体矫治来帮助他们。比方说,我们可以和许多罪犯一起讨论社会问题,正如我们在这里考虑这些问题一样。我们可以提问题让他们来回答,以开启他们的心灵,使他们从迷梦中觉醒过来;我们应该使他们抛弃对世界的个人解释,以及对自己能力的过分低估;我们应该教他们不要限制住自己,并同时消除对必须面临的情境和社会问题的恐惧感。我敢断言:我们一定能获得巨大的成果。

总之，假如个人不合作，对别人也不感兴趣，而且还不想对团体有所贡献，那么他们的整个生活必然是一片荒芜，他们身后也留不下一丝踪迹。只有讲究奉献的人，他们的成就才会保留下来，他们的精神才会持续下去，万古长存。如果我们以此作为基础教育儿童，他们自然会喜欢合作。他们有足够的力量来面对最艰难的问题，并以符合众人利益的方式来解决它们。

（五）职业责任

由于人类学会了合作，所以我们才形成了分工的方式，这是人类幸福的主要保障。假使每一个人都不愿意合作，也不愿继承过去人类的成果，而只想凭一己之力在地球上谋生，那么人类的生命必然没有再延续下去的可能。经由分工与合作，我们可以利用许多种不同训练的结果，并将许多不同的能力组合起来，以使它们对人类共同的幸福有所贡献，以保证人类的安全和增加社会上所有成员的机会。当然，我们不能夸口说我们已经达到了尽善尽美的地步，也不能装得好像分工制度已经抵达其发展的最高峰。我们只能说，如果人们想解决就业问题，就可以或必须在人类分工合作的架构中占其一席之地，并且为别人的利益奉献出我们的力量。

有些人试图要逃避这种职业的问题，他们不愿意工作，对人类共同的兴趣也漠不关心。然而我们会发现：他们虽然不愿面对这种问题，但他们却总是恳求着别人的资助。他们以依赖别人的劳力为生，而自己却一无贡献。这是被宠坏了的孩子的典型生活样式：当面临问题时，总是要求别人出力帮他解决困难。破坏人类的合作，并且把不公平的负担加诸那些热心于帮助别人解决生活问题的人肩上的，主要也是这批被宠坏的孩子。

母亲的职责

以尽母亲天职而对人类生活有所贡献的妇女，也会像任何其他人一样，在人类的分工制度中占有崇高的地位。如果她对其子女的生活抱有浓厚的兴趣，而努力要使其成为健全的公民，如果她致力于扩展他们的兴趣，并教之以合作之道，那么她对人类的贡献便是无法估量的。在我们的文化当中，母亲工作的价值经常被过分低估，并且被视为不是很吸引人或很有尊严的工作。它只能获得间接的报偿，而以家庭作为主要工作的女性们，通常在经济上也不得不依赖别人。然而一个家庭的成功与否，母亲的工作和父亲的工作是同等重要的。不管母亲是在家主持家务或出外独立做事，她作为母亲的职业地位是绝不会比她丈夫的工作低。

母亲是第一个影响其子女职业兴趣发展的人。在生命最初四五年间所受到的训练和努力，对孩子在成年后生活中的活动有其决定性的影响。每当有人要求我做职业辅导时，我总会问他开始时情形如何，以及他在第一年时对什么东西最感兴趣。他对这段期间的记忆展示出他是在用什么思想来训练自己，它们表现出他的原形以及他的感觉。

兴趣的训练

假使孩子从儿童时代便已经决定他将来喜欢从事那一种职业，那么他的发展便会简单得多。如果我们问孩子：他们以后想做什么事，他们大多会有一个回答。这种回答都不是经过详细考虑过的，当他们说以后要当飞机驾驶员或汽车司机时，他们也不知道自己为什么要选择这一职业。我们的工作就是要找寻其潜在动机，以发现他们应该努力的方向，从而推动他们前进的力量、他们的优越感目标，以及他们要使其具体实现的方案。他们的回答只能让我们知道在他们心目中哪种职业是最优越的；可是从这个职业我们还可以看出能帮助他们抵达其目标的其他机会。

12～14岁的孩子大致都应该清楚他们以后所要从事的职业，假使一个孩子到这个年纪还不知道自己将来要做些什么，那我真要为他们感到悲哀了。他在表面上缺乏雄心并不意味着他对什么事情都不感兴趣。他可能野心勃勃,可是却没有足够的勇气来说出他的野心是什么。在这种情况下,我们必须耐住性子来找出他的主要兴趣并加以训练。有些孩子,在16岁结束学业之时,对自己未来的职业仍然拿不定主意。他们虽然是品学兼优的学生,但是对以后的生活却一点主意也没有。如果详加注意,我们会发现:这些孩子大多野心勃勃,不过却不肯真正与人合作。他们没有找到在分工制度中所该走的途径,也无法及时找出实现其野心的具体方法。因此,早一点问问孩子们希望从事哪种职业,是很有必要的。我时常在学校里提出这个问题,来引导孩子思考这一点,以免他们将之忘却或隐藏其答案。我还问他们为什么要选择这种职业,他们通常都会很仔细地告诉我。在孩子们对某种职业的选择里,我们可以看出其全部的生活方式。他会告诉我们:他努力的主要方向和他认为生活中最有价值的东西是什么。我们必须任他选择他认为最有价值的职业,我们也无从判断哪种职业较高尚、哪种较低下。如果他脚踏实地地在做自己的工作,而且也专心致力于为别人奉献出自己,那么他便和任何其他人一样是有用的。他的唯一职责就是训练自己,设法支持自己,并在分工缺席的架构中安置下自己的兴趣。

还有些人不管选择了哪一种职业都不会感到满意。他们想要的并不是一个职业,而是保证其优越地位的方法。他们不希望应付任何的生活问题,因为他们觉得生活根本就不应该向他们提出问题。这些人也是被宠坏的孩子,他们只盼望能获取别人的资助。对于大部分的人来说,也许有一天他们对最初四五年间所摸索出来的职业方向真正感兴趣了,可是由于经济的因素或父母的压力,他们却不得不采取另一个方向,去从事一个他们根本不感兴趣的职业。这件事情更能证明儿童时期训练的重要性。如果我们在一个孩子的最初记忆中,发现他对视觉的事物有兴趣,我们便能推测他可能适合于必须运用到眼睛的职业。在职业辅导中,最初记忆是绝不可以被忽视的。有些孩子也许会提起某人对他说话的印象,或是描述风吹、铃响的声音,我们便知道他是属于听觉型的,而且可能适于从事和音乐有关的职业。在其他的回忆里，我们还会发现动作的印象，这些人比较偏好活动，他们也许对需要户外工作或旅行的职业比较感兴趣。

人类最常见的努力之一就是超越家庭中的其他分子，尤其是比父亲或母亲更进一步。这是一种很有价值的努力；我们非常乐于看到孩子们青出于蓝而胜于蓝。假使一个孩子希望在他父亲的行业中胜过其父亲，他父亲的经验便更能供给他一个很好的开始。一个孩子的父亲如果服务于警界，他通常都会有成为律师或法官的野心。假使他的父亲受雇于医师的诊所，这个孩子很可能希望将来自己能当个医师。假如父亲是教师，儿子会希望成为大学教授。

在观察儿童时，我们经常可以看到他们在训练自己从事某种成年生活中的行业。比方说，有时候，一个孩子会希望会成为教师，他喜欢带领着一群孩子，在玩学校上课的游戏。孩子们的游戏能让我们看出他的兴趣所在。希望要成为妈妈的女孩子，会喜欢玩洋娃娃，并培养自己对婴孩的兴趣。也有些人以为：假使我们给她们洋娃娃，会使她们脱离现实，其实她们是在训练自己认同母亲，并从事母亲的工作。她们是应该这么早就开始练习的，如果太晚了，她们的兴趣会固定而不易变更。有些孩子还会表现出浓厚的机械或技术兴趣，如果他们能达成其心愿，将成为以后生活中良好职业的基础。

还有些孩子一向不愿意指挥别人，却很有兴趣找一个领袖来跟随，这个领袖就是肯收留他作为下属的儿童或成人。但这并不是一种良好的发展，假使我们能降低这种卑顺倾向的话，我一定会非常高兴。如果我们不能使之消止，这种儿童在以后的生活中将不能居于领导地位，依照他们的意愿，他们将会选择小职员的职位，从事一些每一件事都已经被人预先安排好的例行工作。

在无意中遇见生病或死亡等问题的儿童，对这些遭遇会保留浓厚的兴趣。他们会希望成为医师、护士或药剂师。我认为：对他们的努力是应该加以鼓励的。拥有这种兴趣而成为医师的人，大多都是很早就开始训练自己，并且非常的喜欢他们的行业。有时候，死亡的经验还可能以另外一种方式来加以补偿。有些孩子可能希望以艺术或文学的创作来求取永生，有些则可能献身于宗教事业。

游手好闲、好吃懒做等逃避职业的错误训练，也是从生命早期便已开始的。当我们看到这样的孩子在以后的生活中闪避着困难时，我们必须以科学的方式找出其中错误的成因，并以科学的方法来纠正他。假如我们居住在一个四体不勤、五谷不分便能随心所欲获得任何东西的星球上，那么懒惰可能成为美德，而勤劳则为人所不齿。然而从我们和我们所居住的地球之间的关系来看，我们对职业问题有着合乎逻辑的解答和符合常识的解答，就是我们必须工作、合作和奉献。以往人类一直是凭直觉感到这一点的，现在我们则是以科学的态度来看待它的重要性。

兴趣培养了天才

我认为：只有对人类的共同福利有杰出贡献的个人，人们才可称之为天才。我们无法想象身后对人类没有留下丝毫利益的天才究竟是什么样子。艺术都是人类才华的伟大结晶，伟大的天才也提高了我们人类的整个文化水准。荷马（Homer）在他的史诗中只提到三种色彩，并用这三种色彩来描述了所有颜色的区别。无疑，人们在那个时代已经注意到更多的色彩差异，但是这种差异对一般人来说似乎是微不足道的，所以也就没有为它们命名的必要。究竟是谁教我们分辨出各种色彩，让我们能称呼它们的名字呢？我们必须说：这都是画家和艺术家的功劳。作曲家们也曾经将我们听觉的精密性提高至相当水准。现在我们之所以能够用谐和的音调代替原始人单调的声乐，都是音乐家们所赐，他们润泽了我们的心灵，并且教我们如何训练我们的功能。究竟是谁增加了我们心灵的深度，让我们谈吐幽雅、思想深邃？那是诗人。他们润饰了我们的语言，使之更富于弹性，并适用于生活的各种用途。天才是人类中最合作的人，这应该是没有什么问题的。在他们行为和态度的某些方面，我们或许看不出其合作的能力，但是却能从其生命的整个历程中看出它来。他们并不像其他人那样易于合作，他们的道路崎岖难行，路上险阻甚多。他们经常是以有更大缺陷的器官作为其起始点的，几乎在所有杰出者的身上，我们都能看到某种器官上的缺陷。因此，我们都能得到一种印象，认为他们在生命开始时便已命运多难，可是他们却挣扎着克服了种种困难。我们尤其能注意到他们是多么早便固定下那些兴趣，以及在儿童时期是如何刻苦耐劳地训练自己。他们磨炼着他们的理性，使之能够接触到世界上的各种问题，并加以理解。从这种早期的训练，我们可以断言：他们的成就和天才是自己创造出来的，而不是由遗传或上苍的赐予的。他们努力合作，使得后世能分享其成就。

早期的努力是以后成功的最佳基础。假设我们让一个三四岁的小女孩单独玩耍，她开始为她的洋娃娃缝制一顶帽子。我们看到她在工作，赞扬她几句，并告诉她怎样才可以把它缝得更好。当她受到激励后，会更加努力改进其技术。但是假设我们叫道："把针放下去！你要刺到手了，你根本不要自己做帽子，我们出去买一顶更漂亮的！"她便会马上放弃她的努力。如果我们有机会在日后的生活中来比较这两个女孩子，我们就会发现：第一个已经发展出制作技术的爱好；第二个却不知道自己能做些什么事，她会以为她买来的东西一定比她自己做得好。

如果在家庭生活中过分强调了金钱的价值，孩子们会只凭收入的多寡来看待职业的问题。这是一种很大的错误，因为这种孩子所遵循的不是他能贡献于人类的某种兴趣。当然每个人都应该谋求自己所需的金钱，而且忽略了这一点的人也真的会使自己成为别人的负担。但是只对赚钱有兴趣的人必定会与合作之途背道而驰，而只追求着他自己的利益。如果"赚钱"即是他的唯一目标，其社会兴趣将付之东流，那么他就不会没有可能用抢劫或诈欺来获得钱财。即使情况不这么极端，他赚钱的目标中还包含有少量的社会兴趣，那么虽然他已经腰缠万贯，但他的所作所为对于别人仍然毫无益处。在我们这个光怪陆离的时代，致富之道万万千，即使是旁门左道，有时候也会给人带来巨富。对此，我们不必感到惊讶。虽然我们绝不敢说：刚正不阿，有所不为的人一定能得到立即的成功，但是我们却敢断言：他能使其勇气保持不坠，并不失其自尊。

职业有时候可以用来作为逃脱爱情和社会问题的借口。在我们的社会里，经常会有许多人利用事业忙碌作为逃避爱情和婚姻问题的方法。有时候，我们也发现它被用作失败的脱身之词。一个狂热地献身于事业的男人，可能会想："我没有时间花在我的婚姻上，因此我不应对它的不美满负责。"尤其是在精神病人之间，爱情和社会这两个问题，是他们竭力要设法逃避的。他们若不是回避异性，就是用错误的方法来接近他们。他们没有朋友，对别人也不感兴趣。他们只能日以继夜地忙着自己的事业，白天想，晚上做梦时也在想。他们使自己长期地处于紧张状态中，结果诸如胃溃疡之类的病出现了。现在，他们更能以胃部疾患作为推辞爱情和社会问题的借口了。还有些人老是喜欢变换职业，他们一直以为他们能够找到更适合于自己的职业。他们到处游移不定，结果总是一事无成。

对于问题儿童，我们应该做的第一步就是找出他们的主要兴趣所在。由这一点，要给他们做整体性的鼓励便容易得多。如果是未曾找到合适职业的年轻人，或是在职业上失败的成年人，我们都应该找出他们的真正兴趣，一面利用它对他们做职业辅导，一面帮他们寻找就业机会。这并不是很容易的事情。在我们的时代，失业问题是相当严重的。如果是在一个每个人都致力于合作的时代，这种现象是不应该存在的。因此，我相信：每一个了解合作的重要性的人，都应该努力消除失业的现象，使每个愿意工作的人都有工作做。我们可以用增设职业学校、技术学校和成人教育等方法来帮助推行这件事。有许多失业者都是无一技之长的人，有些也许对社会生活从未感到兴趣过。社会上有许多不学无术的分子和对共同利益不感兴趣的分子，这是人类的一个负担。这些人觉得自己屈居人下，不如别人。因此，我们不难了解：为什么罪犯、神经病患者和自杀者大多数是知识程度较低的人,他们缺乏训练,总是落在别人后面。父母、教师,以及所有对人类未来的进步和发展感兴趣的人,都应该努力让孩子们接受更好的训练,以使他们在进入成年人的生活时,不至于在分工制度中无法占有一席之地。

教师的责任

当今,虽然父母和教师都对教育工作有所贡献,但父母纠正学校教育的不足,教师则矫治家庭教育的缺陷,在现代社会和经济条件下,大城市孩子的教育责任主要是由教师承担。父母对新的观念没有教师敏感,因为教师的职业兴趣就是孩子的教育。个体心理学把孩子为明天做好准备的希望主要寄托在学校和教师的改变上,尽管家长的合作也是必不可少的。

教师在自己的教育工作中必然会与家长发生冲突,这是因为教师纠正性的教育工作就是以家长教育的某种失败为前提的。而在这种意义上,教师的教育是对家长的指控,而且家长大多也这样认为。教师在这种情况下该如何处理与家长的关系呢?

下面就来探讨这个问题。这种探讨当然是从教师的角度出发而进行的,因为教师需要把与家长打交道视为一种心理问题。如果家长看到这种探讨,请先不要生气,这里并没有冒犯的意思,这种探讨只适用那些不够明智的家长,这种家长已经形成了一种教师不得不面对的大众现象。

许多教师认为,和问题儿童的父母打交道要比与问题儿童本人打交道更加地困难。这种事实表明,教师需要运用一定的策略来和这些家长打交道。教师必须总有这样一个概念,即家长并不需要为其孩子所表现出来的所有毛病负责,毕竟他们不是富有技巧的专业教育者,通常也只有按照传统来指导和管理孩子。当他们因为自己孩子的问题而被召唤到学校以后,他们常感到像是被指控的罪犯。这种情绪也反映他们心里的内疚,因而需要教师富有策略地对待和处理。教师应该尽力把家长的这种情绪转变为友好、坦率，使自己成为他们的一个个帮助者，让他们理解自己的善意。

我们绝不应该过多地责备家长，即使这样做有充足的理由。如果我们能和父母达成一种协议，改变他们的态度，使他们能按照我们的方法来行事，那么我们会获得更多的教育成就。直接指出他们过去行为中的错误，这将于事无补。我们所要做的就是尽力使他们采取新的方法。居高临下地告诉他们这儿做错了，那儿也做错了，只会冒犯他们，使他极不愿意和我们合作。通常孩子变坏并非一朝一夕形成的，而是有一个历史过程。家长通常也会认为他们在对孩子的教育中忽视了什么，但千万不要让他们感到我们也这样认为；我们绝不应该绝对而教条地和他们谈话。即使是向他们提建议，也不应该用权威的口吻，而是尝试用"可能"、"也许"或"你也许可以这样尝试一下"，等等。即使我们知道他们的错误在哪儿、如何纠正，我们也不要贸然地提出，让他们觉得我们似乎是在强迫他们。这并不是说每个教师都懂这些策略，也不是说一下子就可以掌握的。有趣的是，富兰克林曾在自己的自传中表达了同样的思想。他写道：

"一个公谊会教派的朋友曾好心地告诉我，我被普遍认为是为人骄傲，而这种骄傲经常表现在谈话之中，表现在讨论问题的时候不仅满足于自己正确，而且还有点咄咄逼人和飞扬跋扈。他还举多例来证明我的骄傲。于是，我决定尽力改正这种毛病或愚蠢品性，当然我的毛病也并不止这一个。于是，我便在自己的道德清单上加上了谦卑一条，我指的是广义上的谦卑。"

"我不敢吹嘘自己真的已经具备某种了谦卑的美德，但我已经有了谦卑的样子。我给自己定下规矩，绝不直接对抗别人的观点，也绝不直接肯定自己的看法。我们甚至逼迫自己认可我们圈子的古老信条，在表达一个确定的观点时避免使用'肯定'、'当然'、'我认可'或'毫无疑问'等字眼，而是要使用'我认为'、'我的理解是'、'我想事情可能是这样'或'目前在我看来'。当有人提出一个我们认为是错误的观点时，我不会直接与他对抗，避免当场指出他观点中的荒谬之处，而是回答说，'他的观点在有些情况下有其合理之处，不过，在我看来，目前的情况似乎有点不同'，等等。我很快就发现我这种变化的益处。我和他人的对话也更加愉快了。我以这种谦卑方式提出的观点，也会更容易让别人接受，反对的意见也少了；即使自己错了，也不会太过羞愧；如果自己碰巧正确，我也更容易说服别人放弃自己的错误观点，而站到我这一边。"

"我刚开始采取这种谦卑的为人方式时，不得不压抑自己的自然倾向。不过——习惯成自然。或许这也是为什么50年来无人听到我说一句教条式的话语的原因。我早年提议建立新制度或改造旧制度时曾对民众产生重大影响；后来当我成为议员时，也曾对议会产生很大影响，均受益于这种谦卑习惯（当然我更得益于我的正直）。实际上，我不过是一个拙劣的演说者，更不擅长雄辩，我在遣词造句时，也颇感犹豫，表达也不是很准确，不过我的观点一般还是得到了认同。"

"实际上，骄傲是人的自然情感中最难以制服的。尽管我们掩盖它，和它搏斗，打倒它，阻止它，克制它，它却总是不肯灭亡，并随时会抬头露面，发荣滋长；我们会在历史中经常地看到它。甚至即使我们认为自己完全克服了骄傲，我们也有可能因为自己现在的谦卑而骄傲。"

当然，这些话并不适合所有的生活情境。我们既不能作此期望，也不能作此要求。不过，富兰克林的话还是向我们表明，这种咄咄逼人、力图致人于死地的做法是多么不合时宜和多么无效。生活中没有适合所有情境的基本规律，每个规则一旦超出自身的限度，就会突然无效。确实，生活中有些情境是需要措辞激烈的。不过如果我们考虑到教师和已经体会到羞辱并将因为自己的问题孩子而进一步感受羞辱的忧心忡忡的家长之间的情况，如果我们考虑到没有家长的合作我们将什么也办不到，那么显然为了帮助这个孩子，我们也必然要采取富兰克林的方法。

在这种情况下，去证明谁正确或显示出自己的优越，就并不重要了,而重要的是找出一个帮助孩子的有效方法。当然这会遇到很多困难,许多父母听不进任何建议,他们会感到吃惊、愤怒、不耐烦,甚至会表现出敌意,因为教师把他们和他们的孩子置于这样一种令人不快的境地。这种家长有时也会无视自己孩子的毛病,不看现实。但他们现在却要被迫睁开自己的眼睛。自然整个情形并不令人愉快,因此可以想象,当教师仓促或太过急切地和家长谈论孩子的问题时,他们自然也没有可能赢得家长的支持。许多家长走得更远,他们对教师大发脾气,显示出一副不容接近的样子。这时,最好向家长表明,教师的教育成功取决于他们的协助;最好使他们情绪安静,能够友好地与教师谈话。我们不要忘记,家长太受传统的、陈旧的教育方法所局限,自然很难一下子解脱出来。

我们知道,孩子和成人对困难的反应差异巨大。对孩子进行再教育时,我们要认真谨慎,在我们重塑他们的生活模式之前,要理性地探讨其可能的结果。只有那些对孩子的教育和再教育进行过深思熟虑和客观判断的人,才能更为明确地把握好自己教育努力的火侯。实践和勇气是教育工作的基本要素,就像另一不可动摇的信念也是其基本要素一样,即不管出现什么情况,总能找到挽救孩子的办法。首先,我们要遵循一个古老而且很有见地的法则,即越早越好。那些习惯把人视为一个整体,并把它的毛病视为其整体的一个部分的人,将比那些习惯根据机械的、僵死的模式来对待孩子的毛病的人更能理解和认识孩子。例如,后者在孩子没有做家庭作业的时候,总是会立即给家长写信予以告知。

我们正在进入一个对儿童的教育不断有新观念、新方法和新理解的时代,科学也正在破除陈旧的教育习俗和传统。这些新知识把教师的责任置于一个更重要的地位,同时也使他们更加理解儿童的问题,赋予他们更多的能力去帮助孩子。重要的是要记住,单个的行为如果脱离了整体的人格也就没有了意义,我们只有联系整个人格,才能对它加以研究。

四、对人生的挑战

我们认为只有会动的,活生生的机体才有灵魂。人的灵魂与行为、心理之间有其密切的因果关系,这个关系构成了人类与植物和其他动物的区别。因此,人类的灵魂也就是人的本质体现。我们也可以说人的本质是心理和行为表现,而所有灵魂完成的演化与进步,则都有赖于机体自由引动的能力。这个强动能力会刺激及提高心理生命的强度,而引动能力也须依靠较强大的心理生命。

如果我们从这个角度来看本质的功能,就会渐渐地感觉到,我们的思考是一项遗传能力的进步,这个能力就是攻击与防范的机制,并由生活的有机体根据它所处的状况来反应。本质生命是"侵犯"与"寻求安全"两种活动的合成,而它的最终目标是要保护有机体继续在人间活着,并使其能安然完成自己的发展。

(一) 人性的本质

人性的本质与心理生命是密切相关的,它支配着人的引动朝向一个目标,因此我们不能说人类灵魂是一种静止的体系,而只能将它想成是诸种活动力量的合成。可是,这些力量却只是一个原因的结果——它们一直都奋力要求某一目标的完成,这个奋力奔赴目标的目的论,是"适应"的观念中所固有的。我们只能想象心理生命有一个目标,而存在于这个心理生命中的行动,也都一一指向它——灵魂生命。

灵魂生命

人类的心理生命是由其灵魂决定的。倘若这些朝向常在目标的活动没有经过决定、持续、修正及导引，就没有人能够思考、感觉、盼望、梦想，这个结果是起于有机体适应环境、反应环境的需要。人类生命的生理及心理现象，会以我们前面呈现过的那些根本为基础，如果不局限于常在目标的模式，我们就无法想象由生命动力在做决定时的那个心理演化。

从这个基础去看，灵魂生命的一切现象便可以当作为未来情境所做的准备。然而承认心理机制中的灵魂只是一般朝向目标的力量，这似乎不太可能，但个人心理学确实只从"一概朝向一个目标"这个方向去思考人类灵魂的全部表现。

要知道个人的种种目标，我们就必须了解他生活的行动及所表达的意义，并且要了解作为目标的准备，这些行动及表达会有什么价值。此外我们还要明白，这个人要达到他的目标应采取什么样的行动。这就好比我们如果让石头落地，会知道石头的路径一样，虽然灵魂并不晓得自然的法则，因为常在目标经常在变动。可是如果某人有了一个常在目标，那么他的每一个心理倾向都必然宛如遵守一个法则般的，追循着某一个驱迫力量。

灵魂生命确实有一个统御的法则存在，但那只是人造的法则，如果人总是觉得谈论心理法则的证据已经足够，那他其实是被表象欺骗了，因为他一旦相信自己已经展露了不移的天性，也确定了周围的环境，也就是走偏了。好像一名画家很想画一幅画，有人把怀有这样一个目标应具有的态度都给他，他就会仿佛有一个自然法则在作用一样，依序进行所有必须进行的活动，但是他所以画这幅画，是真的受了某种驱使吗？

目标确定

每个人活动朝向的目标,都是由环境给予孩童时期的影响及印象决定的,每个人的理想——也就是目标——可能在生命的前几个月便形成了,即使那么年幼,某些感受仍能激发孩子快乐与难受的反应,生命哲学的第一个痕迹即在此显现,虽然它表达的方式极其原始。影响灵魂生命的基本因素在孩子仍属婴儿时就已确定,后来在这个基础上再加盖别的结构,而那些上层结构便可能经过修正、受到影响或转变。种类繁多的影响很快迫使孩子对生命产生固定的态度,而且也会调节他对生命给予的问题所采取的独特的反应。

那些相信成人性格在他婴儿时期即已依稀可见的研究者所说的并不算错,这一点也说明了一般人大多认为性格乃遗传的想法。但是认为性格和个性遗传来自父母的观念,却实在大有弊害,因为这种观念阻碍了教育人员的工作,也打击了他们自己的信心。性格乃遗传的真正理由其实在别的地方,但这个借口却使负有教育任务的人有了逃避责任的机会,因为对于学生学习方面的不良,只要责备是遗传使然就可以了,这种借口当然完全违反了教育的目的。

我们的文明对这项目标的决定有其重要的贡献,它树立一些疆界,让孩子自己去闯,直到他找到实现愿望——可以保证给他安全及适应的愿望为止。人类与我们的文明现状建立关系共需要多少安全,可能在每一个生命的初期就习知了,所谓"安全",我们想的不是免于危险的那种安全,而是"安全"地进一步统合,这种统合保证了人类有机体可以在最适宜的环境中继续存在。比如在策划完全的机制运作中,我们也是这样谈到"安全的统合"(coefficient of safety)。小孩需要这种安全统合,所以他要求比仅满足天生本能的发展的更大的安全。因此,他的灵魂生命便产生一项新的活功,而这个新活动,直接讲就是:"朝向支配及超越的倾向。"

小孩子和成人一样,都想优越别人,他一心一意努力超越,这样才能给他与他的自定目标相仿的安全与适应。因此，他心理生命涌现出的某种不安状态，随着时间流逝愈发明显起来。假设现在的环境需要比较精深的反应，可是这孩子并不相信他具有克服困难的能力，我们就会看见他努力地逃避，不断地找复杂的借口，而这些只会使他潜在的对荣耀的渴求更加明显罢了。

在这种情况之下，他眼前的"目标"常常就是逃避所有较大的困难，或暂时躲避生活的要求，他觉得这样做可以慢慢脱离困难。我们必须明白，人类灵魂的反应都不是最终的或绝对的，每一个反应其实都只是部分的、暂时的，绝不可当做对问题的最终解决，尤其是孩童的灵魂发展。我们要提醒一下，那是"目标概念"的暂时具体化而已，我们不可以把衡量成人心理的标准用在儿童心理上面，对于小孩子，我们必须看远一点，并且要对他倾力去完成目标的能力表示怀疑。如果我们能透彻地诠释他的灵魂，就能明白，在最后的生活适应具体呈现时，他所表现的力量是不是恰当。

如果我们想知道他活动的原因，就必须站在儿童的角度看。与儿童视角有关的感情状态以许多方式指引着儿童，其中有一种是乐观。乐观的小孩对轻松地解决所遭遇的问题有信心，并抱持这种态度。他长大成人以后，性格上将认为生活的使命大多在他的力量所及范围内，在这种例子当中，我们就可以看到勇气、开放、坦率、责任、勤勉等等的发展。与此相反的一个发展就是悲观，大家想象一下对于解决自身问题没有信心的孩子，他的目标是什么？这个世界对这样的孩童将显得多么阴郁！我们在这里可以看到怯懦、内向、不信任以及一切弱者寻求保护自己的其他性格和特质，他的目标远在可以达到的范围以外，同时又远落在生命的前线之后。

为了知道一个人的思想，我们必须察看他与同类的关系。人与人的关系一方面由宇宙的本质决定，所以是变动不定的；而另一方面它也由固定的制度或习俗所决定——比如社会或国家内的政治传统。如果没有同时了解这些社会关系，我们便无法领会心理的活动。

群体生活

在人类的文明史中,从来没有一种生活形态的基础不是建立在群体基础之上的,而整个动物王国也都证明了这个基本法则:凡是其个体成员不能面对自我保存之战的物种,一定会通过群居来集结成新的力量。

这个群集本能已对人类做出了终极贡献,它发展出一种抵御严酷环境的知名工具——那就是灵魂,而灵魂的本质则处处透显着群体生活的需要。达尔文很早以前就叫大家注意一个事实:凡软弱的动物从来没有单独生活的。我们不得不把人类也列入到这些软弱的动物当中,因为他也不具备能单独生活的那种强壮,他对大自然只有一点点抵抗能力,为了在这个行星上能继续生存,他必须为他软弱的躯体补充许多人造的东西。

想象一个单独生活的人,在无一文明工具的原始森林内是什么情况!他一定会比别的活的有机体更不适于生存,因为他没有其他动物的速度和力气,没有肉食动物的利齿,没有好的听力与敏锐的双眼,这些是生存战斗中必备的条件。人为了保障其生存,必定需要大量的器具,他的营养、性格和生活形态,都需要密集的保护计划。

现在我们可以知道,为什么人只有处在特别有利的情况下才能维持其生存的道理了。这些有利的情况要通过社会生活才能提供,社会生活变成一种需要,因为只有通过社群及分工,人才能继续生存。单是"分工"一项(它主要的意义就是文明),已足以使人类便于得到防卫及攻击的工具了,而人类也只有在学会分工以后,才懂得怎么维护自己。

大家想想,生产的困难及婴儿诞生之初,要使他活下去得多么小心防备!这种照料与防备只有在分工状况下才能实现。再想想人类血肉之躯继承的病痛及虚弱有多少,然后你就会对人类需要多少照顾有些概念,也会对人类之需要社会生活有些理解了!"社会"是人类继

四、对人生的挑战

续生存的最佳保证!

群居与适应

根据前面的说明，从大自然的角度来看，人是一种次等的有机体，这种自卑及不安全感经常出现在人的意识当中，变成一个恒常的刺激，督促人去发现适应大自然的更好方式及技巧；而这个刺激迫使人去寻找可以消除或尽量减少生活中的不利情况的方法，因此才产生由心理机制来处理适应及安全问题的需要。如果不是这样，就算再加上角、爪、齿等这些能与自然战斗的身体防卫，也很难让人类脱离原始的状态。

心理机制能够迅速提供救急之道——弥补人类器官上的缺失。这一个起自不曾间断的无力感的刺激，发展出人类的预见力及其警戒力，并且使人的灵魂发展成今天这个负责思考、感觉及行动的状态。由于社会一直在适应过程中扮演着重要角色，所以心理生命从一开始便需要与群体生活打交道。心理生命的全部能力都在一个基础上发展，那就是群体生活的逻辑。

在这个天生需求的逻辑起源内，我们会发现人类灵魂发展的下一步（因为只有对全人类都适用的才合于逻辑）。群体生活的另一个工具在于清晰的语言，这个奇迹使人类有别于其他动物。语言现象（它的形式明白指出其社会起源）不能与适用于全人类的概念分离，因为一个单独生存的个体根本不需要语言，语言只在社群中才会有作用；它是群体生活的产物，是群体中个体间的联系工具。要想证明这一说法的正确，可以看看在与他人接触有困难或不可能有接触的环境下成长的人，这些人有的会因这个个人理由而逃避一切与社会发生的关联；而另外的一些人就成了这种环境下的牺牲者。不论是哪一种情形，他们都吃了语言不足或语言困难的苦头，而且他们永远不能获得学习外语的机会。仿佛只有在与人类接触不发生问题时，语言才可能形成并保持。

语言在人类灵魂发展中，有其无比重要的价值，只有以语言为前提，才可能有逻辑思考，而逻辑思考则是帮助我们建立概念及了解各种价值差异所必需的。然而概念的形成不是私密的事，它与整个社会都有关系，我们的思想和感情只有在适用于全人类时，才是可以的。我们对美丽事物的欢欣感，其基础在于对美丽事物的认同、领会及感受，而这些需是普遍性的，由此推知，思想及观念，比如理性、领悟、逻辑、伦理学、美学等，都可以在人类群体生活中找到根源，它们同时也是个体与个体之间（这些个体的目的在于防止文明崩溃）的联系。

　　欲望和意志或许也可以当作一个人的处境来了解。意志不过是一种用于帮助改善不适应感的倾向，它只是一项获得满意适应的工具。"行使意志"即意谓去感受这种倾向，然后付诸行动。每一项自发的行动，起初都是一种不适之感，它的解决即在于走向满足的状态。

　　现在我们或许可以了解，所有用来保卫人类生存的规则，比如法律、图腾和禁忌、迷信、教育，都应该受社会观念的统辖，并且一定也都要切合于社会观念。我们前面已经讨论过这个见解，而且也发现，适应社会是心理机制最重要的功能，这一点在个人如此，在社会亦然。

　　我们所称的公正和正义，还有人类性格中最有价值的那一些观念，不外乎都是满足了起于人类社会之需要的状况，这些状况因而塑造了灵魂，并且指挥它的活动。负责、忠诚、坦率、爱真理等等，都是在社会生活适用于全人类的原则下建立并保持起来的。

　　我们判断一种性格是好是坏，也只能从社会的角度去判断。性格一如科学、政治或艺术的成就，只有经过证明具有普遍的价值才会受人关注。我们可以用来衡量一个个体的标准，这是由他对全体人类的价值决定。我们比较一下一般人和理想人（也就是把他的社会感发展至最高程度的人），就渐渐可以看出，没有培养其人类同胞感的人，不能长成为一个恰如其分的人。

调整自己适应环境

我们已经花了一番工夫来揭示,怎么样凭借观察一个人的周围关系、来判断他在世界上的独特地位,来了解一个人的个性。在这里我们所称的"地位",是指他在宇宙中的位置,他对环境和生活问题(比如职务的挑战、接触,与他人的结合等)所抱的态度等,这些都是与他的种种存在并生的。由此我们也就能指出婴儿时期每个人经历的感受印象,如何影响他一生的态度。

小孩出生几个月后我们就可以确定他在与生命的关系中所处的位置。降世几个月之后,两个婴孩的行为就不可能相互混淆,因为他们已经显示了明晰的发展模式,而这模式又绝不会发生改变。孩子的心理活动借着社会关系,日益扩大,天赋社会感的第一个证据,在于他很早即寻求温柔,这一点导致他寻求成人的接近。小孩的"爱的生活"通常导致他亲近别人,而不是像弗洛伊德(S. Freud)说的,亲近自己的身体。这种肉体之爱的争取、紧张度和表现,因人而异。

如果是两岁多的小孩,这种差异可能表现在他们的言语之中。人只有在最严重的精神病退化压力之下,才会使已经固着于灵魂中的社会感弃他而去,这个社会感几乎终生都保持着,直到他除了家人以外,还接触到亲友、国家乃至人类全体,它才偶尔改变、换色、受限,或者扩大、加宽。社会感还可能延伸到上述范围以外而及于动植物、微生物,最后到达整个宇宙。把人当作一种社会性存在是一种必要的理解,也是我们研讨的主要结论:一旦领悟了这一点,对于了解人类行为,我们才算是获得了一项重要的工具。

由于每个人都必须调整自己以适应环境,所以他的心理机制中都具备从外界吸收印象的能力。不但如此,那个心理机制还会根据对世界的诠释,因循着幼儿时代就开始的理想行为模式,去追求一个固定目标。虽然我们不能用一个固定且适当的名词来表达这个宇宙诠释和那个追求目标,但我们却可以把它形容成一股常在的气氛,而且它经常是"缺欠感"(feeling of inadequacy)的一个对比。唯有怀着固定目标,其心理活动才可能发生,因为如我们所知,目标的构成提供了改变的能力与相当的行为自由,人类由行为自由而得到的精神富足,是珍贵而无价的。

刚从地面站立起来的小孩在第一次进入全新的世界的瞬间,都会隐隐感觉到一种敌对气氛,他第一次尝试行动——尤其在举腿学步时——就经历到各种程度的困难。这些困难可能强化他对未来的希望,也可能摧毁他对未来的希望。大人以为不重要或平常的印象,极有可能对孩子的灵魂产生巨大的影响,塑造他对所居住的世界的看法。

据此,凡行动上有困难的小孩就会给自己塑造一个充满暴烈及匆促行动的理想;我们只要问小孩他最喜欢的游戏是什么,或者问他长大后要干什么,就可以发现这个理想。小孩通常回答,他想当汽车驾驶员、修理火车头的机械工程师等等,这些都明显象征着他们亟欲征服妨碍其自由活动的每个困难。他的生命目标就是达到一个终点,使他在那个终点可以通过完全自在的行动,而消除自卑感及障碍感。

我们不难了解,这种障碍感可能很容易在发育迟缓或多病的孩童的灵魂中滋生。同样,生来两眼有缺陷的小孩大概会有把全世界看成比一般人更明暗分明的视觉概念,听觉有缺陷的孩子则对某些可以让他们愉快的音调特别有兴趣。简而言之,这使他们有"音感"。

在小孩用来战胜世界的所有器官中,感觉器官在决定他与所居世界的主要关系中是最为重要的。人利用感觉器官构成他的宇宙图,其中尤其重要的就是用来接触环境的眼睛。个体强迫自己留心每个人,并且构成经验中主要资料的,大半是眼睛。与耳、鼻、舌、皮肤等其他只接受短暂刺激的器官相较,由于眼睛是接触一些不变的、持久的基础事物,所以视觉构成的世界图,意义非凡。

然而有的人却以耳朵为主要器官,这时候,他心理中的信息库就大多则仰赖听觉,像这种情形,此人的灵魂便可能被称为具有绝佳的听觉优势；而对嗅觉及味觉刺激有绝大兴趣的人，又会是另外一种类型。对嗅觉比较敏感的那一型，在我们的文明中比较少见。也有一些小孩，他们的肌肉扮演着重要角色，这群人来到尘世，特征就是比较好动，这个特征使他们在儿时就不停地活动，长大成人后活动量也一样较大。这种人只对身体的肌肉可以派上用场的活动有兴趣，他们连睡觉时也展现活动，任何人都可以凭借观察他在梦中不断翻来覆去的睡态而证明。我们还需将"坐立不安"的小孩（他们的好动常被当成一种病）也纳入这种类型。

大致上，我们可以说，不特以某一器官或器官群为兴趣（不管是感觉器官还是运动器官）去接近世界的人，几乎不存在。小孩根据他比较敏感的器官所收集的印象，去构造他的世界图。因此，我们只有先知道一个人用什么感觉器官或用什么器官系统去接近世界，才有可能去了解他，因为他的一切关系都因这个事实而改换色彩。他的活动与反应的价值，则要看他的器官缺陷对儿时及日后发展所构成的宇宙图的影响，以及我们对这些影响有什么看法而定。

（二）人的心理现象

一个个体从小到大如何游戏、关心些什么、梦的内容及其才能等这些重要的心理现象，都是朝向某一特定目标所做的准备。

个人心理学的基本信条之一是，所有的心理现象都可以当作针对特定目标所做的准备。在前面讲述过的灵魂生命的轮廓里，我们看到灵魂不断地在为将来做着准备，这个准备显然是希望满足个人的愿望。这是人类普遍的经验，也是我们每个人都要通过的过程，而所有谈到理想的未来、神话、传说、冒险故事等，它们所关心的也都正是这个过程。

我们在所有宗教里也都可以发现一种坚决的信仰：所有人均认为曾经有过一个乐园。而且我们也可以在所有宗教里发现前述那个过程的进一步回响，亦即期待着一个所有困难均被克服的未来的人性渴望。灵魂不灭或灵魂化身的教义，就是相信灵魂能达到一个新形貌的确切证据。盼望一个快乐的未来这个事实，一直都没有在人类中消失，而世间每一则童话故事也都是这项事实的见证。

游戏的作用

在完美的生活里面，有一个重要的现象很清楚地显示了为将来做预备的过程，这个现象就是"游戏"。大家不要把游戏看作父母或教育者信手拈来的念头，而应把它们看成是教育的辅助，也是对孩子的精神、幻想、生存技巧的刺激。

小孩接近游戏的态度、他的选择，还有他赋予游戏的重视程度，即暗示了他对环境的看法和环境的关系以及和同伴的联系情形。他是否含有敌意、是否友善，特别是他有没有当统治者的倾向，在玩耍时都显然可见。观察玩耍中的孩子，就可以看出他对生命的全部态度，可见玩耍对每个小孩都有无比的重要性。以上这些事实告诉我们，应将孩子的玩耍视如为将来所做的准备。而上述这些事实的发现还得归功于一位教育学教授葛拉斯（Grass），葛拉斯在动物的玩耍中也发现了相同的倾向。

但我们还没有举尽所有把游戏性质当作准备的观点，在这些观点里面，最重要的一个就是：游戏是社交的练习，它们让孩子能满足并成全其社会感。凡规避游戏和玩耍的孩子，总会使人怀疑他们会不太适应人生，这种孩子乐于从所有游戏中撤退，如果碰到与别的孩子一同的时候，他们常常破坏其他孩子的玩兴，骄傲、自尊感不足及害怕不会扮演角色的恐惧，是这种行为的主要成因。大体说来，观看玩耍中的小孩，我们就能很肯定地判断他具有多少的社会感。

游戏时另一个明显可见的因素，便是追求超越的目标，也可以从孩子想当指挥人、统治者的倾向中瞧出端倪。我们只要观察孩子如何出风头，以及对那些能给他机会满足扮演领袖欲望的游戏所表现的喜欢程度，就可以发现这个倾向。游戏很少不蕴含下列因素中的一个：为人生准备、社会感以及操纵与服从。

可是，游戏中还呈现了另外一个因素，那就是孩子能在游戏中表现自己的可能性。游戏时，孩子多少是呈现了自己，并且他的表现受到他与同伴的关系的刺激。有一些游戏本身就特别强调这种创造倾向，若论替未来职业做准备这一点，那些含有给孩子创意练习机会的游戏就特别重要，在很多人的生命历史中，确有孩提时代替玩具娃娃做过衣服，而后来就替成人做衣服的事例发生。

游戏与灵魂的关系密不可分，说起来它也是一种专精的工作，大家应该像这样去看待玩耍。因此，打扰一个游戏中的小孩并不是一件小事，我们绝不应把游戏当作消磨时间的方法。若论为将来做准备这个目的，则每个小孩都具有一些他日后要成为的那种人物特质。因此，在评量一个人的时候，如果对他的幼年有所认识，我们要下的结论也就会比较容易一些。

专注的培养

专注是灵魂的特性之一，也是人类才能中的重要因素。当我们用知觉器官来关注我们体内或身外的某种特殊事件时，就会有一种特别专注的感觉。它不是遍布我们全身，而是限于某一个知觉器官中——比如眼睛，这时我们觉得有什么是正在准备中，而以眼睛这个例子来说，视轴的方向会给我们这种特别紧张的感觉。

如果"专注"唤起灵魂或有机体任何一部分的紧张，则此时这一部分以外的其他紧张就都会被剔除在外。因此，每当我们想注意任何一件事物时，都渴望排除所有其他的干扰。就灵魂所牵涉的注意而言，它指的是在我们和特定事实之间搭起桥梁的意愿态度，也是一种为攻击所做的准备。它是基于我们的需要而生，或者是基于需要我们全部力量朝向那一特殊目标的不寻常情况而生。

"不专注"其实是说，这个人想从一个状况中退出，改往他想要注意的方向去。因此，我们若说"某人没办法集中注意力"，这是不正确的，要证明他可以集中注意力很简单，其实只不过他的注意力常在别处罢了。意志力缺乏和精力缺乏，与注意力缺乏的情形类似，在那些意志力缺乏和精力缺乏的个案当中，我们常发现他们在不同的方向表现出坚决的意志和强悍的精力。要治疗这种情形可就不简单了，大概只能借改变这个人整个生命格调来试试看。在这种个案当中，我们可以确定，每一个个案的问题症结都只是因为追求错了目标。

不能集中注意力而成为固定性格的例子相当常见，我们常常碰到一些人，你给他们一个任务，他们或者拒绝，或者只完成一部分，或者根本逃避，以至于他们总是成为别人的负担。这种经常性的散漫是一种固着的性格特点，只要碰到别人要求他们做事时，就会显露出来。

如果一个人的安全或健康在必要的预防方面因为疏忽而遭到了威胁，我们通常称这种疏忽为"恶意的疏忽"。恶意的疏忽是不注意到极点的现象，而这种注意力的缺乏，其基础是对同类缺乏兴趣。我们若观察孩子在游戏中的疏忽特性，就能确定孩子是只想到了他们自己，还是会考虑到别人的权利。疏忽现象确实是一个人的社会意识与社会感的衡量标准，如果社会感发展得不充分，即使是在处罚的威胁之下，要使这个人对他的同类产生充分的兴趣也有极大困难；同理，倘若社会意识发展良好，则这种兴趣亦不证自明。

因此，恶意的疏忽就是社会感缺乏，但是我们也不能太过偏颇，免得忘了去探察一个人为什么不具备人类所该有的对同类的兴趣。

正如可能错失有价值的东西那样，我们也可能因为注意力的褊狭而造成遗忘。尽管原本有着较大的兴趣，但这兴趣却可能被不快的经验所遏阻，以至于产生错失或记忆的失误（或者至少方便了错失或记忆的失误）。比如学童遗忘课本就是这类的案例，通常很可以证明这些学生还不习惯学校的环境。常常遗失或误置钥匙的家庭主妇，通常是还不熟悉家庭主妇这角色的女性。健忘的人通常不公开反抗，但是他们的健忘实在就说明了他们对任务的缺乏兴趣。

潜意识与梦

人类大致可以区分为两类：一种是对他们的潜意识生命的认识比一般人多的人，还有一种是认识比一般人少的人——这是就他们意识领域的范围来说的。在许许多多例子当中，我们都恰巧发现第二种人所投入的活动范围比较小，而第一种人则多方面接触，并且对人、事、物、观念等有很大的兴趣。凡是觉得自己被遗忘的人，都自然地满足于一个狭小的生活圈，因为他们不能融入生活，不能像那些根据角色玩游戏的人那样清楚地看出问题，他们不是好的团队伙伴，不太有能力了解生活中较美好的事物。由于对生活的兴趣有限，他们便只能理解了生活问题中不重要的片断，害怕较宽广的视野，因为那等于是个人力量的丧失。

若论生活中的个人事件，我们常可以发现有的人因为低估了自己，导致对他的生活能力毫无所知。我们也会发现，有的人对自己的短处不很适应，他会觉得自己应该是个不错的人，但实际上，他做每样事情均出于自私；或者相反的，有的人自认为有点自大，但是仔细分析的结果却显示出他实在是个好人。所以你自己怎么想或别人对你怎么想其实都无关紧要，重要的是一个人对人类社会的整体态度，因为每个人的每项愿望、兴趣、活动都是由这个态度决定的。

现在我们又要把人分为两种了：第一种人是过着比较有意识的生活的人，他们以一种客观的态度，耳聪目明地去接近生活的问题；而第二种人是以偏见的态度去接近生活，因此便只看见了生活的一部分，这种人的行为和言谈总是受无意识的指挥。这两种人若共同生活的话可能会觉得有困难，因为他们彼此总是站在对立的位置，而且这两种人中的任何一方对对方都一无所知，他们只相信自己是正确的，因而大发议论以显示自己是和平与和谐的斗士，然而事实却与他们的话语不合。

在判断一个人的时候，我们并不能只受其有意识的行动及表现的指引。他自己没有觉察的思想及行为上的细节，往往可以给我们较佳的线索去了解他真实的人格。比如有咬指甲或挖鼻孔等不雅习惯的人，他们不知道这样做的时候即透露了一项事实——他们是固执的。他们不明白所以导致这些特性的前后关系，然而我们却很清楚，小孩子若有这种习惯，一定曾经被再三责骂过，而如果他挨骂归挨骂，却仍然不放弃这些习惯，就可见他必是一个固执的人！假如我们的观察越来越专业，我们就能借着观察这种不太重要的细节（然而这却是他整个存在的反映）而得出关于这个人的相差不远的结论。潜意识的事保留在潜意识当中，对于心理能量的节省是多么重要的事。人类灵魂具有指挥意识的能力，也就是说，从某些心理活动的立场来看，碰到需要有意识时，它就会先指挥意识；或者反过来，如果让某些事保留在潜意识中，会使人不知不觉，但却对于维持一个人的行为模式比较好的话，灵魂就会自动这样做。

我们如果明白告诉这样的人他人生态度的主要源泉，并且向他明示他所不敢正视的倾向，免得他失去了行为模式的话，我们就免不了干扰了他整个的心理机制的运转——这个人一直努力以一切代价防止的事终于发生了！他潜意识的思考过程变得既清楚又澄明！那些一直没有想过的想法，一直不敢收留的观念，那些如果有所察觉必会滋扰我们全部行为的倾向，将统统赤裸裸地摆在眼前。

每个人只想抓住能安定其态度的想法，而排斥可能拦住他往前走的观念，这乃是普遍的人性现象，人类敢做的事也只有那些在他们对世界的诠释中含有价值的事。凡有助益的，我们都有所知觉；凡可能干扰我们的，我们便把它们推进潜意识里面。

长久以来，世人一直认为从一个人所做的梦里，可以得出关于此人人格的结论。与歌德同时代的李克登堡说过：从一个人的梦去猜测他的性格和本质，比从他的行为及言谈去猜测更好。这话说得有点太过了，而我们的看法是，必须以最审慎的态度去处理心理生命的"单一现象"，而且只能在单一现象与其他现象相连贯时才能加以处理。因此，我们若要从一个人所做的梦去推出有关其性格的结论，只有在其他特性里面找到其他的支持证据，证实了我们对梦的解析之后才能做。

我们也不妨回想一下歌德（Goethe）在《婚姻之歌》（Marriage Song）里所描述的梦中梦：一名武士从乡下回来，见到他的城堡已经荒废，由于疲倦，倒头便睡。睡梦中他梦见床底下跑出一些矮人来，而且还看见他们在举行婚礼。做这个梦他相当高兴，就仿佛他想确定自己需要讨个老婆一样。后来在他庆祝自己的婚礼时，梦中所见的情景也确实在现实中发生了。

我们在这个梦里见到许多大家熟知的因素。首先，这个梦的背后藏着诗人歌德对自己婚姻的成见，此外我们可以再进一步看到的是做梦的武士在自己全然的需要中受当时生活状况所引发的态度。由于这个生活状况需求婚姻，所以他在梦里便萦绕着婚姻问题，以至于次日醒来便决定：如果他也结婚的话，一定会使现状有所改善。

我们还必须考虑的另外一件事是，所有的梦都不是这么好理解的，人能理解的只有很少的一部分，很多梦我们一做过立刻就忘记了，而且也不能了解它们背后的意思，除非我们精通解梦。不过，这些梦都不过是一个人活动与行为模式的象征反映或隐喻反映罢了。

梦的主要意义在于，它给我们机会去接近我们急于发现的自己的情境，如果我们正在操心一个问题的解决，而且我们的人格指出了接近那问题的方向，那么我们所需要的只是寻找一个能推动我们进入的力量罢了。而梦就非常适合强化情绪，或者是制造解决问题所需的活力。虽然做梦者不了解这其中的关系，但事实终究是事实，他只要发现某种形式的材料与推力就够了，梦本身自会给予方法，好让做梦者在其中表达自己，一如它会暗示做梦者的行为模式那样。梦宛如一道烟，显示某处燃烧的火焰，有经验的伐木工人不但能观察到冒烟，并且能说出是哪种树木在燃烧，就像心理学家能由解梦道出一个人的天性一般。

总结而言，我们可以说，一个梦不仅显示做梦者操心着某个人生问题的解决，并且显示出他怎么去接近这些问题，再详细一点说，影响做梦者与世界、现实之关系的两个因素——社会感和奋求力量——会在梦中显然现身。

（三）性格的行为模式

一个人尝试着去适应他所居住的环境，因之其显现出来的特殊作风，我们就叫它性格（character）。性格是一个社会性的概念，我们只有在考虑一个人与环境的关系时，才算谈得到性格，像《鲁滨孙漂流记》（Robinson Crusoc）的主角鲁滨孙，他这个人到底具有什么性格实在是没什么差别。性格是一个人在接近他所往来的环境时所呈现的特质和性情，是一个人从社会感的观点去努力奋求见知于人时所依据的行为模式。

性格特点

性格特点不是遗传的（很多人如此认为），它们就好比是一种生存的模式，这个生存模式使每一个人能够不需经过有意识的思考而过活，而且能在任何一种情况下表现其人格。性格也不是一个人的癖性，而是他为了在生活中维持独特习惯而取得的。比如有个小孩很懒惰，但这懒惰不是天生的，而是因为懒惰对于他好像是使生活容易一点的合适方法，而且它也能让他保持着重要感——在懒惰模式中，权力态度可以有相当程度的表现。一个人有可能强调自己天生的缺陷，以便在面对挫折时以此挽回一点颜面，而如此内省的最终结果往往就像这样："如果没有这项缺陷，我的才能一定可以发展得很出色，就可惜我'有'这个缺陷！"还有一种人，由于无节制地追求权力，导致他投入与环境的长期战争中，这种人往往发展出一些适合其战争的权力表现，比如野心、嫉妒、怀疑等。我们相信，这类性格特点本与人格无异，但它却决非遗传，也非不能改变。

经过仔细观察，我们知道，性格特点是应行为模式之需而生的，有时候在出生没有多久就产生了。它们不是首要元素，而是次要元素，它们是由于人格的潜在目的而被迫产生的。若要评断性格，就必须从目的观点给予评断。

我们曾经揭示，一个人的生命格调、活动、行为等，都与他的目的密切相关，而我们心中如果没有一点清楚的目标就不能思考，也不能付诸行动。在孩子灵魂的幽暗背景中，这个目的已经存在那里，从幼年起即指挥着他的心理发展，这个目的给予孩子生命形态和性格，并且负责使每个人都成为一个特殊的单位；此单位之所以别于其他的人格，乃是因为他生命中的活动和表现全导向一个常见但独特的目标。倘使明白了这一点，就等于是知道了我们一旦清楚一个人的行为模式，则不论我们从其行为的哪一个阶段看他，都能够认得他。

在我们的文明中，确实有某些事实、某些怪癖、某些生理生命和心理生命的表现形态，对青少年而言特别显得很有意义，这些事实和怪癖的共同特征是，它们会刺激模仿。因此，有时候是以"看"的形态显现的求知欲，便可能在视觉器官有困难的孩子身上导出好奇的性格特点，但是这个性格特点的发展却并非必然。如果这个孩子的行为模式觉得有其他需要，则同样这份对知识的渴求也可能发展出截然不同的性格特点——这个孩子可能以探究一切事物、以分析它们为满足，或者他也可能变成书呆子。

我们可以按照这个方式来评估听觉有困难者的不信任态度。听觉有困难的人在我们的文明里是暴露在比较危险的情况中，所以他们都发展出特别尖锐的注意力来感知这个危险。此外他们也有被嘲笑、被贬低的危险，而且还经常被认为是残障者，凡此种种都是发展成不信任性格的重大因素。由于听觉有困难的人无缘接触很多乐趣，也就难怪他们会对这许多乐趣抱持一种敌视态度了；基于此，过去假设他们天生具有不信任性格的说法就没有理由成立。至于认为犯罪性格也是天生的说法，同样是荒谬的。很多罪犯出自同一家庭的论调，可借一个事实予以有效的反击：在这些个案当中都一定有个坏榜样，有一种看待世界的传统态度，而这种家庭里的小孩从小即被教导偷窃可以维生的观念。

追求别人的认可也能用这个方式去思考。每个小孩都要面临许多人生障碍，所以没有一个小孩在成长中不去追求某种形态的重要性，这个追求的形态可以替换，而且每个人对个人重要性的追求都有个人的方式。主张孩子性格特点和双亲类似的说法可以用一个事实轻易说明：孩子在奋求重要性时，会自然取环境中已获得重要性及被尊重的人为理想模范，也正是这样，每一代子孙都要从祖先那里学习。

超越的目标是一个隐藏的目标，社会感的存在抑制着它明显的发展，它必须在秘密中成长，并且隐藏在一张友善的面具背后！可是我们必须再一次肯定，如果人类彼此多了解一点，超越的目标一定不会像这样繁茂生长。如果我们能进步到每一个人都发展出好眼力，而且能更透视周围人的性格，到那时候我们不但能更周全地保护自己，同时也会使别人追求权力因遭遇困难而不会有所结果。如果到了那种境地，遮遮掩掩的追求权力终会消失，于是它让我们能更切近地看透这些关系，也让我们能够运用现已取得的各种观察作为证据。

社会感的形成

我们在生活当中受到群体生存的逻辑支配，这一点确定了一项事实：要评估我们的同类，就需有特定的标准，而一个人所发展的社会感程度，就是评判人类价值的唯一标准——千秋万世都将如此。我们不能否认我们人类在心理上对社会感的依赖，世上没有一个人真能破除社会感的完整性，世上也没有什么言辞可以让我们利用来完全逃避我们对他人的责任。

社会感不断地用它警戒的声音提醒我们，但这并不是说，它要我们经常把社会感放到有意识的思考里，而是表示我们必须坚决相信，要扭曲它、撇开它，就得动员相当的力量。再者，社会感的普遍需要使得每个人在行动之前，都得先经社会感的考核通过，这个行动及思想的考核需要源于社会体的潜意识感知，最起码，我们常须为我们的行动找寻可以为人谅解的理由，这个事实就是社会感的考核在决定着。从这里面产生了生活的技巧、思考的技巧及行动的技巧，它或者使我们盼望与社会感经常保持着和谐，或者使我们以社会团结的外貌欺骗自己。

以上的说明是告诉我们，一种社会感的幻象存在着，它有如一面罩子遮蔽了某些倾向，必须揭开这些罩子才可让我们对一项行为或一个人有正确的评价。像这种欺瞒的发生，增加了评估社会感的困难，也正因为有这个困难，人性学的难度也相对提高了。

这里有一段小故事很可以用来显示真社会感和假社会感的差别。一个老妇人正要上公车时，滑了一下，跌倒在雪地上爬不起来。一些人匆匆走过，都没有注意到她，最后有个男子走到她身边后拉她起来。这时，一直躲在某处的一个男子跳过来，招呼着这位侠义的善士："谢天谢地！终于找到一位好心人了，我已经在这里站了5分钟，等着看是否有人来把这个老妇人扶起来，你是头一个这样做的人！"这段故事揭示了，表面的社会感是怎么被人误用的。有人只用了这个明显可察的技巧，就把自己提升到审判别人的地位，然后去嘉许或责备别人，而自己却没有动一根手指去帮助亲眼目睹的情况。

有的比较复杂的例子就不容易确定社会感的高低了，这时除了彻底的探究别无他法，而如果一旦这么做，我们就不会长久地处在黑暗中。比如有一位将军，他虽然知道战争已经大半失败，却仍逼迫几千名士兵死守，这位将军会说，他是为了国家利益着想。我相信也会有很多人赞同他的说法，但是无论他拿什么借口来证实自己做得没错，我们都很难认为他是个真正的人类同胞。

对于这类难于确定的情况，也为了正确评断，我们需要一个普遍可用的立场。像这样的一个立场,我们可以在"社会性功效"和"人类整体幸福"(即"公益")的概念中找到,一旦站到了这个立场上,碰到要确定特殊的事例时,我们便很少会感到困难了。

社会感的程度在个人的一举一动中即有所表露,有时候可以从一个人的外在表现中很明显看出来,比如看他注视另外一个人的样子、摇手的方式、讲话的方式等。他的人格也能以某种方式给我们留下不可磨灭的印象,而我们几乎也可以直觉地感知到他的人格。有时候我们不知不觉地对一个人的行为下了永远的结论,连我们自己的态度都不免相当依赖这些结论。

在上面的这段讨论当中,我们所做的,不外乎把这个直觉的本事带进意识领域中,让我们能够据此测验社会感并评判它,最终则是希望我们能因此避免铸就重大错误。把它转移到意识领域的意义,就在于让我们自己少些偏见。

让我们再一次强调,评价一个人的性格,一定只能在清楚了他的各种关系和环境之后才能做。如果我们从他的生活中揪出单一现象,并且单就这个现象来评判(比如只考虑他的身体状况、只考虑他的环境、只考虑他的教育等),一定免不了得出错误的结论。

上述这个想法的可贵,乃是因为它可立即卸除人类的负罪。要更了解我们自己,一定要建立一个更切合我们需要的行为模式,也唯有这样,才可能应用我们的方法去影响别人达到更佳的境地,并且防止造成残酷的结局:能这样的话,就不会再有人因为源于家庭不幸或遗传的因素而沦入悲惨的命运了。让我们朝着这方向前进,那么我们的文明将跨出决定性的一步!而且具有自觉性的、有勇气的、能掌握自己命运的新一代将长大成人!

心理发展

如果按着直线努力地去了解他的目标,并且发展进取、勇敢的性格,性格发展的开端通常都有积极向前冲的特点。不过这条线却很容易更改,而其中不免产生的困难源于反对孩子的那股巨大力量,这些反对的人阻止孩子直接地去获取超越的目标。但是小孩却会想办法越过这些困难,这时他的直线前进可能因而改道,随即产生另外一些性格特点。

性格发展中的其他困难,比如器官发育不全、环境的打击和挫败等,都会有类似的后果。再者,较大环境(比如世界、不能避免的老师等)的影响,其实更为重要。如何在我们的文明里生活,已表现在老师们的要求、疑虑和情感中,而这些要求、疑虑和情感最后都会影响到孩子。所有教育都是采用早已形成的色彩和态度,然后带领学生朝向社会生活及那时流行的文化走。

从第二种转折或改道的情况,我们会看到一个完全不同的孩子,他知道有反对者存在,所以要小心,这时他会尝试"改道"(不直接接近,而是利用机巧),以达到被认同以及获得一时权力的目标。他的心理发展与这个改道的偏离程度有关,他是否因此变得过分小心,是否配合生活的需求,是否逃避这些需求,全会由这些因素而定。如果他不愿直接接近他的任务和问题,如果他变得懦弱胆怯,拒绝正眼看人,不肯说实话,而这些表现其实未必代表另外一个类型的小孩,他的目标和勇敢的小孩是完全一样的——两个人行为表现虽然不同,目标却可能是一样的!两种不同的性格发展有可能在同一个人身上存在,这种情形的发生,特别容易发生在小孩还没有明显地使其倾向具体化时,或者他的原则尚可伸缩时,又或者当他第一次尝试失败,便放弃老路,而以充分主动去寻找别的途径时。

未被破坏的群体生活是适应社会需求的大前提,一个人只要未对环境持争斗态度,他就可以轻松地教孩子做这个适应,只要教养者能够把他们自己对权力的追求减低到不成为孩子的负担的程度,家庭内的战争就可以消失。如果父母了解孩子的发展原理,便能因而避免使孩子直线性格发展成夸大的形式,比如勇气退化成鲁莽,鲁莽再退化成粗鲁的自我主义。此外,他们也能避免外界强行制造的权威,并且能够免于制造严谨的服从象征，否则像这种有害的训练便可能导致孩子被压抑、害怕真理、害怕坦白。

　　压力若用在教育上，就如同一把双刃剑，只会制造形貌上的适应。强迫性的服从只会是表面的服从，孩子与环境的大致关系，会反映在他的灵魂里，因此所有我们想象中可能出现的、会直接或间接地影响孩子的障碍，也都会反映在他的人格里。小孩通常没有办法对外界的影响表示任何评论，所以他周围的成人既不清楚他，也不能了解他，而这个难题加上他对这些障碍的反应，便构成了他的人格。

乐观与悲观的倾向

　　要将人格分类，我们还可以依据另外一个办法——我们的衡量标准是看他面对困难时所呈现的样子。第一种人是乐观主义者，他们的性格发展大致是直接式的。他们会怀抱勇气接近一切的困难，而且也不会把困难看得太严重；他们对自己有信心，而且怀着轻松愉快的态度看人生；他们对人生不做过多要求，因为他们对自己恰当地评估，而且也不会觉得自己被忽略了，或者不重要。因此，他们能轻松地承受人生困难的状况。他们又能处变不惊地相信，错误总是能被修正的。

　　从态度上来分辨，乐观主义者大概可以立刻被认出来。他们不惧怕，谈话开放自在，而且不过分谦卑，也不过分自抑。假如让我们用创造性的词语来形容他们，我们就会说他们"放开的双臂"，随时准备接纳人类同胞。他们与人接触容易，交友没有困难，因为他们不怀疑，说话没有阻碍，他们的态度、举止、步伐，都是自然而轻松的，这种类型的典型例子很少在1岁以外的人群中被发现，不过成人中尚有不少乐观水平能做到让我们相当满意的社会接触。

　　与此迥异的类型是悲观主义者，我们教育上的最大问题就是这些人。他们是由儿时经验及印象而得到"自卑情结"的人，对他们而言，所有困难都已变成"人生难过"的感受，由于悲观的个人哲学所致（这套哲学在孩提时代曾经受错误的对待和滋养），他们往往朝向人生的黑暗面，敏于感知人生困难的程度较乐观主义者严重得多，因此很容易丧失掉勇气。由于不安全感的折磨，他们常常也都在找寻支持；他们的求救声回应在外在的行为中，因为他们没有办法独自站立：如果他们还是孩子，就一定会缠着妈妈，或者一和妈妈分开就吵着找妈妈，他们对母亲的呼唤，有时候到了老年还可以听到。

这种人的异常谨慎，可见于他们畏怯胆小的外表态度。悲观主义者永远在考虑可能的危险，他们想象这些危险都近在咫尺。这种人显然睡不安寝，老实说，睡眠是衡量个人发展的绝佳标准。因为睡眠困扰就是一个人小心翼翼（这是没有安全感的表现）的标志，这些人为了保卫自己对抗人生的胁迫，仿佛永远都处在备战状态。我们在这种人身上找到的人生欢悦非常之少，而他们对人生欢悦的了解又何其不足！一个睡不好的人，他发展出来的生活技巧也是拙劣的，如果他对人生的结论正确，那他就根本不敢睡觉了；假如人生真如他所相信的那么难堪，那么睡眠实在是一种很差劲的安排。既然对人生自然现象（睡眠）抱着敌视的态度倾向，这就透露出悲观主义者对人生毫无准备，其实睡眠本身并不是问题。

如果我们发现一个人老是去察看房间锁好没有，或者梦中尽是小偷强盗，我们也就可以怀疑此人有悲观倾向。这个类型实在也可以从睡眠姿势辨认出来：凡属于这一类的人，多半蜷缩到最小形体，或者会把被子蒙盖过头。

攻击与防卫的特性

人格也可以划分为攻击者和防卫者两种。攻击者的态度特征是行动暴烈。攻击型的人倘若具备勇气，往往会为了猛烈证实他们的能力，而把勇气强化成鲁莽。但是从这里却泄露了统御着他们内心的深度不安全感，这种人如果感到焦虑，就会尝试使自己强硬，以对抗恐惧。他们扮演"大丈夫"的角色扮演到了可笑的地步，其中更有些人大力压抑所有的温柔和细致，因为他们觉得这种感情是软弱的象征。

攻击者往往会显露出凶暴和残酷的特性，如果他们刚好倾向悲观，那么所有关系、所有环境都会改观，因为他们既没有同情的能力，也没有合作的能力，他们只能仇视全世界。但他们对自我价值的知觉，却可能同时达到很高的程度，他们可能使骄傲、自大和自我价值感膨胀。他们自以为是征服者，而后尽其所能展现着虚荣，但是他们明显的态度和行动的繁冗，不但破坏了他们与世界的和谐关系，也泄露了他们的全部性格——一个奠基在变幻不定的基础上的结构。他们的攻击性态度便是如此发源的，且有可能延续很长的时间。

他们的不能达成使命对他们本身有追溯既往的影响，他们发展几乎就在这里中止，然后开始变成另外一个类型——防卫者，这个类型觉得自己备受打击，所以便经常在防卫。他们弥补不安全感的方法，不是沿着攻击的路线，而是借助焦虑、防备、懦弱等方式。我们可以确定，如果不是上述那种类型所持的攻击态度的失败，就不会有第二类型出现。防卫型的人会很快会被不幸的经验吓倒，致使他们从这里推断出他们容易被击退的绝望结论。有时候他们会假装在撤退的路线中留有一项有益的工作，并借此圆满掩饰他们的失败。

这种人最常见也最突出的特点是他们好批评的态度，有时候这种态度会被他们强化到一眼看出别人最不重要的缺点的地步。他们抬举自己成为人类的审判者，本身却从不做任何对共同生活的人们有益的事。他们忙着批评、忙着破坏其他同伴的游戏，他们的多疑亦迫使他们带着焦虑、犹疑的态度，因而只要他们面对一项任务，就立刻产生顾虑、犹疑，显得好像要逃避的样子。如果要我们象征式地来描绘这种人，我们可以说：这种人一手抬起来保卫自己，另一手却遮着眼睛免得看见危险。

这种人还有其他令人不快的性格特点。大家都知道，凡不信赖自己的人也永远不会信赖别人，而这种态度则免不了要发展出猜忌和贪欲来。这类怀疑者所经历的孤立生活通常表示他们不喜欢为别人准备快乐，或者也不喜欢参与别人的快乐，不但如此，甚至别人的快乐都成了他们的痛苦。

在这类人当中，有的可能借一个有效而难于摧毁的巧诈，来维持他们优越于他人的感觉。在他们这个不计一切代价去维持其优越感的欲望当中，他们可能发展出一套微妙的行为模式，而这套行为之微妙，乍看之下，绝不会怀疑那是源于对人类的敌意。

（四）行动与情感

凡是遇到合于个体既定的生命格调，又合于其原本的行为模式时，情感就出现了，它们的用意是为了个体的好处而变化个体的情况。个人如果被迫采用别的途径来达成其目的，或者对其达成目的的可能性失去信心，就可能会产生比较猛烈的行动和情感。

凡对自己达成目的的能力没有充分信心的人，由于受其不安全感的影响，使他们不但不会放弃目的，反而会借助情感和情绪激励，想通过更大的努力来达到目的。被自卑感螫伤的人，他们使用的方法就是用尽力气，以残酷野蛮的行为达成其希望的目标。

既然情绪和性格特质关系密切，那么它们就不是单独个体的单独特点，而是在所有人身上都可以找到的。每个人一旦被放置在某个情境里，他便会显露出某种特定的情绪，我们或可称之为"情绪应变力"。

厌恶性表现
（1）气愤

气愤这种情绪，实在是追求权力和支配欲的典型。它明显透露的目的，就是想迅速猛烈地摧毁横阻在前的每个障碍。前面的研究已经告诉我们，一个气愤的个体，就是努力运用力量去追求超越的人，这样的追求认同，有时候会转化成真正的醉心权力。一旦有此结果，我们便一定会看到这种人对于可能削弱其权力感的小小刺激，报之以极大的愤怒。他们相信（也许是过去经验导致的结果），可以利用这种情绪，轻易地为所欲为、打败对手。这种方法并非上策，但在多数情况下却都有效。很多人都不难追忆，他们曾经怎样借偶尔发作的狂怒来重新赢得其权威。

当然，气愤也有其合理的时候，但我们现在不谈这种情况。讨论气愤，我们指的是常常运用这种情感，且已经成为一种惯性及标志性反应的人。有的人真的将愤怒运用到得心应手的地步，而且还人尽皆知，因为他们没有别的解决问题的方法。这种人通常是傲慢敏感的人，他们容不下胜过他们或与他们相等的人，相信只有自己做最优越者才能快乐。结果，他们老是两眼锐利地保持着警觉，免得有人太靠近他们，或者不好好看重他们。最常与他们的敏感相联结的，就是"不信赖别人"的个性，他们觉得信任每一个人都是不可能的。

在愤怒、敏感和不信任之外，我们还会发现其中伴随了另一种关系接近的性格。如果遇到棘手的问题，我们很能想象出这类极端野心的个体是如何地受到惊吓，因为他们从来都无法适应社会。一旦遇到他所不接受的事物，他知道唯一的反应方式便是大声公布他的抗议，那种态度常常使周围人很不舒服——比如，他可能打碎镜子、摔坏昂贵的花瓶，我们也不相信事后他会请求原谅，说自己当时根本不晓得在做什么。他那股损坏环境的欲望十分明显，因为他总是在破坏有价值的东西，从不把自己的愤怒限定在无价值的事物上面，他的行动里明显就摆明了有一套计划存在。

虽然这种方法在生活的小圈圈里有一定程度的效果，但只要这个圈圈扩大，也就随即失效了。于是，这些习惯生气的人很快会陷入与世界冲突的阵营中。

气愤情绪的外在态度很是常见，我们只要提提"狂怒"这类字眼,只要想象个暴躁者的形象也就够了。他们面对世界的敌意态度十分明显。气愤的情绪也几乎无视社会感的存在。追求权力的目的所有的激烈方式,使当事人很容易便想到死。我们可以借了解各种我们所观察的情绪问题,来测验我们对人性的了解,因为情绪是性格最清楚的显现。而我们必须指出,所有暴躁的、愤怒的、尖刻的个性统统都是社会之敌。我们必须再提醒大家注意,他们之追求权力,是建立在自卑感的基础上,在暴怒的发作中,自卑和优越整个暴露无遗——自己的价值要借他人的不幸来提升,实在是卑劣下作的把戏。

(2) 悲伤

悲伤的情绪是在一个人因所失无法获得安慰时产生的。悲伤和别的情绪一样,起初不外乎是悲痛或软弱的补偿,乃至形成一种想获得更多关照的意图。就这点来看,它的价值与发顿脾气相仿,不同之处在于它是因别种刺激而起,其态度和所用的方法也不尽一样。

至于"求取超越"则与其他一切情绪相同。只不过,易怒的人是因寻求提升自我价值、贬抑对手的价值,而将愤怒指向对手;而悲伤则是一种心理态势的退缩——这是悲伤者获得自我提升及自我满足的必备的条件。不过这份满足尽管与气愤者方式不同,却依旧是一种与环境相抗的行为。悲伤的人常常会抱怨、发牢骚,他借由这牢骚会把自己放在与同胞对立的位置,悲伤的本质隐藏在人的天性当中,它的扩大即成为一种对抗社会的姿态。

悲伤者的提升是由周围人对他的态度而获得。我们都知道悲伤者怎么依赖别人的服侍、同情、支持、鼓励、帮忙而觉得舒坦一些;如果这种心理活动成功地转换成眼泪、嚎哭,那么悲伤者就显然是提高了自己的地位,而成为既有秩序的评判或原告,这名原告因忧伤而对周围人的支配愈多,则其需求也就愈明显。悲伤变成一种不可抗辩的理由,束缚着悲伤者周围人的责任。

这种情绪明显地暗示着从软弱到超越的追求,以及维持个人地位、去除无力感和自卑感的意图。

(3) 嫌恶

嫌恶的情绪明显含有疏离成分，虽然这一点并不像别种情绪的疏离成分那么为人所知。在生理方面，胃壁受到某种刺激，就会恶心甚至呕吐，可是在心理方面，要产生"呕吐"是有某些意图的，情绪的疏离性因素在此明白可见。嫌恶情绪造成的结果便印证了我们的看法：嫌恶是一种姿态，因嫌恶而起的扭曲面容象征着对周围人的轻视以及拒绝此问题（轻视旁人）的解决。

想找借口以脱离一种不快的情境，这一个情绪的误用是便利的方法——假装恶心不难，而一旦装出来了，这个人势必要离开聚会的场合。没有哪一种情绪可以像嫌恶这么容易伴装，只要稍加练习，任何人都可以发展出恶心的能力。于是乎，一个无害的情绪就会变成对抗社会的有力武器，或者变成一个人想从社会撤退时的借口。

(4) 恐惧和不安

在人的一生当中，不安是最重要的现象之一。这种情绪所以复杂，不只因为它是一种疏离性的情绪，还因为它和悲伤一样，会造成对别人的束缚。当孩子因害怕某种情境而逃避时，他会去找别人保护，"不安"这种情绪不直接去支配任何人，实际上它反而是表示着失败。一个人不安时，都尽可能地弱小化，这时也正是这种情绪疏离性的一面显露的时刻，但它同时也怀着一份对优越的渴求。感到不安的人会躲避到别种情境的庇护之中，他这样防卫着，直到他们觉得能够面对所临的危险，并且胜过它为止。

谈到不安，我们所面对的则是一个有着根深蒂固来源的现象——它是攫住每种生物的原始恐惧的反映，而人类因其本质的软弱与缺乏安全感，而特别臣服于这份恐惧了。正是因为我们对人生的困难认识不够，使得小孩永远不能安于那些困难，别的人因而都得供给他所缺乏的东西。这小孩在生命之初，就感受到了那些困难，于是这一种生命的情境便影响着小孩。他在奋力求取安全感的过程中，始终含有可能失败的危险，结果就发展出了悲观哲学，因此他的支配本质变成对外界的协助和关怀的渴求。人愈无法解决人生的问题,所发展的谨慎就愈多,你一旦强迫这种孩子前进,他们立刻就会摆出畏缩的姿态。他们老是准备撤退,所以他们的性格很自然常常明显带有不安的情绪。

在不安情绪的表露中,我们也会看到当事人的态度渐渐出现反抗,但这反抗既无攻击性,也不直接显示。在这种情绪出现病态性质的退化时,也就是我们可以清晰地透视灵魂作用之际,我们将能清楚感觉到不安的当事人如何向外求援、怎么拉住每一个人并将其紧系在自己身旁。

进一步研究这个现象的话,很能引领我们转向前面所思索的那些问题:处在不安情绪中的人,无时无刻不在要求别人去支持、要求别人去注意他,以至最终构筑成一种主仆的关系,宛如别人务须随侍一旁,给予协助和支持一样。再进一步探究,则发现终其一生追求特殊认同的人为数不少,他们定会失去独立自主的能力(因与生命接触不足和不正确所致),所以他们会用极其激烈的方法去要求特殊的待遇。不论能找到多少同伴,他们终究还是缺少有社会感,可是只要一显出不安和惊吓,就又能制造其特权地位了。"不安"帮他们去除了生命的要求,也帮他们役使周围所有的人。最后,这份不安就渗入当事人生活里的每一层关系中,变成当事人成就其支配权最重要的工具。

(5)情绪的误用

除非能发现情绪是克服自卑感、提高人格特质、获取认同的宝贵工具,否则没有一个人会了解情绪的真正意义和价值。小孩子一旦搞清楚他可以利用愤怒、悲伤、哭泣等方法折磨周围的人,以抗议他受到疏忽的状况,他就会一而再、再而三地试验这套支配别人的方法。如此一来,他就可能陷入到一种行为模式——老是用一贯的情绪表现去反映一些并不太重要的刺激。只要符合需要,他就利用这一情绪。

滥用情绪是不好的习惯,有时候还可能转变成病态。如果孩提时代即如此,长大成人以后便会常常误用情绪。我们不难见到生活里有的人使用愤怒、悲伤等各种情绪，就好像它们是玩于股掌间的傀儡，这种没有价值、而且往往使人不快的性格只会剥夺情绪的真正价值。情绪的表演变成了个体遭人排斥或支配权受威胁时的惯性反应，悲伤若以激动的号哭表现，就会很令人厌恶，因为那太像一种低俗粗陋的个人广告了。

同样的误用也可能由情绪的身体反应造成。很多人都知道，有的人让强烈的愤怒影响消化系统，以至于碰到狂怒时，他们就会呕吐，这个情绪所表达的敌意最明显不过了。同样，悲伤的情绪也会与拒吃联结，以至于悲伤的人脸部消瘦、体重减轻，一副十足的"悲伤形象"。

这些情绪误用的类型不可能与我们无关，因为它们都触及他人的社会感。一个邻居如果去向受苦悲伤之人表达友爱，一般而言激烈的情绪就会减弱。可是有的人却希望悲伤永远别减轻，因为只有维持着，才有来自周围的许多友谊、同情，而这些友谊和同情使他们感觉到人格的提升或优越。

尽管我们对愤怒和悲伤寄予程度不等的同情，但愤怒和悲伤终究还是疏离性的情绪，这种情绪不会真的使人更亲近，反而会因损害了社会感而隔离了人。悲伤的确会促成人与人之间的结合，只是这结合并非正常产生，因为对当事双方都没有贡献什么，但它反倒促成了社会感的扭曲，不要多久，别的人就得负起更大的责任了！

亲和性表现
(1) 快乐

快乐这种情绪是沟通人与人之间关系的最明显的桥梁。快乐的人不会忍受疏离，在寻找同伴、在彼此的拥抱中所显露的快乐，同样在想与人一同游戏、一同享受美好事物的人身上产生。

快乐可以说是向同胞伸出的友谊之手，也仿佛是把温馨的辐射传递出去，因而在这种情绪里展现了所有的联结成分。但说得确切些，有这种情绪的人也是想克服不满足或孤独之感的人,这样他们可能沿着我们前面时常提示的路线,去取得某种程度的优越感,不过快乐可能是各种征服困难的表现中最好的一种。带有解放之能量及自由之力量的"笑"与快乐携手同行,它代表了这种情绪的核心形态,它超越人格,与人相合相融。

不过,为了某些个人的目的,这个笑和快乐也可能被误用。因此,一个心理情感不健康的人,倘若听到一场剧烈的地震报道,会显出快乐的样子。而当他悲伤时,他会觉得没有力量,因此他为逃离悲伤,使自己略加接近相反的情绪——快乐。

另外一种快乐的误用是看到别人痛苦时竟显得快乐。凡是在不当的时机、不对的地点所显露的快乐,都是排拒社会感、破坏社会感的,更是一种疏离性的情绪、一种征服的工具。

(2) 同情

同情是社会感的多种表现中最单纯的一种,只要我们在一个人身上找到了同情,大致就能确定他的社会感已经成熟了,因为这种情绪能让我们判断一个人与别人融合的能力。

但是比这个情绪本身更普遍的,也许恰恰是对它的误用。比如一个人假装他很有社会感——这个误用乃是它的夸大其词,我们会看到有的人挤到灾难现场,为的是冀求获得一个救死扶伤的名声,而实际上他却没有帮那些受难者一点点忙。

职业化的同情者和施舍者无法和其同情、施舍的行为分开,因为他们实在是以这些行动在制造胜过那些受施舍者的优越感,深解人性的罗契弗考(La Rochefoucaud)曾说:"人总是预备在朋友的不幸中找寻满足。"

曾经有人错误地把人类的喜爱悲剧和这个现象放在一起谈,他们说,看悲剧的人感觉要比舞台的角色神圣。此说并不适合于大多数人,因为我们所以对悲剧有兴趣,多半是起于自我认识、自我教育的欲望,我们没有忘记那只是戏剧,但却会利用个中的情节来增加我们为人生做准备的原动力。

(3) 羞赧

羞赧这种情绪同时具有亲和性质和疏离性质,它是我们社会感结构的一部分,并且不能与我们的心理生命分开——人类社会没有这种情绪是不可能存在的。当一个人的人格价值即将沉落,或者意识中的自我价值即将丧失时,就会产生羞赧的情绪。这种情绪会明显地转移至身体各部分,造成末梢微血管扩张。皮肤微血管一充血,我们便会看见泛红现象,这现象最常见于脸部,但有的人会全身泛红。

至于外在态度的表现,其中一种是退缩,那是与轻微沮丧密切相连的孤立姿态,等于准备从感到有威胁的情境中撤退。而眼光下望和害羞都是脱逃的举动,明确表示它是一种疏离性的情绪。

(五) 挑战人生

我们每个人在生活上的一举一动,都显示出他对于自己的力量、能力,有着一定的看法,而且从一开始,他对于自己在任何情况下行动的困难或者可行性就已有了很清楚的见解。换而言之,我确信人的行为出自于他的观念。请不要对此感到惊奇,因为我们的感官感受到的不是实际事实,而只是它的主观形象。也就是说,外在世界的反映。

创造力的产生

当我们做心理学研究时,不要忘掉塞内加的话。如何解释存在的重大事实要看我们的生活风格。只有在直接面对和解释相冲突的事实时,我们才会愿意在直接经验中的细节方面改正对事实的看法,在不改变人生观的情形里面,容许因果律影响到我们的判断。事实上,人看到一条毒蛇过来,是真的毒蛇,还是只是相信那是一条毒蛇,对他的效果都是一样的。骄纵的孩子在母亲离开时就会焦虑,他怕小偷,那么不论是否真的有小偷，他都会同样怕，甚至在向他证明没有小偷之后，他还是会怕。患广场恐惧症的人不敢到街上去，因为会觉得地在摇；在没有病的时候，如果地真的摇动起来，他的行动也不会两样……这些人有时都会按照信念行动，如果信念没有问题，他们的行为从客观的角度说就是正确的。

拿一个36岁的律师为例。他已经对工作完全失去了兴趣。事业很不顺利，他自己说是因为没有能带给那些来咨商的顾客好印象。他总觉得自己很难和人厮混在一起，尤其是和女孩子相处，会非常害羞。他勉强甚至可以说是厌恶地结了婚，不到一年也就离婚了。现在和父母住在一起，过着隐士般的生活，生活费用大部分也由父母负担。

他是独子，母亲非常溺爱他，总是和他在一起，她也说服了孩子父亲，使得他们都相信有一天他会成为一个很不平凡的人。这孩子一直都这样期待自己，他成绩优异，似乎证明他的想法不错。大部分被惯坏了的孩子不能对任何事情说不。就像许多那样的孩子一样，他染上了手淫的习惯，解脱不掉，而且不久使他成为学校女孩子们的笑料。他因此完全不和她们来往，但是却想象自己在爱情与婚姻方面能获得最光辉的成就；不过感觉只有母亲能吸引他，而母亲也完全被他所支配，有相当时间，他把性方面的幻想和母亲连在一起。从这一案例也可以很明显地看出，所谓的俄狄甫斯情结（Oedipus complex）不是一个"基本事实"，而只是母亲纵容的、恶性的、不自然的结果。这一点，在这位充满虚荣的男孩或青年觉得自己被女孩子出卖了时，在他没有能发展出足够的社会兴趣，因而不能和其他人厮混在一起时，可以更加清晰地看到。

完成学业不久，在面临独立谋生的问题上，病人感染了忧郁症，因此再次打退堂鼓。就像所有被惯坏的孩子一样，他从小就很胆怯，怕面对陌生人。以后在处理和男人或女人的同志关系里，情形也一样。同时，他也不敢再面对他的事业，这种情况一直延续到现在。

上面的叙述把许多和之相配合的其他事实省略掉了，我觉得这样也就够了。有一件事情是很清楚的：这个人一生始终都没改变，总是想出人头地，可是在对成功没有把握时又一定逃避。他的人生理念——他自己不知道，由我们推想出来的——可以用下面的方式表达："既然世界不肯把我的胜利给我，那我就撤退。"他把打败其他人看作自己奋斗的最后目标，从这样一个角度出发，不能不承认他的做法是正确的、聪明的。在他自己的世界里，没有"道理"，也没有"常识"，有的只是我所谓的"私有聪明"（private intelligence）。如果他在这样的人生中有什么想法在客观事实上被否定的话，他仍旧会采取同样的行动。

下面的例子也是常常看到的，显示同样的错误程序也可以在动物里见到。一条小狗接受在街上跟随主人的训练。在技巧有了相当进步之后，有一天，它突然跳上一辆开着的车子，被从车子上抛下来，但是却没有受伤。这当然是罕有的经验，小狗几乎不可能对这件事有本能的反应。它以后在训练方面有更多的进步，可是却无法诱使它接近失事的地点。因此，也很难用"制约反射"（conditioned reflex）的话来形容。不怕街道，不怕车辆，但是怕出事的地点，做了一次人常做的那种一般推论：该责备的不是自己的不小心、没有经验，而是那个地方，在那个地方总是有危险威胁着它。它和许多其他采取类似程序的动物很相似，都紧紧执着于那样的解释，这样做至少可以保证一点：再也不会在"这个地点"被伤害。

类似的结构常常可以在神经症里见到。患者害怕失败，害怕丧失自己，于是便把身体与心理的症状，误以为是无法解决的问题而精神激动。这些症状又被他们拿来做最好的利用，保护自己从生活中撤退。

很明显的，影响我们的不是"事实"，而是对事实的解释。在解释这些实际事件时我们所表现出的或多或少的信心，是永远不够的，而是要看解释是否有矛盾，看解释产生的行动是否成功。对于没有经验的孩子以及不合群的成人这一点尤其重要。不难看出，因为我们的活动领域常常很有限，也因为小的错误、矛盾常常在没有任何努力或是别人的帮助之下，在不太难的情形下得到调整。这也使得我们在生活样式一旦形成之后更容易抓住它。只有那些明显而重大的错误才会逼迫我们去仔细考查，而这也只有在那些愿意通过合作方式解决人生问题，不以个人优越为追求目标的人身上才会发生。

因此，我们得到了下面的结论：每个人对于他自己、对于人生的问题都有一个"观念"——一个生活样式、一个运动律——会把他牢牢抓住，虽然他不了解这个观念，也不能说明。这个运动律是在童年的狭小范围中出现的，在没有多少分辨选择的情形下，自由地动用人天生的能力以及外在世界的影响发展出来的。这一过程不受任何可以用数学程式表达的行动限制。它是孩子的艺术品，用来为达到他的目的，指导与使用所有"本能"、"冲动"，以及从外在世界与教育获得印象。它不能从"有的心理"的角度去了解，必须从"用的心理"的角度去了解。差不多相同，这类字眼常常只是因为语言的贫乏才有的（语言没法用简单的字眼表达永远都存在的微妙差异），或者说只是统计学上的可能性。如果因为看到它们存在的证据，而就定下不变的规则，那就是误用了，不可以这样做。这种规则对个别案例的了解不会有任何帮助，只能用来帮助对整个视野——独具特性的个别案件存在于其中的整个视野的了解。举例来说，强烈自卑感的诊断，对于个别案例性质的了解，到诊断的这一时候为止，没有任何帮助，也不表示教育或社会环境方面有任何缺点。这些缺点以永远都在变化的形式在个人对外在世界的态度上表现出来。因为孩子创造力的干预以及由创造力产生的解释的干预，形式人人不同。

很明显的，这许多多的解释，可能真的和现实世界以及它的社会要求有所冲突。个人对自己与人生要求的错误想法迟早会使得他和冷酷的现实相冲突：现实要的是和社会感一致的解决办法。冲突的结果可以被比拟成电击。失败者会认为他的生活风格还不能接受人生要求（外在因素）的考验，但这一意见不会因为电击而消失或改变，对个人优越的追求仍旧会继续。震撼的结果是只能看到下面的现象：当事人的行动领域会变得更加狭隘，而狭隘领域也多少受到限制；其次，当事人会把让他的生活受到失败威胁的任务除去；最后，他会从自己还没有做好正确应付准备的问题前撤退。不过，震撼的效果有心理的，也有身体的。它贬低了剩余的社会感，从而造成人生的各种错误，因为它迫使人逃避，神经症的情形就是如此；再有就是迫使人走上反社会的歧途。在这条路上，他仍旧会在剩余的行动领域内采取行动，但是这绝不表示他是在勇敢地行动。每一个案例都很清楚地证明，"解释"在个人的世界观里是很基本的，决定他的思想、感觉、意志和行动。

人生的意义

人生是问题，寻找人生的意义也是问题。我们不会随便拒绝任何发现它们的方法与途径。个人对人生意义的解释可不是小事，因为它是测试思想、感情、行动的终极标准。不过，真正的人生意义是在行动错误的个人所遇到的障碍中表露出来的。指导、教育、治疗的任务是要克服真正的人生意义与个人的错误行动之间的差距。

心理分析的出现使得心理学经历了一次文艺复兴。无所不能的人类命运之主，在性欲力（sexual libido）的名义下复活了，地狱的痛苦在下意识中得到小心而全面的描述，原罪也在罪恶感中得到同样的表现。唯独天堂没有列在单子里，但是以后创造的"理想自我"——个人心理学的完美"理想"目标也支持了这一观念、改正了这一省略。尽管如此，这一创造是一个要在意识的字里行间看出意义的值得注意的尝试，是往生活风格、个人的运动路线、人生意义的重新发现方向走了一步，尽管心理分析的创始人，沉迷于他的性隐喻，却没有能觉察到在人类前面盘旋的这一目标。此外，心理分析被骄纵儿童的世界拖累得太厉害了，使得它总是把这一类型看做心理结构的永恒样式,也使得它看不到作为人的进化一部分的精神生活的较深层次。它暂时的成功是因为无数骄纵放肆的人的倾向的缘故,这些人高兴地接受了心理分析的观点,认为是可以普遍应用的规则,也因此而强化了他们自己的生活风格。使用心理分析技巧的人以很大的能量、耐心,想用它显示人的表现的姿态、症候是和性欲联在一起的,使得人的行动看去像是依赖一个在本质上是虐待狂的冲动。个人心理学第一次清楚地指出,后面的这些现象是骄纵儿童的愤恨人为地制造出来的。不过,心理分析也有一条认识进化冲动的途径——对冲动的暂时适应。可是这一努力并没有成功:它以常见的悲观样子把死亡意愿这一观念看成是要完成的目标。这不是积极的适应,只是期待一个拖拖拉拉的死,依据的则是有些问题的物理第二基本律。

个人心理学会坚决地站在进化的立场,而且从进化的观点把所有人的奋斗看做追求完美的奋斗。对生命的渴求,物质的、精神的,都是不可改变地和这一奋斗连在一起的。因此,到目前为止,就我们所知,每一心理表达形式出现时,都是由负面情况向正面情况的运动。每一个人在他生命开始时,都为他自己采纳了一条运动规律,而为了顺应这条规律,他有相对的自由利用他内在的能力、缺陷以及他对周围环境的最初印象。运动规律人人不同,有不同的节拍、旋律、方向。每一个人都总是在那里拿自己和那无法达到的完美理想比较,总是受到自卑感的控制,因此被它驱策而前进。从此我们可以推论说,从永恒的观点说,或者从想象的绝对正确的观点说,每一运动规律都是有问题的。

因此,个人心理学用来发现人生风格的技巧,首先就必须拟定为对人生问题的知识,以及人生问题对个人要求的知识。很明显的,人生问题的解决需要一定程度的社会感,和整个人生的紧密结合,以及与其他人合作、厮混的能力。如果没有这种能力,就会出现各种品样的强烈自卑感以及随之而来的后果。自卑感品类繁多,但闪避与"迟疑不决"是其主要形式。和自卑感同时出现的那些相互关联的肢体与精神现象，我称之为"自卑情结"。不断地追求优越、要超人一等，可被称为"优越情结"；这东西不顾人的社会感，总是向往个人表现，以遮盖"自卑情结"。一旦清楚地了解了一个失败案例中的各种现象，准备不足的理由就应该在童年早期去找。用这个方法，可以成功地得到一个内部一致的生活风格的真实图像，同时也可以在失败的案例当中，成功地评估生活风格与社会感之间的差异程度。在这类案例中看到的人总是缺乏与其他人交往的能力。因此可以说，教育家、老师、医生、牧师的任务是要增加人的社会感，加强他与人合作的勇气。要怎样来做呢？告诉他失败的真正原因，同时让他信服；把他对人生的错误想法告诉他，使他能更加清楚地看到生命带给人类的意义。

要完成这一任务，必须有关于人生问题方面的详尽知识，必须了解社会感方面的细小缺失、自卑与优越情结里的缺欠，以及所有人错误里的缺失。同样的，辅导人士也必须对童年时期可能阻碍社会感发展的环境与情况有广泛的经验。

人生问题和任务

长久以来，我们确信所有人生问题可以归类为三个主要方面：社区生活、工作、爱情。这些不是随便的问题，而是不断面对我们、逼迫我们、向我们挑战的问题，而且不给我们一点逃避的路。我们在生活风格的基础上对这三个问题所做的答案，可以在我们对它们的整个态度中看出。三个方面彼此之间有着紧密关系，因为要恰当地解决它们都需要有足够的社会感。不难了解每个人的生活风格都或多或少地反映在他对每一方面问题的态度上。对于那个目前还遥远的问题，或是看上去情况有利而不难解决的问题，这个态度不那么清楚；当个人的资源受到比较严厉的考验时，态度就会比较清楚。宗教、艺术的问题，是超越一般解决办法的，在这三个方面都可以见到。三个方面的问题是如何产生的呢？为了相互联系、提供生活必需品，以及照顾儿女，人们就不得不结合在一起。人生存在这个地球上，就必须面对这些问题。人是地球的产品，他要在宇宙关系中活下去、求发展，就只有和社区结合在一起，提供它物质、精神的食粮，分担它的事务，勤勉工作，以及在传宗接代方面作出贡献。人在身体上与精神上能够担负起这些任务，因为他在进化过程当中，追求身体与精神方面的发展。所有的经验、传统、戒律都是人在克服困难的奋斗中所做的努力，不论对的、错的、暂时的、永久的。人在奋斗中现在达到的阶段——当然，是一个很不够的阶段——可以在今人的文明中看出。个人的运动以及群众的运动都表现在由负而正的成就上，因此我们可以说，不论在个人还是群体方面都有一种永久的自卑感。进化的大潮流下会停止，完美的目标拉着我们向前。

无论如何，这三个方面以社会感或社会兴趣基础的问题是无可避免的，所以很明显的，只有有足够社会感的人才能解决它们。人也许会大胆地说，到目前为止，每一个人都能够获得那些数量的社会感，可是人类的进化还不够深远，人对社会感的吸收还不够完全，它还不像呼吸或者立姿那样在人的身上自动地发挥着作用。我不怀疑有一天——也许还很遥远——人会达到那一阶段，除非人在哪方面的发展遭到破坏；在我们的时代，有少许理由，不免使我们想到可能出现那样的情形。

所有其他问题的目的都是要解决这三个主要问题的。次级问题可能和友谊、同志感情，对国家、民族、人类的兴趣有关；解决问题的准备工作，不论其对错，在他生下来的第一天就在和母亲的关系上开始了。孩子需要有和周围的人生活的经验。母亲，因为母爱的进化发展，在性质上是最适合带给孩子这一经验的伙伴。母亲是一个人站在社会感开始发展时的第一个伙伴。她要他在人生的舞台上扮演整体的一部分，要他和他的世界里的其他人建立正确的关系，他最早的冲动就是从母亲那里得到的。

被溺爱的孩子也用无数不同方式，拒绝让满足他希望的情况有任何改变，如果变动真的发生了，总是可以看到孩子的抵抗行动或反动，看到他利用这些行动较主动或较被动地达到其目的。不论问题是向前还是退却，完全发展的程度主要在于孩子的活动态度，虽然要求解决的外在情况（外在因素）也必须考虑到。在类似的病例里，体验到的成功提供了后来遵循的范例。

骄纵的孩子，走出了骄纵的圈子时，就会觉得经常受到威胁，行动就像在敌国一样。他个性的种种特色——尤其是他的常让人难以想象的自我怜爱、自我仰慕——都必须和他的人生意义相配合。由此可以看出，所有这些特色都是人为的成品，是后天得来的，不是天生的。

童年时期还有其他的障碍，也像骄纵一样，会妨害社会感的成长。在考虑这些障碍时，必须再次排除任何基本的、统御的、因果的原则；我们在这些障碍的成效中，看到的只是一个可以用统计学上的或然率加以表达的误导冲动。此外，每个人所展示的品种与独特性并不可以被忽视。这是孩子在形成他的运动规律的过程中，他的近乎任意的创造力的表现。这些障碍包括父母忽视孩子，以及功能低劣的器官。而这两项也好像骄纵一样，使得孩子对世界的看法以及他的兴趣偏离"共同生活"，而把注意力转到自己的危险与福利上去。

关于童年的这三个障碍可以说的是，孩子的创造力在努力克服它们的过程中得到不同程度的成功。一切成功、失败要看生活风格，看个人对人生的态度，这一点他大部分都知道。我们谈到决定三项障碍结果的统计学或然率，同样现在也必须证明，人生的问题无论大的小的，也展示了一个单一的但是重要的统计学或然率。那是问题造成的测验个人对问题态度的震撼或然率。人无疑可以以某种程度的确定性预言在一个人和人生问题接触时会有什么样的结果发生，但是必须记得，任何假设没在结果证实它之前，都不可以视为正确的。

个人心理学，凭借其的经验和或然率法则能够测知人生过去。这是任何其他心理学方法做不到的。这毫无疑问是它的科学基础的一个有力证据。

孩子到幼儿园去、到学校去，所表示的意义是什么？是使自己在家里成为有用的一员，在游戏中扮演一个恰当的角色，能像同志一样和人相处。除了这方面的意义以外，上学也是对他的合作能力的进一步考验，在那里可以观察到他与人在一起工作的能力。

显然，学校从效果上看，像一个考试，一开始就可以显示孩子的合作能力。学校是用明智办法增进孩子社会感的适当地方，使得他在离开学校时不会是社会的敌人。也正是因为了解到这些事实，才使我在学校里成立个人心理学顾问会，协助老师找寻适当办法教育落后的孩子。

到目前为止，一直在人生后台的孩子现在更加接近人生的前线了，他看到了人生的三大问题——社会、工作和爱。要解决这些问题，都需要对其他人有兴趣——经过发展的兴趣。关键就在于这方面的准备工作。而在这个时期，可以看到不合群、疑心、幸灾乐祸、各种的虚荣、过度敏感，见人时的激动状态、怯场、欺骗、撒谎、诽谤、过度的野心，以及许多其他特色。那些接受过以社会为目标的教育的孩子会很容易获得朋友，也会对所有影响人类的问题感到一定的兴趣，而且愿意为它的福利调整自己的观点与行为。他们不会用不公平的吸引人注意的办法来求取成功。他们总是很友善地在社区中生活，虽然也会起来反对那些对社会有危险的人——即使是最人性化的人也没有办法去除这种鄙视的感觉。

现在要提一项最后的考验：衰老和死亡。一个人如果确实觉得自己可以不朽，因为有后代，因为对文化的进步有贡献，那么就不会被那样的考验吓倒。不过，许多人都害怕被完全毁灭，迅速的身体恶化与神经崩溃就是证据。更年期危险的迷信把许多女人弄得极端困惑，特别是那些认为女人的价值在于年轻美貌的人会在这一时期感到相当痛苦。常常采取防卫性的敌对态度，总像是要面对不公正的攻击，因而被弄得心情沮丧，最后有可能发展成为忧郁症。我们今天的文化，毫无疑问，并没有给予年长的男女应该得到的地位。他们应该有这样的地位，至少有机会为自己创造这样的地位，那是他们的不可侵犯的权利。不幸的是，在这个阶段，他们的合作意愿受到很大的限制。他们夸张自己的重要性，坚持自己对一切的知识要比其他人高，埋怨自己的各种不便。结果，处处给人麻烦，也给自己创造了那种也许长久以来一直是他们害怕的气氛。

有过相当经验的人，在平静、同情地反省过后，应该明白：人生问题经常在考验我们的社会感程度，或是接受我们，或是拒绝我们。

奋斗的目标

向目标的奋斗永远都到不了一个和平的终点，因为很明显的外在世界的力量对它所创造的存在、所设定的要求与问题永远都没有办法获得完全的满足。在奋斗当中，一定也发展出我们所谓的灵魂、精神、心智、理性的能力，以及所有其他的"心理力量"。虽然在考虑心理过程时，已经进入了超越的领域，我们在不放弃自己观点的前提下，仍旧可以宣称：灵魂，作为生命过程的一部分，一定在基本特性上和母体，即它所由之而来的活细胞相似。这一基本特性特别可以在完成下列任务的不停的努力中见到：在外在世界的要求下，达成有利的安排，克服死亡，在不忘克服死亡的情形下努力奋斗，来求取一个理想的最后形式，以及和进化为求取最后形式所准备的身体力量采取共同行动，借相互的影响与协助，达到优越、完美与安全的目的。

因此，生命的基本法则就是克服、征服。人奋斗，求自保，求身心平衡，求身心成长，求完美，也都从不同层面说明了这一点。

在求自保的奋斗中，可以见到下面现象：对危险的了解与避免、繁殖、合作，以及每一个对上述现象有贡献的人的社会性成就。繁殖是一条进化的途径，其目的在于使身体的一部分在个人死后仍能继续下去；而合作指人类发展方面的合作，在这方面，共同工作的精神是不朽的。

人的身体总是在那里不断地努力，要在同一时候，维护、成全、补足它的所有重要部分。这是进化的奇迹。人在受伤流血时，血液会凝结，水、糖、石灰、蛋白的供应也会维持下去——在很大程度是得到保证的：血液与细胞会重生，内分泌腺也会同时采取行动，这些都是进化来的，显示有机体有力量抵抗外来的伤害。这种抵抗力的维持与加强乃是许多血脉广泛混合的结果，使得缺失减少，其优点继续并且扩大。在这一点上，人的结合，也就是说社会，也采取了有帮助的、成功的行动。因此，在追求共同存在的奋斗中，乱伦的禁止就几乎完全被看做当然的事。

人的心理平衡经常受到威胁。在追求完美的奋斗当中，人总是处在一种心理不安的状态里，在完美的目标之前，自己会感到无奈。只有当他在向上奋斗的过程中，感觉自己已经到达了一个满意的阶段时，才会有安静、价值与快乐的感觉。在下一刻，他的目标又把他继续向前推进。因此可以看出，作为一个人，就一定会有那种对他不断施压要求克服它自己的自卑感。胜利之途，成百上千，各个不同。体验的自卑感越强，而克服的冲动也就越有力，情感上的不安也就越强烈。不过，感觉方面的攻击，包括情感的以及情绪的，对身体的平衡也并不是没有影响。身体通过自律神经系统、迷走神经，以及内分泌系统的途径，给自己带来了变化：血液循环、分泌物、肌肉紧张度，以及几乎所有器官都出现了变化。作为暂时的现象，这些变动是自然的，仅仅是根据人的生活风格产生的不同表现而已。可是如果持续下去，就成了功能性的器官神经症。这种病就像神经病一样，起因于人的生活风格。在因强烈的自卑感而失败的案例中，生活风格显示逃避问题的趋向，以及用延续已经出现的身体或心理的震撼症候的办法，以使自己继续逃避的趋向。心理过程以这样的方式对身体产生作用，也对心灵本身产生作用，因为在那里引起各种心理的失败，以及和社会要求相敌对的疏失与行为。

五、生命的科学

伟大的哲学家威廉·詹姆斯（William James）曾经说过："唯有直接与生活发生关系的科学，才称得起真正的科学"。也有人说在直接与生命有关系的科学中，理论与实际几乎是相辅相成、不可分开的。而生命的科学，正因为它令自己附着在生命的活动上面，因而也就变成了生活的科学。这些要点为个体心理学提供了特殊的力量。

个体心理学试图将个体生活看作整体，并将每一反应、每一活动、每一冲动当成是个体对生活态度的一个显明部分。从实际观点来说，这样的科学是必需的，因为靠着知识的帮忙，我们可以修正并改变我们的态度。因此，个体心理学从两方面说来是具有预言意义的：它不仅可以预言会发生什么，甚至会像预言者约拿（Jonah）一样，也可以预言什么事情不会发生。

（一）生命的发展

个体生活目标

个体心理学的科学之所以产生，乃是为了了解生命之创造力量的努力而发展出来的。创造生命的力量，表现在发展、争取和成就的欲望上面——甚至一方面补偿失败，一方面争取成功。这个力量是目的论的——它争取目标，而在争取目标的同时，每一身体上及心理上的活动都要合作帮忙。因此，抽象地研究身体与心理情况，而不和整个个体产生关系，那是很荒谬的。比如说，在犯罪心理学当中，我们通常都关注犯罪本身更甚于关注犯人，实际来说，重要的应该是犯人而非犯罪本身。如果我们不能将之视为一个整体，而只把它当成一个特殊个体的插曲的话，我们将永远都无法了解犯人行动的真正原因。从外在的同一个行动来看，在某一事例上说可能是有罪的，但在另一事例上却可能没有罪。而重要的是要了解个体的前后关系——个体生活的目标，这目标说明了他一切行动与行踪的方向。这个目标使我们可以了解在各种分别行动——我们把它们看成整体的一部分——的隐伏意义。相反，当我们研究部分——假定我们把它们当成整体中的一部分来研究时，我们对整体也会有较佳的了解。

以作者本身来说，对心理学的兴趣是由行医发展而来的。行医提供了目的上或目标上的观点，这对于了解心理事实是必需的。在医学上面，我们看到所有的器官都奋力地向一个特定的目标发展。它们具有某特定的形式，臻于成熟。甚至当有器官损坏的情形发生时，我们会发现大自然总会特别努力来克服这个缺陷，或者取代损坏的器官。生命一定要尽力持续下去，而生命力量绝不会不经过挣扎就向外在的挫折认输的。

现在心理活动与器官生命的活动是类似的了。在每一个心灵当中，都藏有目的或理想的概念，以期超越目前的情况，并指示出一个将来的目标来克服目前的挫折或困难。借着这个目标或目的，个体可以认定并感觉出自己超越了目前的困难，因为他对未来的成就早已成竹在胸。若没有目标个体活动便不再具有任何意义。一切的证据都指示出这个目标——给它一个固定的形式——必须在生命的早期孩童的形成时期就产生，一种成熟人格的原型或形态在这个时候就开始发展。我们可以想象得出这个过程是如何发展的。一个孱弱的小孩子，感觉自卑，并发现自己处于一个无法忍受的情况之下，因此他会奋力发展，并奋力朝着自己选择的固定目标前进。在此时期用以发展的材料较决定方向的目标并不重要，这个目标如何固定也很难说，但是这种目标的存在是很明显的，并且它主掌着孩子的每一活动。在这早期，对于力量、冲动、理性、能力或无能的了解实在很少，也没有方法可以了解，因为这个方向，唯有在小孩子固定了他的目标之后才能建立起来。唯有当我们看见生命有了某种倾向，我们才能猜出将来会发生什么事。当一提到"目标"这个字时，读者就容易有一种朦胧的印象。这个意念需要予以固定。但归根到底，具有目标就是希望像上帝一样伟大。但是如上帝般伟大当然是最终的目标——目标中的目标，如果我们可以用这个字的话。教育家就必须在教导他们自己和他们的小孩像上帝一样完美的时候小心谨慎一些。事实上，我们发现小孩子在他的发展过程中有一种更为固定而即时的目标。小孩子们在他们的周围寻求最强壮的人，将他（她）当做他们的模范或目标。这个人可能是父亲或母亲，因为我们发现甚至一个男孩也可能会受影响而模仿他的母亲，如果她是最强壮的人的话。

不久之后，他们想要做马车夫，因为他们相信马车夫是最强壮的人。当小孩子最初感知到这个目标时，他们就行动、感觉、模仿马车夫的穿着，并学习一切跟这个目标有关的特性。但是只要警察挥一挥手指头，马车夫也就一文不值了……不久之后，理想可能是希望成为一名医生或教师。因为教师有权力惩罚小孩子，所以他又开始认为教师是一个强壮的人。

孩子们在选择目标时，会选择具体的象征，我们发现他所选择的目标实在是他的社会兴趣的指标。一个男孩子，当被人家问到他将来要当什么时，他说："我要当一个刽子手。"这显示出他的社会兴趣。小孩子希望成为生命与死亡的主宰——属于上帝的角色。他希望比社会更具有力量，因此他朝着无用的生命发展。成为一名医生的目标也是围绕着如上帝般成为生命与死亡的主宰之愿望打转，但是此目标是通过社会服务而达成的。

个性的发展

当包含目标的早期人格原型形成时，方向也就建立了，而个体就有了固定的倾向。这个事实使我们能够预知生命后期将要发生什么。

个体从那时起就落入由方向所建立起来的成规之中了。小孩子们不会感觉既存的情境，而是根据个人的统觉，也就是说要以他自己兴趣的偏好来感觉情境。

在这个关联上我们发现了一个有趣的事实，那就是有器官缺陷的小孩子将他们的经验连接于有缺陷的器官的功能上面。举例来说，有胃肠毛病的孩子对吃有反常的兴趣，视觉有缺陷的孩子对视觉的事物反而更为关注。这个关注是与个人的统觉一致的，而每一个人都有这种统觉。因而我们可以建议，要发现一个小孩子的兴趣在哪里，我们只要确定哪个器官有缺陷就得了。但是事情却并不就这么简单。小孩子并不照着一个外来的观察者那样经验器官缺陷的事实，而是根据他们自己的统觉。因此，当器官缺陷的事实成为孩子统觉中的一个要素时，外在观察的缺陷并不会给予统觉任何暗示。

小孩子沉湎于万物相对的统觉之中，然而他跟我们一样——没有一个人能够具有全部绝对的真理。即使我们的科学也无法有绝对的真理。一切都要根据普通常识，那就是说任何事都不断地在改变，而能够逐渐以小的过错来代替大的过错已经可以满足了。我们都会犯错，但是重要的是我们能够更正它们。这种更正在原型形成的时期较为容易。若我们不能在这个时候纠正它们，后来就可能必须回忆当时的整个情境。因此，假如我们需要治疗一个神经症病人，我们的问题便不是要发现他后期生命所犯的错误，而是他在早期生命建立原型时所犯的根本错误。如果我们发现了这些错误，那么就有可能用适当的治疗方法来更正它们。

以个体心理学来说，遗传的问题因而减少其重要性。一个人受了什么遗传本不重要，重要的是他以他的遗传在生命的早期中做了些什么——那就是说，在孩童时期内所建立的原型。遗传性质当然必须为遗传来的器官缺陷负责，但是我们的问题只是除去特殊的困难并将孩子放置在一个有利的情境当中。事实上在此处我们很有利，因为当我们看到缺陷时，马上就知道如何跟着行动了。经常地，一个没有任何遗传缺陷的健康小孩，会营养不良，或者在受教养时会有很多毛病产生。

现在让我们来看看个体心理学给予教育和训练神经症患者的计划——包括神经症的小孩、罪犯、想要借酒逃避生活的酒鬼。

为了要容易而快速地了解他们有什么错误，我们首先都以询问何时引起麻烦开始，而毛病经常出在新的情境上面。但这是一个错误，因为在这个真正的事情发生之前，我们的病人——我们在调查时便会发现——还没有准备好应付新的情境。只要他在一个有利的情境下，他的原型的错误就不明确，因为每一种新情境都是具有实验性质的，他则根据他原型所创造出来的统觉而行动。他的反应并不只是行动而已，它们具有创造性，并且与主掌着他生命的目标一致。经验教导我们，在我们学习个体心理学的早期，我们可能要除去遗传的重要性，以及隔绝部分的重要性。我们看到原型根据其统觉就可以解答经验的问题，并且也必须努力研究统觉以便产生任何结果。

自卑感与社会兴趣

在小孩子天生有不完整器官的情形下，心理情况就很重要了。因为这些小孩子们被置于一个更加困难的情况下，他们显示出了扩张的自卑感。在原型形成时期，他们已经对自己比对别人的兴趣更大，并且他们有意在生命的后期也继续保持如此。器官性的卑下并不是原型错误的唯一原因，其他情况也会导致同样的错误，举例来说，被纵容的孩子和受憎恨的孩子。我们以后会更仔细地描绘这些情况，并提出真正的个案史，以说明这三种特别不佳的情况——具有不完整器官的孩子、被纵容的孩子以及被憎恨的孩子。因为目前指出这些孩子们残缺地长大并且不断害怕攻击已经足够了，他们在长大的环境里永远学不会独立自主。

从一开始了解社会兴趣是很必需的，因为它是我们的教育、治疗和关照之最重要的部分。唯有有勇气的人、自信的人和安心自得的人，在生活有利与有困难的两种情况下，才能顺利地度过。他们从来不感到害怕，知道有困难，但也知道自己一定能克服它们。他们已经准备好去应付生活上的一切问题，这些问题无疑都是社会问题。从人类立足点来说，准备社会行为是必需的。我们所提到的三种小孩子发展出一种比较没有社会兴趣的原型。他们并没有完成生命所需要的工作以及解决困难的心理态度。他们感觉遭受挫折，原型对生命的问题具有错误的态度，并且会在无用的生命上发展其人格。换句话说，我们要治疗这类病人的工作，就是要让他们在有用的生活上发展出行为，并对生活和社会建立起一般有用的态度。

缺乏社会兴趣就相当于朝向无用的生命发展。缺少社会兴趣的人就是那些有问题的小孩、罪犯、发疯的人和酒精中毒者。以他们的病例来说，我们的问题乃是要寻找影响他们回到有用的生活上去，并使他们对别人产生兴趣的方法。那么从这方面看来，我们所谓的个体心理学实际上即是社会心理学。

（二）个体的目标

心灵的态度

若我们在一个家庭中，观察一个人格成长得很糟的小孩子的症状和表现时，会发现他具有很大的自卑感。这个小孩子具有我们可以在神经症患者身上找到的整个人——我们可以说他本人——的心灵态度。举例来说，在强迫性神经症的病例之外，病人知道一直数窗户是没有用的，但是他就是没办法停止。对有用的事物有兴趣的人也绝不会有这样的举动。他本人特有的对事物的了解与使用的语言也是不健全的人的特征。不健全的人绝不会说一般常识的话，这种话代表了社会兴趣的高度。

如果把一般常识的判断拿来和神经病患者的个人判断相比较一下的话，我们会发现一般常识的判断几乎是正确无误的。借着一般常识，我们能区别好的与坏的，而当处于一个复杂的情境下时，我们通常都会犯错，但是在一般常识出现的片刻，错误自然又会被纠正过来。但是那些只寻求自己私人兴趣的人，没办法像别人一样区别好坏。事实上，他们宁愿背叛他们的无能，害怕他们的一举一动会被观察者看得一清二楚。

让我们来评断罪犯的行为。如果我们讯问一个罪犯者的智力、理解力和动机，会发现罪犯总是把他的罪行看得既聪明又富有英雄气概。他相信他已达成了优越感的目标，即是说，他已变得比警察更聪明，并且有能力凌驾于别人之上。因此在他自己的心目中他是一个英雄，他看不出自己的行动只不过显示出异于常人而已，绝非之英雄性的行径。他把他的行动放在缺乏社会兴趣的无用生活上，这与缺乏勇气、胆怯有关，但是他自己并不知道。那些倾向转到无用事物上去的人，经常都害怕黑暗和隔绝；他们希望与别人混在一起，这表示胆怯。而事实上，要阻止犯罪的最佳途径，就是使每个人相信犯罪只不过是胆怯的表示。

一般都知道有些罪犯达到30岁的年纪时，会找个工作、结婚并且在后半期生命中成为一个公民。为什么会这样呢？我们且来看看：一个30岁的小偷怎能跟一个20岁的小偷相比呢？后者较为聪明和强壮，而且在30岁的年纪，罪犯已经被迫过着与他从前不同的生活。结果，犯罪的职业不再产生利益，于是他发现退休要舒适得多了。

另一个与犯罪有关的是：如果我们加重惩罚，而不使罪犯害怕的话，就仅仅是帮助他更加相信自己是一个英雄。我们应该不要忘记罪犯活在一个自我中心的世界里，他永远找不到真正的勇气、自信、共同感知，或对一般价值的了解。这种人没办法加入社会。神经症患者也很少参加聚会，而患有旷野恐惧症的人和不健全的人也很难做到。有问题的小孩或自杀的成人很少去结交朋友——这个事实永远得不到答案。不过有一个原因：他们不结交朋友是因为在他们的早期生活里，采取自我中心的方式。他们的原型朝着错误的目标发展，并且追随着无用的生活方向。

家庭的影响

在社会兴趣之后，我们的下一项工作就是要找出个人发展中所遭遇的困难。这一项工作乍看起来令人混淆不清，但其实并不是很复杂难懂。我们知道每一个被纵容的孩子都会成为具有恨意的小孩。我们的文明中的社会或家庭都不愿继续纵容小孩子。一个被纵容的小孩子很快就会遭遇到生活上的问题，在学校里面发现他自己处于一个新的社会情境，面对新的社会问题。他也不愿和他的新伙伴一起写字或玩耍，因为他的经验没有让他准备过学校的共同生活。事实上，他的经验在他原型形成时期令他害怕此种情境，并使他寻求更多的纵容。这种人的特性并非遗传得来的——绝不是这样，因为我们可以从对他的原型的性质及他的目标的知识中推断出来。因为他具有朝向他的目标发展的特殊性格，要再具有朝向其他方向的性格也就不可能了。

在我们科学的策划内，原型的分析是次要的。前面说过，在4岁或5岁的时候，原型已经建立好了，因此我们必须寻找小孩子在此时期前后所形成的印象。这些印象可以非常不同，比我们从一个正常成人的观点所想象的还要不同。

对一个小孩子的心灵最普通的影响，乃是由于父亲或母亲的过度惩罚或滥教所导致的一种压抑感觉。这个影响使得小孩子力求解放，有时候还显示为心理排斥的态度，因为我们发现脾气暴躁的父亲所生的女儿常会有排斥男人的原型，或者被严厉的母亲压抑的男孩会排斥女人。这种排斥态度当然会以各种不同的方式表现出来。举例来说，这个小孩子可能会变得害羞，或者相反的，变得性欲异常（这只是排斥男人的另外一种方式）。这种淫荡并非来自遗传，而是由数年内围绕着这个孩子的环境所产生的。

孩童时期的早期错误，偿付的代价其实是很大的。然而尽管明知事实如此，小孩子仍然只有自己再去尝试一遍。父母亲不知道或者不会向小孩子承认他们已经经验过的成果，因而小孩子没有受到多少引导。

当我们在讨论这个问题的时候，我们不能过分强调惩罚、警戒和劝解的无效。当小孩子或成人都不知道如何改变方针时，就什么也没法达成了。当小孩子不了解时，他就会变得更为狡猾和懦弱。然而他的原型，不能以这种惩罚和劝解来改变。原型也不能光用生命的经验来改变。因为生活的经验已经与个人的统觉相一致了。唯有当我们了解了基本人格时,我们才能达成变化。

我们总结了个体心理学最近25年来的发展研究。如我们所看见的,个体心理学在一个新的方向上已经走过了一段很长的路程。有很多心理学家和精神分析学家存在着。一个心理学家采取一个方向,另一个采取另一个方向,而没有任何人愿意相信别人是正确的。或许读者们也不应该依赖信仰和信心,就让他们自己去比较吧,他们会发现我们不能同意所谓的"本能"(insinct)心理学在美国大力倡导那种倾向,因为他们所说的"本能",除了遗传倾向外,还有很大的空白尚未说明。同样地,我们不能同意行为主义者的"条件反射"(conditioning)和"反应"(reactions)。从一个人的"本能"和"反应"来构建他的命运和个性是没有用的,除非我们了解了这种移动所朝向的目标。这些心理学家也不用个体目标这个术语。

(三) 人格的统一性

奇妙的心理

儿童的心理生活是件奇妙的事。无论我们接触到哪一点,都引人入胜,亦令人着迷。最为重要的也许就是这样一个事实,即如果我们想要理解儿童的某一特定行为,就必须首先要了解其总体的生活史。儿童的每个活动都是他总体生活和整体人格的表达,不了解行为中隐蔽的生活背景就无从理解他所做的事。我们一般把这种现象称之为人格的统一性。

人格统一性的发展就是行动和行为手段协调成为一个单一的模式。这种发展从童年就已经开始了。生活的要求迫使儿童整合和统一自己的反应,而他对不同情境的统一的反应方式不仅构成了儿童的性格,而且还使他所有的行动个性化,从而与其他儿童区别开来。

绝大多数的心理学派通常都忽视了人格的统一性,或即使没有完全忽视，但也没有予以应有的重视。结果，这些心理学理论或精神病学实践经常把一个特定手势或特定的表达孤立开来，似乎它们仅仅是一个独立的整体。有时，这种表达或手势被称为一种情结，其假设是，它们可以从个体的其他活动中被分割开来。这样的做法就像从一个完整的旋律中抽出的一个音符，然后试图脱离组成旋律的其他音符来理解这个音符的意义。这种做法显然欠妥，但却相普遍存在。

个体心理学认为自己应该站出来反对这种广为流行的错误做法。特别是这种做法涉入儿童教育，会造成不小的危害。这在关于儿童惩罚的理论中尤为明显。如果儿童做了招致惩罚的事情，那么通常将会发生什么呢？的确，人们通常会考虑到儿童人格留给人们的总体印象，不过惩罚对儿童常常也是弊大于利。因为如果这个儿童经常犯此错误，教师或家长就会先入为主地认为他屡教不改。相反，如果这个儿童其他方面表现良好，那么人们通常会由于这种总体的好印象而不会那么严厉地去处置这个犯错误的儿童。不过，这两种情况都没有触及问题的根源，即在全面理解儿童人格统一性的基础上，探讨这种犯错误的情况是如何发生的。这就有点像脱离整个旋律的背景来理解某一单个音符的含义。

如果我们问一个儿童他为什么懒惰，那么就不要奢望他能够认识到我们想知道的根本原因；同样，也不要奢望一个儿童会告诉我们他为什么撒谎。几千年来，深谙人性的伟大的苏格拉底的话一直萦绕耳边："认识自己是如此之困难！"同样的理由，我们怎么能期望一个孩子能够回答这样如此复杂的问题呢？回答这些问题对于心理学家也是勉为其难。了解个体某一行为表达的意义的前提是，我们要有方法能够认识他的整体人格。这个办法不是要去描述儿童做了什么和如何去做，而是要去理解儿童对面临的任务所采取的态度。

生活背景

下面这个例子将会说明了解儿童整体的生活背景是多么重要。一个13岁的男孩有两个妹妹。5岁前，他是家里唯一的孩子，并且也度过了这段美好的时光，直到他妹妹出生。在这段时间，他周围的每一个人都乐于满足他的每一个要求。毫无疑问，妈妈非常宠爱他。爸爸脾气好，爱安静，儿子依赖他，他感到高兴。孩子自然对妈妈更为亲近些，因为爸爸是个军官，经常不在家。他的母亲是一个聪明善良的女人，总是试图满足这个既依赖而又固执的儿子的每一个心血来潮的要求。不过，当这个儿子表现出没有教养和胁迫性的态度和动作时，妈妈也经常感到生气，于是母子关系就出现了紧张。这首先表现在他的儿子总是试图支配他的母亲，对她专横霸道，发号施令。一句话，他总是以各种讨厌的方式随时随地寻求引人注目的焦点。

　　虽然这个孩子给他妈妈制造了很多麻烦，但他的本性并不坏。因此，妈妈还是依从他讨厌的态度和行为，帮他整理衣服，辅导功课。这个孩子总是相信，他的妈妈会帮他解决任何他面临的困难。毫无疑问，他也是个聪明的孩子，也像一般的儿童一样受到良好的教育。直到8岁那年，他在小学的成绩还相当不错。这时候他发生了一些明显的变化，使得父母对他难以忍受。他自暴自弃，无所用心，懒散拖沓，常使他妈妈盛怒不已。一旦妈妈没能给他想要的东西，他就扯妈妈的头发，不让妈妈片刻安宁，拧她耳朵，掰她的手指，他拒绝改正自己的行为模式，他的妹妹越大，他就愈加固守自己的行为模式。小妹妹很快就成为他的捉弄目标。虽然他还不至于伤害妹妹，但是他的嫉妒之心是显而易见的。他的恶劣行为开始于他妹妹的诞生，因为从那时开始，妹妹成了家里的关注焦点。

　　但需要特别强调的是，当一个孩子的行为变坏，或出现了新的令人不快的迹象时，我们不仅要注意这种行为开始出现的时间，还要注意它产生的原因。这里使用"原因"一词时应该多加小心，因为我们一般不会认识到一个妹妹的出生会是一个哥哥成为问题儿童的原因。但这种情况却经常发生，其原因在于这个哥哥对妹妹出生这件事的态度有问题。自然这不是严格意义上的物理学的因果关系，因为我们绝不能声称，一个孩子的行为之所以变坏，必然是因为另一个孩子的出生。但我们却可以宣称，落向地面的石头必然会以一定的方向和一定的速度下落。而个体心理学所作的研究使我们有权宣称，在心理"下落"方面，严格意义上的因果关系并不起作用，而是那些不时产生的大大小小的错误在起着作用。这些错误将会影响个体未来的成长。

毫不奇怪，人的心理发展过程会出现错误，而且这些错误和其结果密切相关，体现了个体错误的行为或错误的人生取向。问题的根源就在于心理目标的确定：因为心理目标的确定和判断有关，而一旦涉及判断，就会有出现错误的可能性。目标的确定在童年的早期就开始了，儿童通常在2岁或3岁就已为自己确定了一个追求优越的目标。这个目标总是在眼前指引着他，激励他以自己的方式去追求这个目标。错误目标的确定通常都是基于错误的判断。不过目标一旦确定就不易改变，它会程度不同地约束和控制儿童。儿童会寻求以自己的行动落实自己的目标，也会调整他的生活，以便全力以赴地去追求和实现这个目标。

因此，孩子对事物的个体性的理解决定着他的成长，记住这一点很重要；如果儿童陷入新的困难处境时，他的行为会受制于自己已经形成的错误观念，认识到这一点同样也很重要。正如我们所知，儿童在情境中获得印象的强度和方式，绝不取决于客观的事实或情况（如另一个孩子的出生），而取决于儿童看待和判断事实或情境的方式。这是反驳严格因果论的充分依据：客观的事实及其绝对的含义之间存在着必然的联系，但是客观事实和对事实的错误看法之间却绝对不存在这种必然联系。

我们的心理最为奇妙之处，就是我们对事实的看法，而不是事实本身，决定了我们的行动方向。这种心理情况特别重要，因为对事实的看法是我们行动的基础，也是我们人格建构的基础。人的主观看法影响行动的一个经典的例子就是恺撒登陆及情况。当时恺撒踏上海岸时被绊了一下，摔倒在地。罗马士兵把这视为不祥之兆。如果不是恺撒（机智地）兴奋地张开双臂激动地喊道"你属于我了，非洲"，那么罗马士兵肯定就要掉头返回了，虽然他们都英勇无畏。从中我们可以看出，现实自身的结构对我们的行动所起的作用是多么地微小，现实对人的影响又是如何受到我们结构化的和整合良好的人格的制约和决定。大众心理和理性的关系也同样如此：如果在一个对于大众心理有利的环境中出现了人的健康的理性常识，这并不是说大众心理或理性是由环境决定的，而是体现了两者对环境的自发的看法趋于一致。通常只有当错误的或谬误的观点受到批判和分析的时候，才会出现理性常识。

解决方法

让我们再回到小男孩的故事吧。我们可以想象，这个小男孩很快就会陷入到困难境地，因为没有人再喜欢他，他在学校进步不大，他依然故我。他仍然不断地干扰别人，这是他人格不完整的表现。接着会怎么样呢？每当他骚扰别人，就会受到惩罚。他会被记录在案，或学校会向他父母寄送投诉信。如果还是屡教不改，学校就会建议父母把这个孩子领回去，因为他显然不适应学校生活。

对于这种解决方法，小男孩可能比任何人都要开心，别的解决办法他都不喜欢。他的行为模式的逻辑连贯性再次体现了他的态度。虽然这是一个错误的态度，但是这个态度一旦形成，就不易改变了。他总想成为众人注视的焦点，这是他所犯的一个根本错误。如果说他应该因犯错误而被惩罚，那么他应该是因为这个错误（即想成为众人瞩目的焦点）而受到惩罚。由于这个错误，他总是不断地试图让母亲围绕他转；也由于这个错误，他俨若君王，拥有绝对的权力达八年之久，直到他突然被黜夺了王位。在他丧失自己的王冠之前，他只为他妈妈而存在，他的妈妈也只为他而存在。后来他妹妹出生了，挤占了他在家庭的位置，因此他想拼命地夺回自己的王位。这又是一个错误。不过，我们必须承认，他的本性并不坏。只有当一个儿童面临他完全没有准备的情境，而且又没有人指导，就只能独自挣扎着去应付时，这种恶劣的行为才会出现。我们这里可以举个例子。如果一个小孩只习惯别人把注意力完全放在自己身上，突然面临一个完全相反的情境：这个孩子开始上学，而学校里的老师对所有学生一视同仁，如果这个小孩要求教师给予更多的关注，那么他自然就会惹怒老师。对于一个娇惯但一开始还不那么恶劣和不可救药的儿童来说，这种情境显然是太过危险了。

因此，我们很容易理解和解释这个案例中的小男孩个人的生活方式与学校所要求和期待的生活方式之间所发生的冲突。我们可以用图示的形式来描述这种冲突，即如果我们可以用图来标示儿童人格的方向和目的与学校所追求的目的，我们会发现它们之间不一致，甚至是相反的。儿童生活中的所有活动，都为其自身的目的所决定，因此他的整体人格不允许偏离他的目的。另一方面，学校则期望每一个孩子都有正常的生活方式。因此，两者之间产生冲突也就不可避免了；不过，学校方面则忽视了这种情境之下的儿童心理，既没有体现出管理上的宽容，也没有采取措施设法消除冲突的根源。

我们知道，这个小男孩的生活为这样一个动机所控制：让母亲为他服务、操劳，而且只为他一个人服务、操劳。他的心理就完全萦绕着这样一种盘算：我要控制母亲，而且要独占她。而学校对他的期望则完全相反：他必须独立学习，整理好自己的课本和作业。人们形象地称这种情况类似给一头烈马的脖子套上一辆马车。儿童在这种情形下，自然表现不会是最好。不过如果我们理解了儿童的真实处境，就会对他表现出更多的同情。惩罚是没有意义的，只能加剧孩子认为学校不是他理想之所的想法。如果他被学校开除，或被要求父母将他带走，那他会感到正中下怀。他错误的感知就像是一个陷阱，把自己给陷进去了。他觉得自己获得了胜利，现在可以真正地把母亲置于自己的权力之下。母亲必须重新专门为他效劳，这正是他孜孜以求的。

如果我们明白了真实的情形，就不得不承认，对孩子的这样或那样的错误予以惩罚，几乎都没有什么意义。比如孩子上学忘记带书本（如果他没有忘记，才倒是一个奇迹），因为如果他忘记了什么，他母亲就要为他操心。这绝不是一个孤立的行为，而是其总体人格的一部分。如果我们记住，一个人的人格的所有表现都是相互关联的，并形成一个整体，那么我们就会认识到这个小男孩的行为是完全与其生活方式一致的。孩子的行为与其人格相一致这一事实也同时在逻辑上驳斥了这样一种假设，即孩子之所以不能胜任学校的任务，就是因为他智力迟钝。一个智力迟钝的人是不可能一贯地按照自己的生活方式而行事的。

这一案例还告诉我们，在某种程度之上，我们所有人都与这个小男孩的处境类似。我们自己的生活方式以及对生活的理解从来就不是与社会传统完全和谐一致的。过去，我们曾经把社会传统视为神圣而不可背弃的，现在我们已认识到，人类的社会制度和风俗，并没有什么神圣之处，也并不是永恒不变的。相反，它们总是处于不断发展变化的过程中，其中发展的推动力就是社会中个体的不断的斗争和抗争。社会制度和习俗是为个体而存在，而不是相反。的确，个体的救赎存在于他的社会意识之中，不过这也并不是说，我们就可以强迫个体接受千篇一律的社会模式。

对于个体和社会之间关系的这种思考，是个体心理学的基础；同时，对于学校系统和学校中适应不良的学生的处理，会有着特殊的意义。学校必须学会将儿童视为一个具有整体人格的个体，一块有待琢磨和雕饰的璞玉。学校还必须学会运用心理学的知识和认识来对特定的行为进行评价和判断。学校不能把特定的行为视为一个孤立的音符，而是要把它视为整个乐章的组成部分，即整体人格的组成部分。

对优越感和成功的追求

除了人格的统一性，人性的另一个最重要的心理事实就是人们对优越感和成功的追求，这种追求自然是与人的自卑感有着直接的联系。如果我们没有感受到自卑或处于"下游"，就不会有超越当下处境的愿望，而追求优越和自卑感是同一心理现象的两个方面。这里为了表述的方便，把它们分开来讨论。

首先，人们可能要问，追求优越是否和我们的生物本能一样是与生俱来的。对此，我们的回答是，这是一个不大可能成立的设想。我们确实不认为追求优越是与生俱来的，不过我们也必须承认，追求优越的确具有一定的生物基础，这种基础存在于胚胎之中，并具有一定的发展可能性。也许这样来表达更为恰当，即人在其本性上是与追求优越密切相关的。

当然我们也知道，人的活动是局限在一定范围内的。有些能力，人是不可能发展的。例如，我们不可能达到狗的那种嗅觉能力，我们的肉眼也不可能看到紫外线。不过，我们拥有某些可能继续发展和培养的功能性的能力。我们可以从这些能力的进一步发展中看到追求优越的生物学前提，也可以从中看到个体人格的心理展开的源泉。

正如我们所认识到的那样，这样的一种在任何环境下都追求优越的强劲冲动，其实儿童和成人都有，也都不可泯灭。人的本性忍受不了长期的低下和屈从，人甚至摧毁了自己的神祉。被轻视和被蔑视的感觉、不安全感和自卑感总是会唤醒人登攀高一级目标的愿望，以获得补偿和臻于完美。

我们可以表明，儿童的某些特征的确是环境力量的结果。儿童在某种环境中，感受到了自卑、脆弱和不安全，而这些感觉反过来又对儿童的心理产生了刺激作用。儿童便下决心摆脱这种状态，努力达到更高的水平，以获得一种平等甚至优越的感觉。孩子这种向上的愿望越强烈，他就越会调高自己的目标，从而证明自己的力量。不过，这些目标却常常超越人的能力界限。由于儿童少时能够获得来自不同方面的支持和帮助，因而便会刺激儿童设想自己未来能够成为一种类似上帝的人物。我们发现，儿童自己也会被一种成为类似上帝的人物的想法所控制，这通常会发生在那些自我感觉特别脆弱的儿童身上。

这里我们以一个心理问题严重的14岁小男孩为例，来说明上述情况。在要求他回忆童年的印象时，小男孩说，他在6岁的时候因不会吹口哨而感到极为伤心。不过，有一天当他走出房间时，他突然会吹了。他极为震惊，并真心相信此乃上帝附身的结果。这个案例清晰地表明，脆弱感和想象自己是个上帝式的大人物之间存在着内在联系。

渴望优越是与一些明显的性格特征联系在一起的。我们可以通过观察一个孩子对优越的渴望来揭示他的全部野心。如果这种自我肯定的愿望过于地强烈，那么他总会表现出一定的嫉妒心。这种类型的儿童很容易染上希望其竞争对手遭受各种可能厄运的心理。他不仅怀有这种阴暗心理（这经常会引起神经疾病），而且还会给对手造成很大伤害，并带来麻烦，甚至表现出十足的犯罪特征。这样的孩子会造谣中伤，泄露隐私，贬损同伴，以抬高自己的价值，特别是有他人在场看着他的时候。他误以为没有人能够超过他，因此他是抬高自己的价值，还是贬损他人的价值，这其实并不重要。如果这种权力欲望过于强烈，他就会表现出恶毒和报复心理。这种孩子总是表现出一副好斗和挑衅的架势，他们眼露凶光，突然发怒，随时准备和想象中的对手搏斗。这些渴求优越的孩子来说，参加一场考试是非常痛苦的事情，因为这会轻而易举地暴露他们的毫无价值。

这个事实表明，考试必须适应学生的特点。考试对于每个学生绝不意味着相同的事情。我们经常会发现，考试对于有些学生，是一件极为艰苦和困难的事情，他们的脸色一会儿白、一会儿红，言语结巴，身体颤抖，又惧又怕，大脑中一片空白。有些学生则只能与别人一起回答问题，而不能单独回答问题，因为他们害怕别人看着他。儿童追求优越的心理也同样表现于游戏之中。例如，在玩马车的游戏里，如果其他的儿童扮演车夫，那么那些具有强烈的追求优越心理的儿童，则不会愿意扮演马匹角色，而总是想去扮演车夫，成为领导者，决定马车的前进方向。如果他们过去的经验妨碍其担当这个领导（车夫）角色，他们就会以扰乱他人的游戏为乐。此外，如果他们接二连三地受挫，并因此而丧失了勇气，并窒息了雄心，那么他们在面临新的情境时，就会退缩，而不是勇于向前。

那些雄心勃勃、尚未气馁的儿童，则乐于参与各种可能的竞争性的游戏。不过我们会看到，他们在遭受挫折时也会表现出惊恐和不知所措。我们可以从孩子喜欢的游戏、故事和历史人物，看出他们自我肯定的方向以及自我肯定的程度。我们也会看到有些成人崇拜拿破仑,对于这些雄心勃勃的成人来说,拿破仑当然是一个至为恰当的偶像楷模。沉溺于妄自尊大的白日梦,总是强烈自卑心理的标志。这种心理驱使着这些体验失望和遭受挫折之人在现实之外去寻找精神上的满足和陶醉,而类似的情况也经常出现在梦境之中。

如果进一步考察这些儿童追求优越的不同方向,我们便可以把它们分为若干种类。当然,这种区分不可能很精确,因为儿童在追求优越方面差异实在太大,而我们主要是借助儿童表现出来的、对自己的信心来进行区分。那些心理健康的儿童会把自己对优越的追求转向发展有用的能力;他们试图取悦教师,注重整洁和秩序,从而发展成为一个正常的学生。不过经验告诉我们这样的儿童并不占大多数。

另一些孩子则总想优于别人,把这作为努力的首要目标,并表现出一种令人生疑的执着。通常这种追求优越夹杂有过分的雄心,但是这点通常被人忽视。因为我们习惯把雄心视为一种美德,并激励孩子多做努力。这也是一个错误,因为过分的雄心会妨碍孩子的正常发展,雄心过度就会给孩子带来紧张心理。在短时间内,孩子尚能承受,时间一长,这个压力对孩子来说就太大了。这样一来,孩子就会花太多的时间在书本之上,而忽视了其他活动。这种孩子通常会回避其他问题,受自己膨胀的雄心驱使,他们总想在学校名列前茅。对于这样的发展,我们很难感到满意,因为在这种情况下,儿童的身心不可能获得健康的发展。

这种儿童把他们的生命目标仅仅局限在超越别人,并由此来安排他们的生活上面,这对他们的正常发展并不十分有利。我们要不时地提醒他们不要花太多的时间在书本上,要经常地出去走动,呼吸新鲜空气,多与同伴玩耍,关注其他的事情。当然,这类孩子同样不会占大多数,但却经常出现。

此外,还会出现在同一个班级的两个学生暗中较劲的情况。如果有机会对此进行仔细观察,我们会发现,这两个相互竞争和较劲的儿童会形成一些并不那么令人喜欢的性格特征。他们可以表现出既妒忌又羡慕的性格,而独立的、和谐的人格则不会拥有这种品质。他们看到别的孩子取得成功,会感到恼怒不已。当其他人处于领先位置时,他们就开始有头疼、胃疼之类的毛病;而当其他的孩子受到赞扬时,他们会愤怒地走开。当然,他们也从不会称赞别人。这种妒忌表现并未充分反映出这类孩子的过分雄心。

这种类型的孩子尤其不能和玩伴友好相处。在玩游戏时,他总想要求扮演领导者的角色,也不愿意遵守一般的游戏规则。这样做的结果就是他们在集体活动中根本体会不到乐趣,并以高傲的态度对待同班同学。跟同学的任何接触,都会令他们不快,因为他们认为,跟同学接触越多,他们的地位就越不安全。这种类型的儿童对自己的成功从来没有信心。当他们感到自己处于不安全的环境之中时,极容易方寸大乱,不知所措。别人对他们的期待和他们自己加之于自己的期望,对他们来说实在是太大了,他们难堪重负。

这些儿童会敏锐地感受到家庭对他们的期望。对于任何一个加之于他们之上的任务,他们都满怀其激动和紧张的心情去加以完成,因为他们总想超过别人,总想成为"众人瞩目的人物"。他们担当着希望的重负,而且只要环境有利,他们就愿意承担着这种重负前行。

如果我们人类掌握绝对真理,掌握可以使儿童免除上面所描述的困难的完美方法,那么我们也许就不会有问题儿童了。既然我们不能拥有这样的完美方法,也不能为儿童创设理想的学习环境,那么很显然,如上面所描述的、对这些孩子有害的期望就是一件异常危险的事情。这些孩子遇到困难的感受完全不同于那些拥有健康期望的儿童对困难的感受。我这里所说的困难就是指不可避免的困难。让儿童避开困难是不可能的,而且似乎永远都不可能。这部分是因为我们的教育方法并不适合每个儿童,需要改进,需要不断地改进;另一方面是因为过分的雄心会葬送儿童对自我的信心。他们丧失了面对困难和解决困难的勇气,而勇气却是解决困难所必需的。

雄心过大的儿童只会关心最终的结果,即人们承认他的成绩。没有别人的承认,他们就不会对自己感到满足。正如我们所知,在很多情况下,面对问题的出现,保持心理平衡远比认真着手解决问题显得更为重要。一个只关心结果、雄心过大的儿童认识不到这一点。他感到没有别人的认可和崇拜，就没办法生活下去。这种心理依赖和过于看重别人评价的儿童，其数不在少。

我们可以从那些天生有器官缺陷的儿童身上看到，不对价值问题丧失平衡感是何等重要。此种例子比比皆是。许多儿童身体的左半部要比右半部发育得更好，人们其实很少知道这一点。在我们这个右撇子的文化中，左撇子儿童遭遇到了很多困难。我们会发现，几乎毫无例外的是，左撇子儿童在书写、阅读和绘画方面困难异常，一般在运用手的方面显得笨拙，也不够灵活，似乎他们有"两只左手"。我们需要借助一定的方法来确定儿童是左撇子，还是右撇子。一个简单、但不完全的办法是要求儿童双手交叉。左撇子儿童会把左大拇指放在右大拇指上面。我们则会惊奇地发现，竟然有这么多人是天生的左撇子，而他们自己却不知道这一点。

如果我们对大量左撇子儿童的生活史加以研究，就会发现这样一些事实：首先，这些儿童通常都曾被视为笨拙（在我们这个以右手为主的世界中并不奇怪）。要体会个中情形，我们只需想象一下习惯右道行使的我们在一个左道行使的城市（如在英国或阿根廷）试图开车穿越街道时的不知所措。左撇子儿童的情况要比这更糟，如果家庭其他所有成员都是右撇子的话，他的左撇子不仅会给他自己的生活带来困难，也干扰了家人的生活。在学校学习写字时，他在这方面的能力要低于平均水平，因为其中的原因并没有被认识到。因此，他受到斥责，得到较低的分数，并经常受到惩罚。在这种情况下，左撇子儿童只能把这理解为他在某些能力方面不如别人。他还会感觉被贬损和蔑视，感到自卑或没能力与别人竞争。他在家里同样会因笨拙而受到斥责，这就更加重了他的自卑。

当然，左撇子儿童不会因此而一蹶不振。不过我们会看到许多儿童在类似的情形下放弃了努力。他们不明白自己真实的处境，也没有人向他们解释如何去克服困难，因而继续努力和掌控自己的处境会有相当的难度。许多人字迹潦草得难以辨认，也可归于上述这些原因；

他们从未充分地训练过自己的右手。事实上，这方面的困难是可以克服的：在许多一流的艺术家、画家和雕塑家的队伍当中，很多人是天生的左撇子。他们通过强化训练，获得了善用右手的能力。

有一种迷信认为，天生的左撇子如果通过训练来使用右手，就会导致说话结巴。这可能是由于左撇子儿童有时面临的困难太大，以至于丧失了说话的勇气。这也是为什么具有其他心理问题者（如神经症患者、自杀者、罪犯、性变态者等）中有很多是左撇子。但另一方面，我们也会经常看到，那些克服了左撇子困难的人上也可以取得成就和尊严，而这通常发生在艺术领域。

尽管左撇子特征本身意义不大，但它却告诉我们，除非我们努力使孩子的勇气和毅力发展到一定的程度，否则我们就无从判断孩子的能力和潜力。如果我们吓唬他们，夺走他们对美好未来的希望，那么他们当然也能够继续生活下去；但如果我们鼓励他们的勇气，那么这种儿童就会取得更多更大的成就。

雄心过度的孩子之所以处境艰难，是因为人们常常以外在的成功来评判他们，而不会根据其所面对困难和克服困难的能力来评价他们。在当今世界，人们更为关注可见的成就，而不看重全面和彻底的教育。我们知道，那种不经努力获得的成功是容易消逝的。因此，训练孩子野心勃勃并无益处。相反，更为重要的是培养孩子的勇敢、坚忍和自信，要让他们认识到，面对挫折不能气馁，不能丧失勇气，而是要把挫折当作一个新的问题去解决。当然，如果教师能够判断孩子在某个领域的努力是否有希望，能够确定孩子是否尽了最大的努力，那么这对于孩子的成长和发展就更为有利一点。

这正如我们所看到的那样，孩子对优越感的追求会体现在他的某一性格上面，比如争强好胜。这些孩子对优越感的追求最初表现为争强好胜，不过由于其他儿童已经远远走在了前面，超越他们已经似乎不可能了，争强好胜者最后便放弃了争强好胜。

许多教师采取非常严厉的措施，或给较低的分数来对待那些他们认为没有表现出足够雄心的学生，希望以此来唤醒他们沉睡的雄心。

如果这些孩子仍然还有某些勇气的话，这种方法也可能在短时间内奏效。但是这种方法不宜普遍使用，那些学习成就已经跌近警戒线的孩子会被这种方法弄得完全不知所措，会因此堕入明显的愚笨状态。

如果我们能以温和、关心和理解来对待这些孩子，他们则会令人吃惊地表现出一些我们意想不到的智力和能力。以这种方式转变过来的孩子通常会表现出更大的雄心，原因很简单：他们很害怕回到原来的状态。他过去的生活方式和无所作为成为警示信号，不断地鞭策着他们前行。在后来的生活中，他们中的许多人就像着了魔似的，完全变了个样子；他们夜以继日，饱尝过度工作之苦，但却认为自己做得还不够。

如果还能想起个体心理学的基本思想，即个体的人格（包括成人和儿童）是一个统一体，这种人格的行为表现和个体逐渐形成的行为模式是一致的，那么上面所有的一切也就变得清晰了。脱离行为者的人格来判断他的某一行为是没有意义的，因为每个行为都可以从多个方面来进行解释。如果我们把学生的一个特定行为或态度，比如上学拖延理解为他对学校布置的任务的不可避免的反应，那么对这个具体行为进行判断的不确定性也就荡然无存了。孩子的这种反应仅仅就是意味着他不想上学，也不想努力完成学校的任务。事实上，他会想尽办法不遵从学校的要求。

从这个观点出发，我们就可以理解所谓的"坏"孩子到底是怎么回事了。孩子之所以不想上学，是因为他追求优越的心理没有转化为学校的要求，而是表现为对学校要求的拒绝。于是，他表现出一系列行为症状，逐渐堕入不可救药的境地，甚至不但没有进步，还出现了倒退。他越来越乐于成为一名小丑，不断地捣蛋戏谑，引人发笑，除此之外，无所用心。他还会激怒和招惹同学，旷课逃学，或与社会上那些不三不四的人打成一片。

因此，可以看出，我们不仅掌握着学生的命运，而且还决定着他们的未来发展。学校教育对个体的未来生活起着决定性的作用。学校处于家庭和社会之间，它有可能矫正孩子在家庭教育中受到的不良影响，也有责任使他们为适应社会生活作好准备，并确保他们在社会的这个大乐队中和谐地"演奏"好自己的角色。

从历史的角度来考察学校的作用，我们就会认识到，学校总是试图按照各个时代的社会理想来教育和塑造个体。学校在历史上曾经先后为贵族、教士阶层、资产阶级（即中产阶级）和平民服务，也总是按照特定时代和统治阶层的要求来教育儿童。今天，为适应变化了的社会理想，学校也必须做出相应改变。因此，如果今天的理想人是独立、自我控制和勇敢的人，那么学校就得做出相应的调整，以培养接近这种理想的人。

换句话说，学校不能把自身视为其目的。学校必须清楚，它是在为社会，而不是在为自己教育学生。因此，学校不应该忽视任何一个放弃成为理想学生、模范学生的儿童。这些学生追求优越感的心理并不必然弱于那些正常的儿童，他们只不过把注意力转移到去做其他不需要人多努力的事情上去了。他们相信，这些事情比较容易获得成功，且不管这种相信是对还是错。这可能是因为他们早年曾无意识地在这些领域进行过摸索，并获得过成功。因此，虽然他们不能在数学上取得优异成绩，不过他们可以成为运动场上的健将。教师千万不要轻视孩子在这些方面的成绩，而是要把这些成绩当作教育的突破口，鼓励学生在其他领域追求同样的进步。如果教师一开始就从孩子某一方面的长处出发，鼓励他们，相信他们可以在其他领域取得同样的成绩，那么教师的任务就大为轻松了。这就犹如把孩子从一个硕果累累的果园引入到另一个硕果累累的果园。因此，既然所有的孩子（弱智儿童除外）都具备取得学业成功的能力，那么学校所要做的只是克服那些人为设置的障碍。这些人为的障碍之所以会产生，是因为学校把抽象的学业成绩，而不是把教育的最终目的和社会目的作为评判标准。从学生方面来看，这些障碍还反映了学生缺乏自信，因此他们对优越感的追求便就离开了对社会有益的活动，因为在这些对社会有益的活动中，他们难以获得他们所孜孜以求的优越感。

在这种情况下，儿童会怎么做呢？他会想到逃避。我们经常会发现，这些孩子还会做出一些特别的行为，如顽固和无礼，这些行为自然不会赢得教师的赞扬，但却可以吸引教师的注意和其他孩子的崇拜。他们因此会把自己视为了不起的英雄人物。

这些心理表现和偏离规范的行为是在作为心理准备情况检验地的学校中暴露出来的。它们的根源并不都在学校，尽管它们也的确是在学校中才露出端倪。从积极的意义上来说，学校对于这些问题负有教育和校正的任务，从消极的意义上来看，学校只是孩子早期家庭教育弊端暴露的场所而已。

一个观察敏锐的称职的教师会在小孩入学的第一天就能观察到很多东西。因为很多儿童马上会暴露出受到过分溺爱的迹象，他们觉得新环境（学校）给他们带来了痛苦和不适。这种孩子没有与人打交道的经验，尤为重要的是，他们会不愿或不能获得友谊。孩子在入学之前最好已拥有一些如何与人交往的知识。他不能只依赖一个人，而把其他人排斥在外。孩子家庭教育的弊端必须在学校得到矫正，当然最好是没有弊端。

对于这些在家庭被过分溺爱的孩子，我们不要期望他马上专心于学校的学习。他不可能很专心，宁愿呆在家里，也不愿上学。事实上，他没有"学校意识"。小孩厌恶上学的迹象是很容易发现的。例如，父母每天早上都要哄劝小孩起床，催促他做这做那；小孩吃早饭的时候磨磨蹭蹭，等等。看上去小孩已经为自己的进步构筑了一条不可逾越的障碍。

矫正这种情况和解决左撇子的问题一样：我们必须给予他们时间去学习和改变。如果他们上学迟到，我们也不能惩罚他们，因为这只能加强他不喜欢学校的感觉。惩罚只能让孩子更加认定他不属于学校。如果父母责罚孩子，强迫他上学，那么孩子不但不愿上学，而且还会寻找方法来应对自己的处境。当然，这些方法也就是为了逃避困难，而不是面对和解决困难。我们可以从孩子的每个动作和行为中看出他厌恶学习，无力解决学业问题。他的书本从不在一块，还总是忘记或丢失它们。如果我们看到一个孩子经常忘记或丢失书本，完全可以肯定，他在学校并不如意。

如果进一步地考察这些孩子，我们几乎总会发现，他们对获得哪怕是最微小的学业成功也都不抱希望。他们这种自我低估并不完全是自己的责任。周围的环境对于他们走入这条错误之途也起着推波助澜的作用。家人在发怒的时候可能会预言说他们前景暗淡，骂他们愚笨或无用。他们在学校所感到的似乎是在证实这些预言或漫骂，也缺乏判断能力和分析能力（他们的长辈也同样缺乏这些能力）来纠正这种错误看法和预言。因此，他们甚至在做出努力之前，就已经放弃了努力。他们把由他们自己造成的失败视为不可克服的障碍，并把它们视为自己无能和不如别人的证明。

错误一旦发生，其矫正的可能性就很小。这些儿童尽管做出明显努力却通常还是落在别人后面，因此他们很快就会放弃努力，并把自己的脑筋转向寻找借口来解释他们为什么会旷课上面。旷课，也就是逃学，通常被视为一件非常严重和非常危险的行为，是要受到严厉责罚的。于是，孩子会认为自己被迫使用诡计、造假来蒙骗父母和老师。不过，还有其他一些使他们在错误的道路上越走越远的手段。他们会伪造家长签字，甚至篡改成绩报告单。他们会向家里编造一系列他们在学校所作所为的谎言，而实际上已经逃学好长一段时间了。在学校上课期间，他们会寻找藏身之地。不消说，他们会和其他已经逃学一段时间的孩子躲在一起。由于逃学，他们追求优越的心理就无法满足。这就驱使他们采取新的行动，确切地说，也就是用违法行动，来追求优越感。这样一来，他们一个错误接着一个错误，最后走向了犯罪。他们最终会结成团伙，开始盗窃，沾上性行为，并觉得他们已经成人。

一旦他们开始迈出这么一大步，他们就会寻求新的方法来满足他们的野心。只要他们的行动没有被发现，他们就觉得自己可以做出最大胆的罪行。他们会一意孤行地沿着这条路走下去，因为他们认为在别的方面不可能取得成功。他们不会考虑去做任何富有建设性和有益的事情。受同伙行为不断刺激的野心，驱使他们做出非礼的和反社的行为。我们可以发现，一个有犯罪倾向的孩子同时也会极端自负。这种自负和野心有着同样的根源，它迫使这种孩子不断以这种或那种方式来突出和显示自己。当他们不能在生活中的积极方面寻得一席之地的时候，他们就会转向生活中的消极方面。

我们来看看一个杀死教师的男孩的案例。通过对这个案例的进一步调查，我们会发现这个男孩具有上述所有的性格特征。负责管教这个小男孩的是一名女教师，她认为自己很了解心理活动的表达和功能。这个小男孩在一个受到精心看护却又太过紧张的气氛中成长。他丧失了对自己的信心，因为曾经心比天高，却一无所成。也就是说，现在已完全地灰心气馁了。学校和生活都满足不了他的过高期望，他便转而违法犯罪，以此来摆脱教师和教育治疗专家的控制。因为社会至今还没有设立一种可以把犯罪，特别是青少年犯罪当做教育问题来处理的机构，换句话说，就是当作心理矫正的问题来处理的机构。

从事与教育有关的工作者都熟悉这样一个值得注意的事实，即我们经常会在教师、神父、医生和律师家里发现败坏和任性的孩子。这种情况不仅仅发生在职业声望不高的教育者家庭，而且还会发生在那些我们认为是重要人物的家庭。尽管他们拥有较高的职业威信，不过他们似乎没有能力为自己家里带来和平与秩序。对于这种现象的解释是，在所有这种家庭里，某些重要的观点不是被完全忽视了，就是完全没有被理解。其中的部分原因是这些作为教育者的父亲，借助他们自以为是的威信把一些严格的规则和规定强加给他们的家庭。这样一来，他们就异常严厉地压迫了自己的孩子，威胁到孩子的独立，甚至剥夺了他们的独立。他们似乎在孩子身上唤起了一种反抗的情绪，从而唤起了孩子对记忆中责罚他们的棍棒的报复。我们要记住，父母刻意的教育会使他们特别关注和监视自己的孩子。在绝大多数的情况下，这是件好事，但也经常使得孩子总想处于被关注的核心。这样一来，这些孩子易于把自己视为一种用来展示的试验品，并认为他人应对此承担责任，因为他人是决定和操纵的一方。这些孩子认为，其他人应该为他们克服一切困难，唯独他自己不负任何责任。

（四）象征的整体性

如果个体如此认真和长期地跟阴性特质（或阳性特质）搏斗，以致他或她不是部分地与之认同，潜意识就会再次改变其支配的性格，以新的象征形式来代表"自己"——心灵最内在的中心。在女人的梦中，此中心往往具体化为一个超然的女性意象——女祭司、女巫师、地母或是自然或爱情女神。在男人的例子当中，它表明自己是一个男性的创始者和管理人（印度教的导师）、聪明的老人、自然的精神，如此之类。有两个民间故事可以说明这种意象担任的角色。第一个是奥地利的故事。

有个国王命令士兵在一具黑公主的尸体旁守夜，她曾被魔法迷惑。每到深夜，都会爬起来杀死守卫。最后轮到一个士兵守卫时，他感到很绝望，于是跑到森林里，在那里他遇到一个"老吉他手，我们的上帝本身"。这老音乐家告诉他应该躲在教堂哪个地方，并且指示他如何行动，才不会被那黑公主抓到。于是在神的帮助下，那名士兵真的救回那公主，并娶她为妻。

很明显，以心理学的观点来说，那"老吉他手，我们的上帝本身"，就是自己的象征具体化。在他的帮助之下，自我不仅逃离死亡，而且有能力克服——甚至救回——他阴性特质高度危险的一面。

在女人心灵中，"自己"假设女性具体化，在第二个故事中便得到证实，以下是个爱斯基摩的故事。

有个情场失意的寂寞女孩遇到一个在船上旅游的男巫。他是"月亮神灵"，曾给予过人类各种动物，而且把运气赐给打猎的人。他诱拐那女孩来到天上。有一次，当"月亮神灵"离开她时，她来到一幢靠近月魔大厦的小屋子拜访。在那里，她发现了一个穿着"海狗的肠薄膜"的袖珍女人，袖珍女人告诉那女孩"月亮神灵"打算杀死她，并建议她去反抗"月亮神灵"。那小女人变成一条长绳，女孩可以在新月的时候降下地球，这样就可以灭掉"月亮神灵"。那女孩顺着长绳往下爬，但当她到达地球时，并没有像那小女人吩咐的那样去尽快睁开眼睛，因此，她变成一只蜘蛛，永远不能再成为人类。

正如我们所注意到的，第一个故事的神圣音乐家代表"智慧老人"，一个"自己"的典型具体化。他和中世纪传说中的巫师梅林，或希腊神汉密斯同类。而那一个穿奇怪的薄膜衣服的女人也是个对应的意象，当它出现在女性心灵中时象征"自己"。那老音乐家把士兵从有害的阴性特质中拯救出来，而那女人保护那女孩反抗爱斯基摩的"蓝胡子"。

可是，"自己"并非永远都以智慧老人或智慧老女人的形式出现。这些似是而非的具体化企图表示出一些并非完全包含在时间内的东西——某些同时年轻和年老的东西。以下是一个中年人的梦，显示了"自己"以年轻的姿态出现。

一个年轻人骑着马从街上直接进入我们家的花园。我不知道他来的目的，也许是那匹马是在违反其意愿承载他来这里。

那匹马是只瘦小但狂野而有力的动物，这是力量的象征，它的皮毛又厚又浓，浑身银灰色。男孩骑经工作室和房子之间，然后跳下马，我小心领着他离开，以免踏到开满红橘色美丽的郁金香的花坛。那花坛是我太太最近栽培的。

那年轻人意味着"自己"，由于这再生的生命、创造力和新的方向，令每件事都充满着生气和进取心。如果男人专心于他个人潜意识的训示，就可以利用这份禀赋，使他陈腐而沉闷的生活，能够突然转变成一种丰盈、无穷的内在冒险精神，充满创造的可能。

在女人的心灵中，同样这种"自己"年轻的具体化，可以使她成为一个具备超自然和天赋才能的女孩。以下例子的做梦者是个四十七八岁的女人：

我站在教堂前，用水清洗着柏油路，而后跑下街，此时正好是某所高中学生下课的时候。我来到一条不流动的河流之前，河上放置了一块木板或树干，但当我正想横过时，一个恶作剧的学生在木板上乱跳，以致它裂开，我几乎掉进水里。"白痴！"我嚷道。在河的另一面，有三个女孩正在玩耍，其中一个伸出手来，好像要帮助我。我以为她的小手不够力，帮不上什么忙，我抓着她，她却不费吹灰之力，成功地把我拉过去，来到河岸的另一边。

做梦者是个有宗教信仰的人，但根据她的梦来看，她再也无法留在教堂（新教）里，事实上，她虽然千方百计尽其所能地去接近它，但似乎已失去入会的可能性。根据这个梦，她现在必须横过一条不流动的河，这意指生命之流已经迟缓下来，因为宗教问题还没有解决。做梦者本人所说的学生，可作为她预先有的念头的具体化——换句话说，进入高中学校，说不定会满足她精神上的恋慕。当她胆敢独自过河时，"自己"（那女孩）的具体化虽然细小，但有超自然的能力，可以帮助她。

人类的形式，不论是年轻或年老的，也只不过是许多方式的一种，而在其中，"自己"可以在梦或幻觉中出现。这假设的不同年纪不仅代表它和我们共度一生而且还存在于超意识认知的生命之流中——这是制造我们时间经验的东西。

正如"自己"并非全然包含在我们时间的意识经验里，它同时又是无所不在的。此外，它往往以一种特别暗示的形式把普遍存在性显示出来，以表明本身是一个巨大的、象征的人类，包含整个宇宙。当这意念在个体的梦中如琐事般向我喋喋不休时，风琴现在已停止了。每个人都在等我，所以我以坚强的态度站立起来，并请那些跪在我后面的其中一个修女拿她的弥撒书给我，并指出正确的地方——她以诚恳而亲切的态度来做。现在，这位修女像教堂司事般带着我走向了祭坛，这地方在我身后的左面，我们好像从侧走廊接近它。那本弥撒画像张图片，一种三尺长一尺宽的纸板，上面有些一栏栏并排的古老图片的经文。

开始，那修女首先念了部分祷告文式，但我仍然找不到正确的经文，她已告诉我那是在十五号，但号码并不清楚，我无法找到。不过，我决定转向会众，现在我找到十五号了（在最后的一块纸板前），不过我还不知道我能否辨读。虽然如此，我会尽力而为。这时，我就醒过来了。

这个梦从潜意识中以象征的方式解答做梦者那晚思考过的问题。总之，它对他说："你自己必须成为一个你本人内在教堂的牧师——在你灵魂的教堂里。"因此，这个梦表示做梦者要得到组织有力的支持：他包含在教堂内——并非外在的教堂，而是存在于他本人的灵魂中。

那些人（所有在自己心灵的特质）希望他发挥出牧师的作用，且由他自己举行弥撒。那梦不能代表真正的弥撒，因为弥撒书和真本不一样。看来弥撒的观念是个象征，因此它代表着一种牺牲的行为，在这行动中，神性出现，因而人可以和它沟通。当然，这象征的解答一般来说只适用于这个做梦者。

我的做梦者并没有这种教会的经验，这就是他为什么要跟着内在之路的原因。此外，那梦告诉他该怎么做。它说："你的母亲和你的外向分散了你的注意力，令你感到不安全，而无意义的谈话令你无法举行内在的弥撒。但如果你随着那修女（内向的阴性特质），她会以仆人和传教士的双重身份引导你。她有本奇怪的弥撒书，一共有十六张古老的图画。你的弥撒包含你考虑这些宗教阴性特质向你显示的心灵慧象。"换句话说，如果那位做梦者克服由他母亲情结引起的内在不确定，就会发现他生活的职责含有自然和宗教侍奉的特质，如果他默想自己灵魂内意象的象征意义，它们会引领他走向这实现之途。

在这梦中，阴性特质以恰当而积极的角色出现，即自我和"自己"之间的调停人。那四乘四的图画形体指出一个事实：举行内在的弥撒，即是执行整体的侍奉。正如我所证实，心灵（"自己"）的中心正常地以某种四重结构表示出来。这四个数目也与阴性特质有关，因为在其发展中有四个阶段。第一个阶段是以夏娃这个意象为最佳的象征，它代表纯本能和生物学的关系。第二个阶段可在浮士德的海伦身上看到，她予具体化的浪漫和美丽的标准，不过仍然具有性元素的象征。第三个阶段，举例来说，可以童贞玛丽亚作代表——这意念提升爱到精神上献身的崇高境界。第四个阶段可以沙平西亚作代表，其智慧甚至超越最神圣和最纯洁，另一个代表是"所罗门之歌"中的书拉密。从现代人的心灵发展来看，这一阶段很难达到蒙娜丽莎接近这种智慧的阴性特质。

在这阶段，我只指出"四重"的观念经常出现在某类象征的质料中。有关最主要的一个，稍后再予讨论。

然而阴性特质扮演指导内在世界的角色到底是什么意思呢？当一个人对阴性特质所发出的感情、情绪、期待和幻想，采取审慎严肃的态度时，这种积极的作用就会产生；而当他把它们稳定在某种形式，例如写作、绘画、雕刻、音乐作曲、舞蹈等等里时，也会产生同样积极的作用。当他缓慢而有耐性地在这方面工作时，其他更强烈的潜意识的质料从深渊中涌出来，与早期的质料联结。而当幻想被确定在某一特定的形式中后，则必须以一种评估的反应的感情，检查知性和道德这两者，而视它们为绝对的真实是十分重要的，而且必须清楚那"只是个幻想"而已。如以奉献心来实行一段长时间、个性化的过程时，我们可以期待一个对他的冲突有创造性的解决方法出现，以克服困难，因为现在充满活力的心灵中心已然活动（即是整个存在凝聚成为一体）。

难怪这"宇宙人"意象出现在许多神话和宗教教义里。通常他被描述为某些有用而积极的东西。这意念甚至可以被描述为整个世界的基本原则。举例来说，古代中国人认为所有事物在被创造之前，就有个名叫盘古的巨大神人已知给予天和地以形式。当他哭的时候，眼泪变成黄河和扬子江；当他呼吸的时候，风吹草动；当他说话的时候，雷声大作；而当他环视四周的时候，则引起闪电。如果他心情好，天气就风和日丽；但如果他难过，就会乌云密布。当他死的时候，整个人则会分家，他的身体分成五个部分，形成中国五大名岳：他的头变成东部的泰山，身躯变成中部的嵩山，右手臂变成北部的恒山，左手臂变成南部的衡山，他双脚变成西部的华山，而眼睛则变成太阳和月亮。

我们已了解，与个性化过程有关的象征结构似乎倾向于以四这个数的意念作基础，诸如意识的四个作用，阴性特质或阳性特质的四个阶段，这都在盘古宇宙的形状中得到重现。只有在特殊情况下，其他数字的组合才会在心灵的质料中出现。该中心自然而无阻的表示，具有四重特征，换句话说，具有四个区域，或一些其他可数的数目，诸如四、八、十六，如此类推的结构。十六这个数目扮演一个特别重要的角色，因为它是四乘四组成的。

西方与东方文化

在西方文化中，"宇宙人"的观念隶属于亚当——"第一个人"的象征。而且在犹太传说中，上帝创造亚当时，首先收集来自世界四个角落的红、黑、白、黄四色的尘土，因此亚当"从世界的一端到达另一端"。当他弯身时，头部在东边，而脚在西边。据另一个犹太传说，整个人类从此就开始——这总括每个出生的灵魂——包含在亚当内。因此，亚当的灵魂"像灯芯由无数小线组成"。在这个象征当中，所有人类存在的整体统一观念——超过所有个别单位——就清楚无遗地表露出来了。

在古波斯，同样的原始"第一人"——名叫格麦特——是个巨大而且会放射光芒的意象。当他死时，每种金属从他的身躯涌出，而他的灵魂变成黄金，他的精液洒在地球上，从中变出了第一对人类的夫妇，他们的形状像两棵大黄灌木。很明显，中国的盘古也是被说成像棵植物，身披树叶。大概这是因为大家以为那"第一人"是个自生自长、活生生的个体，而他只是存在着，并没有任何动物的本能或个人意志。在现今底格里斯河两岸的人中，亚当依然受到崇拜，因为他是全人类的"超越灵魂"，是神秘的"保护精灵"。这些人说他来自枣椰子——植物意念的另一个重述。

在东西方某些能懂灵界的神秘人士，认识到"宇宙人"不仅是个具体的外在实体，更是内在心灵的意象。举例来说，根据印度传统，他是一些活在个体人类中的东西，而且也是唯一不朽的部分。这内在的"伟大的人"借着带他脱离痛苦以救赎的个体，回到他本来永恒的境地。但只有在人认识他,而且从睡梦中醒过来接受指引时,才可以奏效。

在许多神话中,"宇宙人"不仅是开始,而且是所有生命的最终目的。中世纪圣哲伊赫说:"所有谷类的本质都意指小麦,所有财宝的性质都意指黄金,所有世代都意指人类。"如果我们从心理学的立足点来说,这确实如此,每个个体整个内在心灵实体最后也都朝向这个"自己"的原型象征。

实际来说,这意味着人类的存在,永远不会满足于被解释作孤立的本能,或诸如饥饿、权力、性、生存、种族不朽的有目的的机械论。换句话说,人类的主要目的并非是吃、喝,而是要成为"一个人"。在超越和这些本能之上,我们内在的心灵实体负责显示一种只能以象征表达的神秘,至于其表达的方法,潜意识经常选择"宇宙人"这强而有力的意象。

在西方文化中,"宇宙人"非常像基督,而在东方,则与讫哩什那神与佛陀相似。在旧约中,有着同样的象征。意念变成"人类之子",后期某些古代的宗教活动干脆称他为"人类",与所有象征一样,这意念指向不可知的秘密——人类存在终极不可知的意义。

各种文化和不同时期的许多例子,处处都表示着"伟大的人"的象征的普遍性。他的意象存在于人类的思考里,成为一种目标,或者我们生活基本的神秘表达方式。因为这种象征代表完整和全部,所以经常被认为是雌雄同体的东西。而且在这种形式中,象征调停心理学上最重要的一对对立——男性和女性。这联结也经常在梦中出现,成为神圣高贵的或其他显赫的夫妇。以下是个47岁的男人所做的梦,他以一种戏剧的方式表现"自己"。

我站在台上,看见下面有只巨大、黑色而且美丽的母熊,皮毛虽然粗糙,但修饰得不错。她以后腿站立在一块白板上,正打磨一块扁平的卵形黑石,它越来越光亮。而不远的地方,有只母狮和她的孩子做着同样的事情,不过她们打磨的石头形状比较大和圆。不久,那只母熊变成一个肥胖的裸体女人,头发乌黑,眼睛火红。我好色而挑逗地走向她，突然间，她挪近我这里想抓我，我很害怕，于是跑上我原先所在的台上避难。不一会儿，我在许多女人之中，她们一半是未开化的人，头发乌黑（她们好像是从动物蜕变而成），另一半是现代的女人（国籍和做梦者相同），头发金色或棕色。那些未开化的女人以忧郁而尖锐的声音唱出一首感伤的歌曲。现在，在一辆高大而华丽的马车里，有个年轻人，头戴饰有闪闪发光的红宝石金皇冠——真是个非常美丽的景观。他身旁坐着一个金发少妇，大概是他妻子，但并没有戴皇冠。这对夫妇似乎是那只母狮和她孩子蜕变成的，他们属于未开化的一组。而后所有女人（未开化的和其他的）咏唱一首庄严的曲，那辆堂皇马车缓慢地向着地平线驶去。

如此，做梦者心灵的内在中心起先表示那对王族夫妇是个短暂的幻象，这幻象是从他动物性的深渊及潜意识的原始层中浮现出来的。那母熊开始时是个女神，她打磨的卵形黑石大概象征着做梦者最深藏的本质——他实际的人格。摩擦和打磨石头是众所周知的上古人的活动。欧洲"神圣"石——包着树皮和藏在穴里——在许多地方被发现过，在石器时代，它们大概被认为是神力的容器。在现今，有些澳洲土人相信他们逝世的先人，以德行和神力继续存在于石块里。如果他们摩擦这些石块，其力量就会增加，对生者和死者都有好处。

那做梦者迄今拒绝接受和女人间的婚姻束缚。在梦中，他害怕被这种生活抓牢，以致他跳到观众台上避开那只母熊，在台上，他可以消极地观察事物而不被牵涉入内。透过母熊磨石的意念，潜意识是想显示他应该让自己和这一面的生活接触，唯有通过婚姻生活的不和，他内在的生命才能被塑造和精炼。

当那块石被打磨时，它开始像镜子一样闪闪发亮，以致那母熊可以从中看到自己，这就意味着唯有接受俗世的交际和痛苦，人类的灵魂才可以在镜中变形。但做梦者逃到一个较高的地方——进而思考各类问题，借此逃避人生的需求。然后该梦表示，如果他逃避人生的需求，他的部分灵魂（他的阴性特质）就会一成不变。

那母狮和她儿子不久在现场出现，把朝向个性化的神秘驱策力具体化，并借它们打磨圆石（圆石象征"自己"）显示出来。狮子——王族夫妇——本身是整体的象征。在中世纪的象征主义中，"哲学家之石"以两只狮子或一对骑在狮子上的夫妇作代表，这象征性地指出一个事实：驱使个性化的动力经常以假托的形式出现，隐藏在某一个人对于别人的无法抗拒的激情中（事实上，超越爱的自然限度的激情，最后还是指望成为完整的个体，这就是为什么当人热情地陷入爱情时，就会感到和别人合一才是人生最有价值的目标）。

只要这个梦的整体意象以两只狮子的形式表示自己，就仍然包含在这种无法抵抗的激情里。当雄狮和母狮变成皇帝和皇后时，驱使个性化的力量已达到意识体认的标准，可以被自我了解，成为真正的人生目的。

在那两只狮子变成人类之前，只有未开化的女人唱歌，而且她们以感伤的态度来唱。换句话说，该做梦者的感情仍停留在未开化和感伤的阶段中，但在祝贺那对已人性化的狮子时，未开化和文明的女人都唱出一首赞美诗。她们以联合的方式表达了她们的感情，表示灵魂里的内在分裂，到现在已转变成内在的和谐。

在女人所谓的"主动想象"中，仍旧有其他"自己"的具体化出现。主动想象，是种想象性的思考，借此可以从容地和潜意识接触，并且与心灵现象作有意识的接触。"主动想象"是我的发现当中最重要的一环。在某种意义上，可以和东方的冥思形式，诸如禅宗和瑜伽的技巧，或西方的耶稣会教徒的技巧相比较。基本上，这与冥思者完全停留在并没有任何意识的目标或计划的状态不同（因此冥思变成自由个体的独一经验）。

在女人的冥思中，"自己"以一只鹿出现，对自我说："我是你的孩子和你的母亲，他们称我为'联结的动物'，因为我和人、动物，甚至石头联结。我是你的命运或'客观的我'，而当我出现时，我把你从无意义的危险生活中拯救出来，在我之内燃烧的人燃烧整个大自然。如果男人失去这些火，他会变得自私自利、寂寞、迷惑，而且懦弱。"

"自己"通常被象征为一只动物,代表我们的本能特性与我们环境的关联。这种"自己"与所有环境,甚至宇宙的关系,大概都源自一个事实:我们心灵的"中心原子"在各方面组成整个世界的外部和内部。因此所有较高的生物总是要调和四周时空的连续。举例来说,动物有自己独特的食物、特殊的建屋材料,以及其特定的境域,对于这一切,它们的本能绝对能适应和被接受。时间旋律同样扮演重要的角色:我们只要想到当草木最茂盛和丰富时,草食动物就会准确地在那时怀孕这个事实,就可以理解某位知名的动物学家所说的,每只动物的"灵性"超越了围绕它的世界,而且能与时间和空间相通。

有许多事情,仍然完全超越我们的理解范围,我们的潜意识同样地调和我们的环境——我们的团体、一般的社会,还有超过这些的时间和空间的连续以及整个人与自然。因此拿柏印第安人的"伟大的人"并不仅是透露内在的真理,他同时给予有关在哪里和何时打猎才会大有收获的暗示。因而从梦中,拿柏猎人想出吸引动物神秘歌曲的词和旋律。

不过这种从潜意识中得到的特别帮助,并不仅给予未开化的人。我发现,梦也可以给予文明人所需要的指导,以帮助他们找到解决内外生活问题的答案。这正如窗前的树、一个人的脚踏车或汽车,或在走路时捡起一块石头等等诸如此类的琐事,通过我们的梦生活,处处都会提升到象征主义的层面,而且变得意义非凡。如果我们把注意力集中在梦上,而不是活在一个冷淡、无意义的非个人世界,那我们可以开始现身在一个属于我们自己的世界里,那里充满重要和秘密安排好的事件。

不过一般来说,我们的梦并非主要关心我们对外在生活的适应。在文明的世界里,大部分的梦都与对"自己"的"正确"内在态度的发展有关,因为这种关系被现代的思考和行为方式所烦扰的程度,远超过未开化的人类。他们一般都直接听任内在的中心而活,但我们根据的意识过于与外在、完全陌生的事缠绕在一起,以致很难成功地接收到"自己"的信息。我们的意识精神不断制造一个明显的成形的幻象，这种"真正"的外在世界堵住许多其他的知觉。然而通过潜意识的性质，我们还是无法解释与我们的心理和自然环境相关联。

我早已提过这个事实："自己"经常被石头这类东西象征化，我们可以在母熊和狮子打磨石块这个例子看出来。在许多梦中，"自己"也以水晶的姿态出现。水晶在数理上精密的排列，唤起我们——甚至对"死"物的直觉感情。因此，水晶经常象征地代表极端对立的联结——物质和精神。

也许水晶和石块特别适合象征"自己"，因为它们的性质"如此精确"。许多人无法避免捡拾一些颜色和形状怪异的石块，而且保留起来，他们并不晓得自己为什么会这样做。好像石头有种迷住他们的神秘力量。自天地初开以来，就有人开始收集石头，可以明显假定的是，某些石头是神秘生命力的容器。举例来说，古德国人认为死者精神继续活在他们的墓碑里。在墓穴上放置石块的惯例，源自死者成为某种永恒东西的象征观念，而这最适宜以石头作代表。因为虽然人类与石头截然不同，但人类最内在的中心以一种奇异而特别的方式与石头类似（也许是因为石头象征"自我意识"除掉情感、情绪、幻想和散漫思考时存在的状态）。这意味着石头所象征的也许是些最单纯和最深刻的经验——当人感到不朽和不变时，就会有某些永恒的经验。

在实际的生活当中，我们也可以找到这种例子，所有文明国都竖立或构筑石碑，以纪念名人，或用些场地纪念重要事件，这大概都是源自石头的象征意义。雅各在他有名的梦发生的地点放置石头，某些纯朴的人会把石头放在当地圣人或英雄墓上，这都表示人类有种想表达"石头象征"所无法表达的经验的原始冲动。难怪许多宗教祭仪都有用石块来象征神或显示崇拜的地方。

根据基督徒教会的象征主义，基督是"匠人所弃的石头"，是"房角的头块石头"，被称为水和生命泉源的精神石。中古的炼金术士，以非科学的方法希望从石头中发现神，或至少能觉察到神圣活动的作用，认为这秘密具体地表现在有名的"哲学家之石"里。但有些炼金术士隐约地感到他们不断追求的石头，是某些只能在人心灵中找到的象征。

炼金术的石块（琉璃）象征某些永远不能消失或分解的东西，而且象征某些永恒的东西，以致一些炼金术士把它和个人内在灵魂的上帝神秘经验比较。这通常要延长痛苦的时间，才可以烧去藏在石头内的多余心灵元素。不过，"自己"的一些深奥内在经验在大多数人一生中至少出现一次。从心理学的立足点而言，真正的宗教态度是努力去发现这些独特的经验，然后再逐渐地调和它。

其实，这最高和最频繁出现的"自己"的象征是无机物的对象，其开辟了研究和沉思的领域：所谓的潜意识的心灵和所谓的"物质"之间仍旧未知的关系——这种秘密是精神身体医学所企图处理的。在研究这种仍然没有定义和无法说明的关系时，我提出了"同时发生论"的新观念。这词意味着外在和内在事件"有意义的巧合"，它们本身并非偶然地联结。这里重点在"有意义"这个字眼上。

当我正在擤鼻时，有架飞机在我眼前坠落。这种巧合并无意义，只不过是经常发生的偶然事件而已。但如果我邮购一套蓝色的女装，那商店竟在我近亲逝世的那一天误寄了套黑色的来，这种巧合就相当有意义。这两件事并无因果的关系，不过它们与我们社会给予黑色的象征意义有关联。

我在个体生活那里观察到这种有意义的巧合，似乎在个体关心的潜意识中，有种原型在活动。以这套黑女装的例子作说明：在这种情形之下，那个收到黑女装的人说不定也有个死亡主题的梦。这似乎在内外事件中，潜伏的原型同时地显示自己。

在创造"同时发生论"的概念时，我描绘了一个我们可以更深入心灵和物质内在关系的途径。这途径准确地朝向石头象征所指的关系，但这仍旧是件完全公开而有待探究的问题，是未来的心理学家和物理学家必须应付的问题。

此外，"同时发生论"的事件与个性化的过程有密切的关系，但它们经常被忽略掉，因为个体不知道观察这种巧合，而令它们与他的梦象征的关系更有意义。

和"自己"的关系

今天,越来越多的人,特别是那些住在大都市的人,受到极端空虚和烦闷所苦,他们好像等待一些永远不会到来的东西。运动项目和政治的刺激也许可以解一时之闷,但当看腻了或从梦中清醒时,他们又要回到自己生活的荒地里。

正如某位太太所陈述的,盘终于停止活动,落在一张圆石桌上。它找到了一个永久的基地。圆一般象征自然的整体,四边形的构造物在意识中则代表整体的实现。在该梦中,正方形盘和圆桌相遇,因此有意识地实现该中心比较容易。附带一提,圆桌是个有名的整体象征,在神话中扮演着举足轻重的角色——举例来说,亚瑟王的圆桌本身的意思,就是源自"最后的晚餐"的桌子。

其实,每当人类确实转向内在世界,而且竭力认识自己时——并非借着沉思他主观的思想或感情,而是按照他的梦和幻想等客观本性所表现的东西——"自己"迟早都会出现。然后,自我就会找到包含所有再生可能性的内在能力。

不过这里有个大问题,我到现在只是间接地提到而已。那就是每个潜意识的具体化——影子、阴性特质、阳性特质和"自己"——具有光和暗两面。我们以前就了解,影子可能是卑贱或邪恶的,应是一种我们应该克服的直觉本能。不过,它也许是种生长的刺激,我们应该好好培育和追随。同样地,阴性特质和阳性特质有双重面:它们要不是能带来生气勃勃的发展,以及有创造力的人,唯一仍然值得我们冒险的是潜意识心灵的内在范围,有了这个含糊的概念,现在许多人便转入到瑜伽和其他东方式的练习中。但这些并没有提供真正的新冒险,因为我们只接收印度教或中国人已知的事,而没有直接与我们个人内在生活中心相遇。说得没错,东方的方法固然有助于精神集中和令心灵内敛,不过这有个非常重要的分别,即引出一个达到我们内在中心的方法,而且可以在单独而不需要帮助下与潜意识秘密接触。

而这与人云亦云、因循守旧完全不同。

竭力压迫"自己"活生生的实体，每日专注于一定的事情，就像竭力同时活在两种标准或两个不同的世界中一样。正如前述，有人一心一意于外在的责任，但同时，有人仍然对梦和外在事件的暗示和征候保持警觉。因此，"自己"往往象征其目的——生命之流移动的方向。有关这类经验，中国的古典经文通常用猫守老鼠洞作比喻，有本古籍说，我们不应该受其他思想干扰，但我们的注意也不要太过火——否则会变得太过呆板，而且会走火入魔。那可是绝对正确的认知标准。

人类和他灵魂有规律的中心失去接触的原因有两个，其中一个是一些独一的直觉本能或情感意象，能令他偏向一边，因而失去平衡。举例来说，动物也会这样。性兴奋中的雄鹿会完全忘掉肚子饿和安全的问题。而未开化的人非常害怕会偏向一边，失去平衡，他们称之为"失去灵魂"。另一个威胁内在平衡的是太多的白日梦，这往往以秘密的方式环绕特别的情结。其实，白日梦的产生是由于它们把人和他的情绪联结在一起，同时恐吓他意识的专心和一贯性。

第二个障碍则刚好相反，这是由于自我意识过于统一。虽然受过训练的潜意识需要执行文明化的活动，但这有严重的缺点，因为它易于妨碍接收来自中心的冲动和信息。这就是为什么文明人的梦，都与企图改正对意识中心或"自己"的意识态度，重新恢复这个感受性有关。

在"自己"神话意识的表象中，我们发现许多强调世界的四隅，而且在许多图片中，"伟大的人"出现在分成四份的圆圈中心。我们并不知道人类心灵的本质。有趣的是，拿柏的猎人并不以人类代表"伟大的人"，而以曼陀罗作代表。

其实拿柏人在没有宗教仪式或理论的帮助下，直接而单纯地经验内在中心，而其他社团则用曼陀罗意象以重新恢复失去的内在平衡。

在东方的文明国度里，同样的图画能安慰人心，或令人沉入冥思的状态中。冥思曼陀罗意指带来内在平静——感到生活再次找到其意义和秩序。当曼陀罗自然地出现在现代人——并没有受到这类宗教传统的影响，而且对此一无所知——的梦中时，它也会传达这种情感。在这种例子中，也许积极的影响更大，因为知识和传统有时弄不清甚至阻塞自然性的经验。

以下是个在梦中自然产生曼陀罗的例子，做梦者是个62岁的老太太。它以新生活阶段的序曲出现，因而她变得十分有创造力。

在朦胧的灯光下，我看见一幅风景画，背景有个斜坡，然后是连绵不断的山脉。在斜坡的地方，有个像黄金一般的四边形盘子向上移动。在前景中我看见了开始发芽的黑色犁耕地，又突然看到一张灰石板作桌面的圆桌，同时，那块四边形盘子突然竖立在桌上。它离开那个山，但我不晓得它怎样和为什么会改变位置。

梦中的风景画通常象征一种不可言喻的情绪。在这个梦中，朦胧灯光下的风景画表示白天意识的明晰性变得模糊不清。"内在的本性"现在开始在它自己的光下显现自己。因此我们知道那四边形盘子在视阈里变得清晰可见。"自己"象征盘子，在做梦者的精神视阈中——度是个直觉观念，但现在在梦中，盘子却会改变位置，变成她灵魂风景画的中心。很久以前撒播的种子已经开始萌芽：做梦者以前花了很长一段时间专注在自己的梦上，现在开花结果。那金盘突然移到"右"边。就心理学的一般观点而言，"右"通常都意指意识、顺应、成为"合理"的一边，而"左"则表示不顺应的范围、潜意识的反应甚至是种"不吉利"的东西。最后，就是引致发呆和肉体的死亡。甚至"自己"、潜意识的广泛象征也有爱憎的效果，一如爱斯基摩人故事的例子，当那"小女人"想把女英雄从月亮神灵手里救回来时，实际上却把她变成一只蜘蛛。

"自己"的黑暗面乃是所有事情中最危险的，因为"自己"在心灵中有最大的力量。它能导致人"构成"夸大狂，或其他扰乱他们和"支配"他们的困惑幻想。处于这种境界的人极兴奋地以为他已明白和解决宇宙最大的谜，不过他也因而和所有人类的实际生活失去接触。这种情况中有个可信的征候是——个体失去幽默感和失去跟人类的接触。

因此,"自己"的出现也许对人类的自我意识带来很大的危险。"自己"的双重面在这个古老的伊朗神话里清楚地显示出来。这个神话的名字是"巴巴格的秘密":伟大而尊贵的王子泰坎丁接到皇帝的命令,调查神秘的巴巴格(不存在的古堡)。当他着手调查时,又经历了许多危险的事情。他听说,谁到巴巴格,谁就有去无回,但他坚持要试试看。他在一幢圆形建筑物内受到接待,有个手拿镜子的理发师领他到浴室去,可是当那王子一踏入水中,突然出现一阵雷鸣的声音,浴室完全黑暗,伸手不见五指,而理发师也不知所踪,水开始慢慢地升高。

坎丁拼命地游,直到水升高到浴室的圆顶。现在,他开始害怕自己会丢掉性命,但他不断祷告,然后抓住顶棚的主石。又出现一阵雷鸣,每件事都改变了,坎丁独自一人站在沙漠上。

在历尽千辛万苦之后,他来到一个美丽的花园,园中央有一石像。在石像的中间,他看见一只笼中的鹦鹉,一个声音从那上面传出来:"喂,英雄,你本来在浴室中难逃一死。因为格莫(第一个人)发现了一个闪耀得比太阳和月亮更光亮的大钻石,他要藏起来,使谁也找不到,因此他建了那个神秘的浴室,以保护那颗钻石。你现在看到的鹦鹉有魔法。它脚下有把金弓和箭,你可以用这把弓箭射那只鹦鹉三次,如果你射中的话,灾祸就会减少,但如果射不中的话,你就会像其他人一样变成石头。

坎丁射第一箭,可是失败了,他的腿变成石头,第二箭又不中,他胸部以下都变成石头,到第三次的时候,他干脆闭起眼睛,呼喊道:"伟大的上帝!"然后盲目地放矢,这次居然射中了那只鹦鹉。霎时间,雷、尘埃爆发。当一切平静下来时,鹦鹉的位置有颗巨大、美丽夺目的钻石,而所有的石像都复活了,那些人纷纷过来感谢他的救命之恩。

读者会认出这个故事中"自己"的象征——"第一个人"格莫、圆曼陀罗形建筑物、主石和那颗钻石。但这颗钻石被危险围绕。那只有魔法的鹦鹉代表邪恶的模仿精灵，令人失去目标和变成石头。个性化过程排除了任何其他像鹦鹉般的模仿。在所有国家里，有人竭力模仿"外在"，或者祭仪的行为，他们的伟大的宗教导师——基督或佛陀或其他的大师——的原始宗教经验，因此会变得"茫然若失"。追随伟大精神领袖并非意味我们该模仿和学习他生活形成的个性化过程的模式，而是意味我们该竭力带着和他同等的诚挚和献身精神去过我们自己的生活。

那手拿镜子消失的理发师，象征坎丁在最需要时失去的反省能力，升高的水则代表我们可能在潜意识里淹没和在个人自己的感情中迷失的危险。为了了解潜意识的象征指示，我们须小心点，不要走出自己之外，或"忘形"，而要出于真情地待在自己里面。说实在，自我以正常的方式继续发挥作用，是非常重要的。只有自己保持正常人的原状，意识到自己的不完美时，才能够变得善于接纳潜意识有意义的内容和过程。但人如何能够忍受一方面感到他自己和整个宇宙在一起的兴奋，另一方面却又感到他只是可怜兮兮的尘世生物呢？换句话来说，如果我轻视自己，只把自己当作统计学上的零，那我的生活没有意义，而且不值得活下去。但如果我感到自己是某些更伟大事物的一部分，那我怎会是泛泛之辈呢？不过，要以不偏不倚的态度联结个体内在的对立，确实也很不容易。

"自己"的社会面

人口的不断增加，难免对我们造成压迫感，影响情绪，这种情形在大都市尤为常见。我们心想："啊，我像其他千千万万的人一样，是住在某地方的无名小卒。如果他们中有几个人被杀死，这又有什么关系呢？反正还是有这么多数不清的人。"而且当我们在听到无数与我们无关的不知名人士死亡时，轻视生命的感觉就会日益增加。如果我们这时把注意力转到潜意识上，那将会有很大的帮助。因为梦详细地告知做梦者：他生活的每个细节都和最有意义的实体交织在一起。

我们理论上所知道的一切——每件事情都根据个体而定——通过

梦变成一个极容易了解的事实，而每个人都可以亲身去经历。有时，能强烈地感到伟大的人想从我们身上得到一些东西，而且寄望我们一些十分特别的差事。这些经验的反应可以帮助我们获取力量，以慎重考虑我们的灵魂来反抗集体偏见的逆流。

当然，这并非永远都是一项愉快的工作。举例来说，你想在下礼拜天和朋友去旅行，但你做了个梦，禁止你去旅行，反而要求你做些有创意的工作。如果你遵从潜意识和服从它，那你必定就会受到有意识计划的不断干涉。你的意志会被其他注意力妨碍——你必须顺服这个注意力，至少必须慎重考虑。这就是为什么附在个性化过程中的义务，通常使人感到是个负担，而非可喜可贺的事。

圣基斯杜理化——所有旅客的守护神——是这种经验十分贴切的象征。根据传说，他对自己超强的身体力量感到非常骄傲，因此只想服务那些最强壮的人。起先他帮助了一个国王，但当他看到那国王害怕魔鬼时，就离他而去，成为那魔鬼的仆人。有一天，他发现那魔鬼害怕十字架，于是又决定去找基督，并替他服务。他遵照一个牧师的劝告，在浅滩等候基督。在过去的几年中，他带过无数人过河。但在一个暗淡、狂风暴雨的晚上，有个小孩高叫，要他带自己过河。圣基斯杜理化不费吹灰之力，就把那小孩扛到肩上，但他越走越慢，因为他的负荷越来越重。当他走到河的中心时，感到"好像背着整个宇宙"。他马上领悟他正把基督扛在双肩上——基督赦免他的罪并给他永恒的生命。

这不可思议的小孩就是"自己"的象征，它使一般人"忧郁而消沉"，甚至是唯一能救赎他的东西。在许多艺术中，儿时的基督被描绘为世界的天体，或者和这个明显地表示"自己"的意象联系在一起，因为小孩和天体两者，都是宇宙全体的象征。

当某人竭力服从潜意识时，他就会是我们所了解的，无法经常随自己的喜好行事，而且同样地，他总是无法履行别人希望他去做的事。例如，他往往必须超脱他的团体——他的家庭、伙伴，或其他个人的关系——以找寻自己。那就是为什么有人常常说，服从潜意识会使人反社会和以自我为中心。

从实际角度而言，这因素本身显示，个体在服从他的梦一段时日后，会发现这些梦往往关心他和其他人的关系。他的梦也许提醒他不要太过于信任某人，或者梦到和某个他以前从来没注意到的人有个愉快而融洽的聚会。如果梦以这种形式替我们找到了其他人的意象，那大概有两个解释。其中之一便是，那意象也许是个主观客观化，意味着这个人的"梦意象"是做梦者本身内在面的象征。例如，有人梦到不老实的邻居，但那邻居被梦利用，作为做梦者本人自己不老实的化身。要找出个人自己的不老实在什么特殊范围开始活动，便是梦分析的工作。

我们的梦生活容许我们看一看这些潜藏的知觉，而且显示它们对我们的影响。在梦到有关别人的梦后，即使没有分析那个梦，我还是自自然然地很有兴趣看看那个人。那梦意象之所以会迷惑我，或许是由于我的主观客观化，也或许那梦给予我客观的消息。要找出哪种是正确的分析，需要老实、周到的态度和缜密的思考。但和所有内在过程的例子一样，只要有意识的自我不辞劳苦地探查令人困惑的主观客观化，而且在他自己里面来处理——而非在他自己外面，那么最后还是由"自己"吩咐和调整个人的人际关系。在这种情形下，不仅精神上得到调和，且指引人类找到和其他人互通的路径。

一切专属于外在世界的活动和责任，对潜意识的秘密活动会造成一定的损害。通过这些潜意识的羁绊，那些属于一起的东西又会聚在一起。那就是企图以广告和政治宣传来影响人是行不通的理由。

这引起一个非常重要的问题：人类心灵潜意识的部分能否完全受到影响。从实际的经验和准确的观察而言，个人不能影响他自己的梦。没错，有些人主张梦能影响他们。而唯有长期分析过个人的梦的过程，和以梦显示的话来面对自己，才可以逐渐改变潜意识，而且在这过程中必须改变意识的态度。

如果人希望影响大众意见而误用象征，那这些象征自然会打动人们——只要它们是真的象征，但人们的潜意识会不会被那些误用的象征支配,也都是难以预先计算的,它是完全非理性的事情。举例来说,没有一个人可以预先知道某人将来是否会成为知名人物,广受大众欢迎。至今还没有哪些故意影响潜意识的企图,能产生任何有意义的结果,人们的潜意识似乎保持着自治权,正如个体的潜意识一样。

唯有当大众意见的操纵者对他们的活动加入商业压力或暴力行为时,他们才可以得到暂时的成功。可是说实在的,这只会引起真正潜意识反应的压抑。人们的压抑所导致的后果和个体的压抑所导致的后果相差无几,即神经分裂和心理疾病。所有这种企图压抑潜意识的反应迟早会失败,因为它们基本上与我们的本能对立。

企图通过各种媒介影响大众意见,都是基于两个因素。一方面,它们依赖抽样的技巧,显示"意见"或"需要"——即是集体的态度——的趋势。另一方面,它们所表达那些操纵大众意见者的偏见、主观客观化,以及潜意识的情结。但统计学对个体并不公平。虽然一堆石头的平均尺寸也许是五公分,但我们在那堆石头中,却找不到几块能和这数字绝对相同的石头。

因而第二个因素不能在一开始就创造任何积极而清晰的东西。不过如果某个独一的个体专注在个性化中,往往会对他周围的人,产生一种积极的传染效果。这就如同火花从一颗跳到另一颗,而这往往发生在我们潜意识影响到别人和不同语言的时候。

如果从心理学的观点来看,人大概可以分为三种:第一种是那种不管宗教教义如何,却依然坚信不移的人。对这些人来说,象征和教义成功地与他们内在的感受"配合",以致重大的疑问没机会偷偷进入。当意识的观照和潜意识的背景相对地和谐协调时,这种事就会发生。这类人能带着毫无偏见的眼光看待新的心理学发现和事实,而不必害怕失去他们的信仰。

第二种包括那些完全失去信仰和以纯意识——理性意见——代替信仰的人。因为这些人认为深度心理学只不过是意指心灵新发现范围的一个概论,而当他们参与新的冒险和研究他们的梦,以试验其真实性时,也不会引起任何麻烦和问题。

接着是第三种人，他们中的部分人（大概是领袖）不再相信他们的宗教传统，而其他人则仍旧相信。法国哲学家伏尔泰就是这类人的最佳明证。他以理性的论点强烈地攻击天主教教堂，但根据某些报道，在其临终前，他却恳求临终涂油礼。且不论这报道是否正确，他的理智绝对是非宗教的，然而他的情感和情绪却似乎仍旧是正统教派的。这种人令人想起一个被困在巴士自动门里的人，他既不能自由地下车，也不能再进入巴士里。当然，这种人的梦大概可以帮助他们解决进退两难的问题，不过这种人往往不喜欢转向潜意识，因为他们自己并不知道自己在想什么和希望什么。慎重地始终运用潜意识是个人勇气和诚实的问题。

集体意识和潜意识的关系，向来都是宗教历史学家和神学家所面对的重大问题之一。他们都假定有"启示"这种东西存在。为了对这问题的假设找寻具体的证据，我化了好几年的时间，但要找出证据却非常困难，因为大部分祭仪都太过古旧，以致根本无法追溯其根源。然而我认为以下的例子提供了一个十分重要的线索。

刚死不久的阿纳那的巫师伊黑柏，在自传《伊黑柏说》中曾经告诉我们，在他九岁那年，他患了重病，在昏睡期间，他有非常惊人的幻觉。他看见四组雄壮的马匹从世界的四个角落奔驰而来，不久，坐在云层里，他看见"六个祖先"，那是他部落先人的精灵，"全世界的祖先"。他们为了自己的族人而给他六个康复的象征，并显示他生活的新方法。但当他 16 岁时，他突然得了一种恐怖病，每次打雷闪电、风雨交加时，他都会惊惧异常，因为他听到"雷人"对他大叫："要赶紧。"这使他记起那些雷声是在他幻觉中奔驰而来的马匹做成的。一个老巫师向他解释到，他的恐惧源自他本人保留着自己的幻觉不放，并且说他必须把这件事告诉他的部落。他按照老巫师的话去做，后来，他和他的人用真正的马匹在祭仪中演出那个幻觉。经过这场戏之后，不仅伊黑柏本人，而且连他的部落都感到无限舒畅，甚至治愈了他们的病。伊黑柏说："经过那场戏之后，连马匹也似乎比较健康和快乐。"

那种祭仪没有再举行过,因为那部落不久就被毁灭了,但在不同的情况下,有种祭仪仍旧存在。几个住在阿拉斯加州柯维河附近的爱斯基摩部落人,用以下的方式说明他们鹰节的由来。

有个年轻的猎人射死一只非常珍贵的鹰,由于他对那只死鸟的身体留下了极为深刻的印象,所以他把它剥制成标本,当神一样来供奉,并献上祭品拜祭。有一天,猎人深入内陆去打猎时,两个兽人突然以信差的角色出现,带他到众鹰之国。在那里,他听到一阵深沉的鼓声,那些信差说这是那只死鹰的母亲的心跳声。不久鹰的灵魂以一个黑衣女人的姿态出现在猎人面前,她请求他在他朋友中发起鹰节,以纪念她死去的儿子,经过那些鹰人的示范后,他突然发现自己筋疲力尽地回到碰见那两个信差的地方。回到家里,他教他的朋友如何举办那伟大的鹰节——自此之后,他们都诚心诚意地履行着。

从这些例子来看,我们可以了解,祭仪或宗教风俗如何能借着一个单一个体经验过的潜意识启示直接产生出来。除了这种起源,住在文明国的人以他们对整个社会生活的巨大影响力来发展他们不同的宗教活动。在长期的演化过程中,原始的材料被语言和行动具体化再具体化,而且被美化,然后获得渐增的特定形式。不过,这具体化的过程有一大好处,因为越来越多人对原始经验一无所知,故只有长辈或老师说什么,他们就相信什么。

由于它们现在的形式有些效用已经过时和陈旧,致使宗教传统经常潜意识抗拒更进一步有创意的交替。一些神学家有时甚至支持这些"真实"的宗教象征和象征的理论,并反对在潜意识心灵里发现的宗教作用。如果没有人类心灵接受神圣的启示,把它们用言语述说出来,或以艺术形式把它们具体化,就没有宗教象征会归入我们实际的人类生活。

如果有人反对宗教本身是个实体,与人类心灵独立。那我只能这样回答他:"如果不是人类的心灵,谁会这样说呢?"不论我们主张什么,我们绝不能离开心灵的存在——因为我们包含在心灵里,而这是我们唯一能抓住实体的途径。

因此，近代潜意识的发现永远关上了一扇门。它明确地排斥一些个人过度地支持，这表明他能知道本来的精神实体的空幻观念。同时，在现代物理学中，有扇门被汉森堡的"下定原则"所关闭，把我们能了解绝对物理实体的错觉关在门外。不过，潜意识的发现弥补了这些可爱幻觉的损失，它在我们面前展开了一个无限的认知新领域。

人能在新的经验领域里替这点找到补偿——借着以隐藏的方式联结本来属于一起的分别个体，以发现"自己"的社会作用。

于是，闲谈便被发生在心灵实体内的有意义事件所代替。因而，个体慎重地以曾经概述过的方法参与个性化的过程，这代表对生活有个全新和不同方向的认识。对科学家而言，它对外在事实也自有一种崭新和不同的科学研究。这如何会在人类知识的领域和人类的社会生活中产生作用，实在无法预测。